全国技工院校"十二五"系列规划教材
中国机械工业教育协会推荐教材

直流调速技术

（任务驱动模式）

主　编　王　建　徐洪亮
副主编　张　宏　徐小明
参　编　杨　军　姚满庆　祁鸣书　魏志强　刘喜华　刘日晨
　　　　李　瑄　姚　凌　孙　胜　徐洪恩　宋永昌　邢晓莉
　　　　寇　爽　李金镯　郝新虎
主　审　雷云涛

机械工业出版社

本书涵盖了初中起点和高中起点高级工专业基础课程内容，主要包括：直流调速技术基础，直流调速系统的开环控制，直流调速系统的单闭环控制，直流调速系统的双闭环控制和可逆直流调速系统的工作原理、安装、调试与维修。

本书可作为技工院校、职业院校电工及相关专业的一体化教材，也可作为高级维修电工的培训用书，还可供广大电气技术人员参考使用。

图书在版编目（CIP）数据

直流调速技术：任务驱动模式/王建，徐洪亮主编. —北京：机械工业出版社，2014.2（2025.2重印）

全国技工院校“十二五”系列规划教材

ISBN 978-7-111-45571-4

Ⅰ.①直… Ⅱ.①王…②徐… Ⅲ.①直流调速-技工学校-教材 Ⅳ.①TM921.5

中国版本图书馆CIP数据核字（2014）第016328号

机械工业出版社（北京市百万庄大街22号 邮政编码100037）
策划编辑：陈玉芝 林运鑫 责任编辑：张利萍
版式设计：常天培 责任校对：刘怡丹
封面设计：张 静 责任印制：邓 博
北京盛通数码印刷有限公司印刷
2025年2月第1版第6次印刷
184mm×260mm · 12.75印张 · 315千字
标准书号：ISBN 978-7-111-45571-4
定价：39.80元

电话服务 网络服务
客服电话：010-88361066 机 工 官 网：www.cmpbook.com
010-88379833 机 工 官 博：weibo.com/cmp1952
010-68326294 金 书 网：www.golden-book.com
封底无防伪标均为盗版 机工教育服务网：www.cmpedu.com

全国技工院校“十二五”系列规划教材 编审委员会

序

“十二五”期间，加速转变生产方式，调整产业结构，将是我国国民经济和社会发展的重中之重。而要完成这种转变和调整，就必须有一大批高素质的技能型人才作为后盾。根据《国家中长期人才发展规划纲要（2010—2020年）》的要求，至2020年，我国高技能人才占技能劳动者的比例将由2008年的24.4%上升到28%（目前一些经济发达国家的这个比例已达到40%）。可以预见，作为高技能人才培养重要组成部分的高级技工教育，在未来的10年必将会迎来一个高速发展的黄金期。近几年来，各职业院校都在积极开展高级工培养的试点工作，并取得了较好的效果。但由于起步较晚，课程体系、教学模式都还有待完善与提高，教材建设也相对滞后，至今还没有一套适合高级技工教育快速发展需要的成体系、高质量的教材。即使一些专业（工种）有高级工教材也不是很完善，或是内容陈旧、实用性不强，或是形式单一、无法突出高技能人才培养的特色，更没有形成合理的体系。因此，开发一套体系完整、特色鲜明、适合理论实践一体化教学、反映企业最新技术与工艺的高级工教材，就成为高级技工教育亟待解决的课题。

鉴于高级技工教材短缺的现状，机械工业出版社与中国机械工业教育协会从2010年10月开始，组织相关人员，采用走访、问卷调查、座谈等方式，对全国有代表性的机电行业企业、部分省市的职业院校进行了历时6个月的深入调研。对目前企业对高级工的知识、技能要求，各学校高级工教育教学现状、教学和课程改革情况以及对教材的需求等有了比较清晰的认识。在此基础上，他们紧紧依托行业优势，以为企业输送满足其岗位需求的合格人才为最终目标，组织了行业和技能教育方面的专家精心规划了教材书目，对编写内容、编写模式等进行了深入探讨，形成了本系列教材的基本编写框架。为保证教材的编写质量、编写队伍的专业性和权威性，2011年5月，他们面向全国技工院校公开征稿，共收到来自全国22个省（直辖市）的110多所学校的600多份申报材料。组织专家对作者及教材编写大纲进行了严格评审，决定首批启动编写机械加工制造类专业、电工电子类专业、汽车检测与维修专业、计算机技术相关专业教材以及部分公共基础课教材等，共计80余种。

本套教材的编写指导思想明确，坚持以达到国家职业技能鉴定标准和就业能力为目标，以各专业的工作内容为主线，以工作任务为引领，由浅入深，循序渐进，精简理论，突出核心技能与实操能力，使理论与实践融为一体，充分体现“教、学、做合一”的教学思想，致力于构建符合当前教学改革方向的，以培养应用型、技术型、创新型人才为目标的教材体系。

本套教材重点突出了如下三个特色：一是“新”字当头，即体系新、模式新、内容新。

体系新是把教材以学科体系为主转变为以专业技术体系为主；模式新是把教材传统章节模式转变为以工作过程的项目为主；内容新是教材充分反映了新材料、新工艺、新技术、新方法。二是注重科学性。教材从体系、模式到内容符合教学规律，符合国内外制造技术水平实际情况。在具体任务和实例的选取上，突出先进性、实用性和典型性，便于组织教学，以提高学生的学习效率。三是体现普适性。由于当前高级工生源既有中职毕业生，又有高中生，各自学制也不同，还要考虑到在职人群，教材内容安排上尽量照顾到了不同的求学者，适用面比较广泛。

此外，本套教材还配备了电子教学课件，以及相应的习题集，实验、实习教程，现场操作视频等，初步实现教材的立体化。

我相信，本套教材的编辑出版，对深化职业技术教育改革，提高高级工培养的质量，都会起到积极的作用。在此，我谨向各位作者和所在单位及为这套教材出力的学者表示衷心的感谢。

原机械工业部教育司副司长
中国机械工业教育协会高级顾问

郝广发

前言

根据《国家中长期教育改革和发展规划纲要》（2010—2020年）的要求，在“十二五”期间，要构建灵活开放的现代职业教育体系，培养适应现代化建设需求的高素质劳动者和高技能人才。

为加快培养一大批具备职业道德、职业技能和就业创业能力的高技能人才，针对电气自动化设备安装与维修、机电一体化专业的教学要求，我们编写了本书。主要内容包括：项目一介绍了直流调速技术基础，项目二介绍了直流调速系统的开环控制，项目三介绍了直流调速系统的单闭环控制，项目四介绍了直流调速系统的双闭环控制，项目五介绍了可逆直流调速系统。

在本书的编写过程中，贯彻了“理论服务于技能，突出技能培养”的原则，把编写重点放在以下几个方面：

第一，根据电工类专业毕业生所从事职业的实际需要，合理确定学生应具备的能力结构与知识结构，以够用、使用为原则，坚持以能力为本位的教学理念，强调基本技能的培养。

第二，以项目式教学的方式实现理论知识与技能训练相结合，以任务驱动模式导入教学内容，使教材内容更加符合学生的认知规律，易于激发学生的学习兴趣。

第三，努力贯彻国家关于职业资格证书与学生证书并重、职业资格证书制度与国家就业制度相衔接的政策精神，力求使教材内容涵盖有关国家职业标准的知识和技能要求。同时，在教材编写过程中，严格贯彻了国家有关技术标准。

第四，精选教学任务，每个任务都有其明确的教学目的，并针对各自教学目的展开相关知识的介绍及训练步骤，且给出了每个任务的任务评分表，以供教学参考。同时，针对每个任务还设置了相应的巩固与提高练习，以便学生切实掌握相关知识与技能。

本书由王建、徐洪亮任主编，张宏、徐小明任副主编，参加编写的还有：杨军、姚满庆、祁鸣书、魏志强、刘喜华、刘日晨、李瑄、姚凌、孙胜、徐洪恩、宋永昌、邢晓莉、寇爽、李金镯、郝新虎。全书由雷云涛主审。

由于编者水平有限，错误在所难免，恳请使用本书的师生和读者提出宝贵的意见。

编　者

目 录

目 录

项目一　直流调速技术基础

1

知识目标：	1. 熟悉直流电动机调速的基本方法。
	2. 掌握直流调速系统的组成和分类。
	3. 掌握直流调速系统的技术指标和工作原理。
技能目标：	1. 认识直流调速柜的结构及组成。
	2. 掌握直流调速系统简单的调试操作。

任务描述

直流电动机的调速是为了满足工作机械对不同转速的需要，而人为地对电动机转速进行控制。直流电动机具有良好的起动、制动性能，适宜于大范围内平滑调速，在需要调速的高性能可控电力拖动领域中得到了广泛的应用。本任务主要学习直流调速技术的基础知识，认识晶闸管直流调速系统，能进行简单的操作等。

相关知识

一、直流电动机调速方案

直流调速系统多数采用他励直流电动机，他励直流电动机的转速公式为

$$n=\frac{U_d-I_d(R_d+R)}{C_e\Phi}=\frac{U_d}{C_e\Phi}-\frac{R_d+R}{C_e\Phi}I_d=n_0-\Delta n \tag{1-1}$$

式中　n——电动机转速；

n_0——电动机理想空载转速；

U_d——电动机电枢电压；

I_d——电动机电枢电流；

R_d——电动机电枢电阻；

R——电动机电枢回路串联附加电阻；

C_e——电动机的电动势常数（由电动机结构决定）；

Φ——电动机的励磁磁通；

Δn——转速降。

由此可知，直流电动机的调速方案有以下三种：

1. 改变电动机的电枢电压 U_d调速（简称调压调速）

改变电动机电枢电压 U_d时，理想空载转速 n_0也改变，当电枢电流（负载电流）I_d不变

时，转速降 Δn 不变，机械特性的硬度不变，其机械特性曲线是一簇以 U_d 为参数的平行线。改变电动机电枢电压，其机械特性基本上是平行地上下移动，如图 1-1 所示。

调压调速在整个调速范围内均有较大硬度，调速范围较宽。由于受电动机绕组绝缘性能等因素影响，电压的变化只能小于额定电压，因而这种调速方案只用于电动机额定转速以下的调速。在恒定磁通时，调压调速属于恒转矩调速。

2. 改变电动机的励磁磁通 Φ 调速（简称调磁调速）

改变电动机励磁回路的励磁电压大小（或在励磁回路中改变串联附加电阻的大小）可改变励磁电流的大小，从而改变励磁磁通而实现调速目的。由于直流电动机磁通在额定值时，其铁心已接近饱和，增加磁通的余地很小，因而改变磁通的调速方式主要用减弱磁通 Φ 来升速。由式（1-1）可知，理想空载转速 n_0 与磁通 Φ 成反比，减弱磁通 Φ 时，理想空载转速 n_0 增加，转速降 Δn 增加，机械特性变软，如图 1-2 所示。

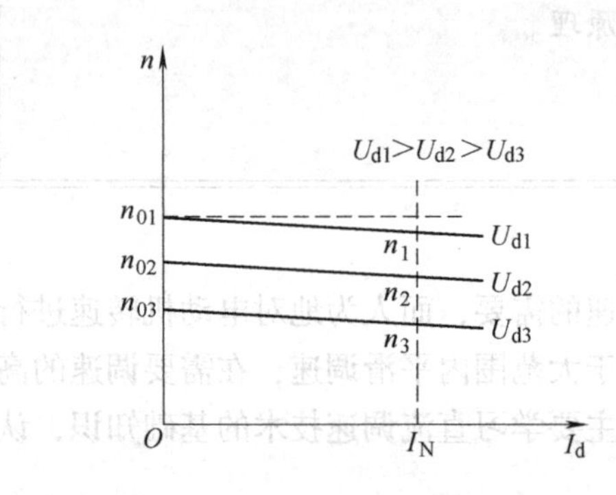

图 1-1　改变电枢电压的机械特性

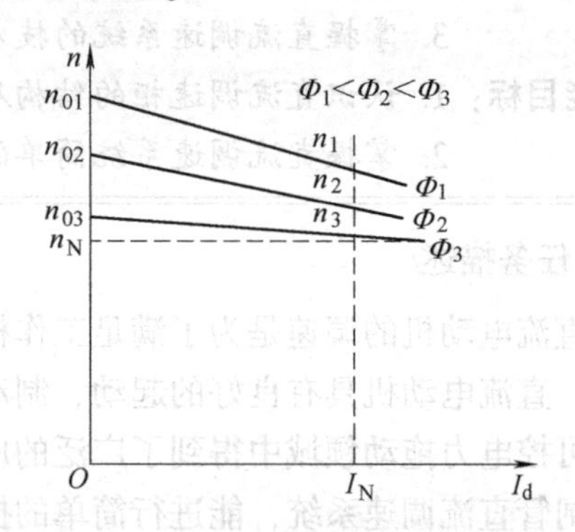

图 1-2　改变励磁磁通的机械特性

这种调速方案属于恒功率调速。调磁调速的调速范围不大，一般是配合调压调速，在电动机额定转速以上采用。将调压调速和调磁调速结合起来则构成调压调磁复合调速系统，可得到更大的调速范围，额定转速以下采用调压调速，额定转速以上采用调磁调速。

3. 改变电动机的电枢回路串联附加电阻调速

由式（1-1）可知，当电枢回路串联附加电阻 R 增加时，在一定负载下，转速降 Δn 增加，电动机转速降低从而实现调速目的。实质上该调速方案是利用电枢电流 I_d 在 (R_d+R) 上的电压降不同，转速降 Δn 不同而得到不同的转速，其机械特性如图 1-3 所示。

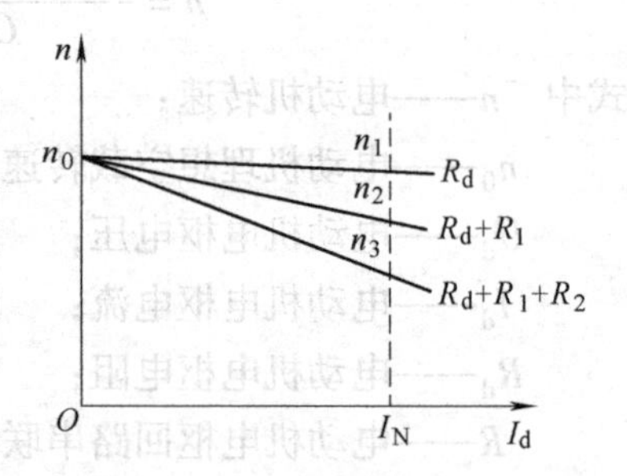

图 1-3　改变电枢回路串联附加电阻的机械特性

改变电枢回路串联附加电阻调速是有级调速，机械特性软，转矩受负载影响大，轻载和重载时转速不同。另外，该调速方案中调速电阻长期运行损耗大，经济性差，目前已很少采用。

由以上分析可知，上述三种调速方案中，调压调速是直流电动机的主要调速方案，应用最广泛；调磁调速通常配合调压调速组成调压调磁复合调速方案。三种调速方法的控制特点见表 1-1。

表 1-1　三种调速方法的控制特点

项目	改变电枢回路串联电阻	改变励磁磁通	改变电枢电压
实现方法	在直流电动机的电枢回路中串联一只调速变阻器来实现调速	改变励磁电流的大小来实现调速	使用可变直流电源来实现调速
电路图	+　RP　M　−	+　M　L　RP　−	3～　RP2　RP1　R_f　G　M 3～　G　M　G_2　M_2　G_1　M_1
特点	特性： 1）设备简单，投资少，只需增加电阻和切换开关，操作方便。小功率电动机中用得较多，如电力机车等 2）属于恒转矩调速方式，转速只能由额定转速往下调 3）只能分级调速，调速平滑性差 4）低速时，机械特性很软，转速受负载影响变化大，电能损耗大，经济性能差	1）调速在励磁回路中进行，功率较小，故能量损失小，控制方便 2）速度变化比较平滑，但转速只能往上调，不能在额定转速以下进行调节 3）调速范围较窄，在磁通减少太多时，由于电枢磁场对主磁场的影响加大，会使电动机火花增大、换向困难 4）在减少励磁调速时，如负载转矩不变，电枢电流必然增大，要防止电流太大带来的问题，如发热、打火等	1）调速范围宽广，可以从低速一直调到额定转速，速度变化平滑，通常称为无级调速 2）调速过程中没有能量损耗，且调速的稳定性较好 3）转速只能由额定转速往低调，不能超过额定转速（因端电压不能超过额定电压） 4）所需设备较复杂，成本较高

二、直流电动机调压调速系统的主要方式

在调压调速方案中，目前主要有发电机－电动机（G－M）系统、晶闸管－电动机（V－M）系统及直流斩波和脉宽调速系统三种方式。

1. 发电机－电动机（G－M）系统

该系统主要由直流发电机 G 和直流电动机 M 组成，如图 1-4 所示。

直流发电机 G 由原动机 M（交流异步电动机或同步电动机）拖动，Φ_G、Φ_M分别是发电机和电动机励磁回路的磁通。改变发电机励磁回路的磁通 Φ_G，即改变发电机的输出电压 U_G也就改变了直流电动机电枢电压 U_d，从而实现调压调速的目的。

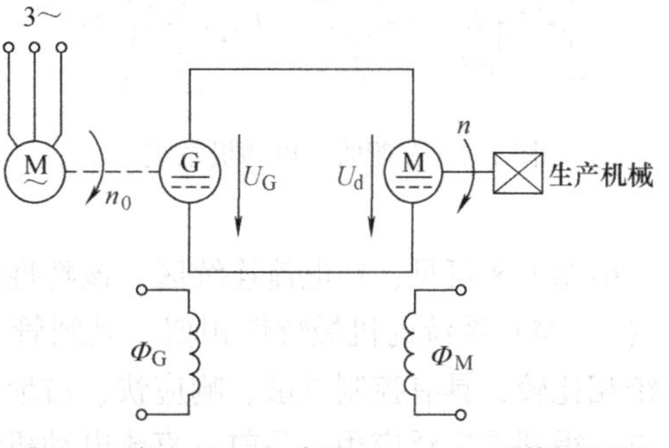

图 1-4　发电机－电动机（G－M）系统原理图

该系统的机械特性如图 1-5 所示，其机械特性曲线是一簇相互平行的直线，特性比较硬。

实际应用中多采用图 1-6 所示的带电机扩大机的发电机 – 电动机调速系统。

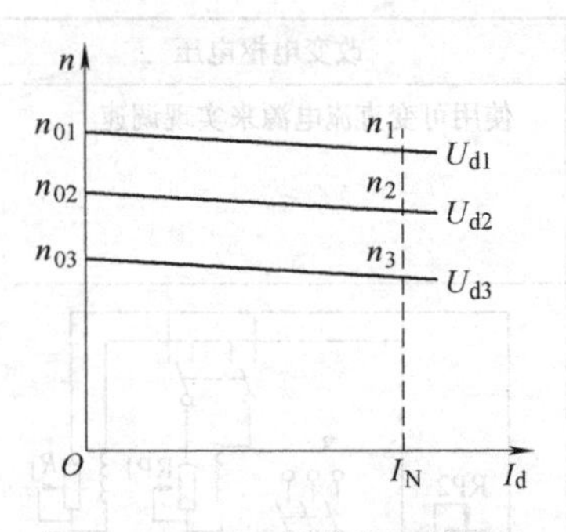

图 1-5　G – M 系统的机械特性

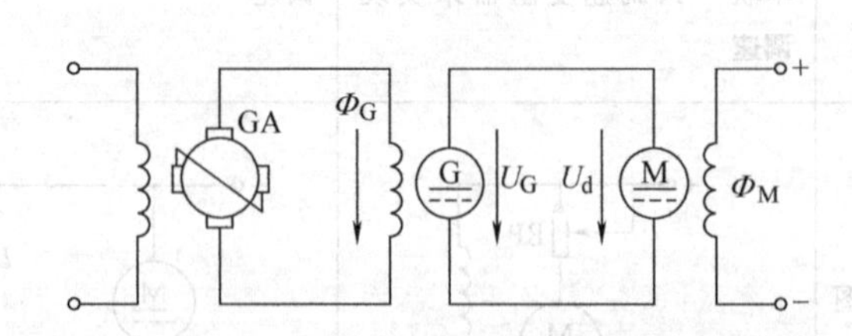

图 1-6　带电机扩大机的发电机 – 电动机调速系统

图中电机扩大机 GA 作为励磁机向发电机励磁绕组供电。改变电机扩大机的控制电压，也就改变电机扩大机的电压，改变发电机励磁电流（磁通 Φ_G），改变发电机输出电压（改变电动机电枢电压）从而实现调压调速的目的。发电机 – 电动机系统具有调速范围较宽、特性硬、调速平滑、调速性能较好等优点。但发动机 – 电动机系统存在设备占地面积大、能耗高、效率低、运行噪声大、维修工作量大等缺点。随着晶闸管 – 电动机系统的出现和应用，现已逐步被晶闸管 – 电动机系统所代替。尽管如此，发电机 – 电动机系统目前仍在一些设备（如龙门刨床）中使用。

2. 晶闸管 – 电动机（V – M）系统

该系统主要由晶闸管变流装置 V 和直流电动机 M 组成，如图 1-7 所示。通过改变转速给定电压 U_{gn}来改变晶闸管变流装置触发延迟角 α，即改变了晶闸管的导通角 θ 的大小，进而改变晶闸管变流装置输出电压 U_d的大小，达到改变直流电动机转速的目的，其机械特性如图 1-8 所示。

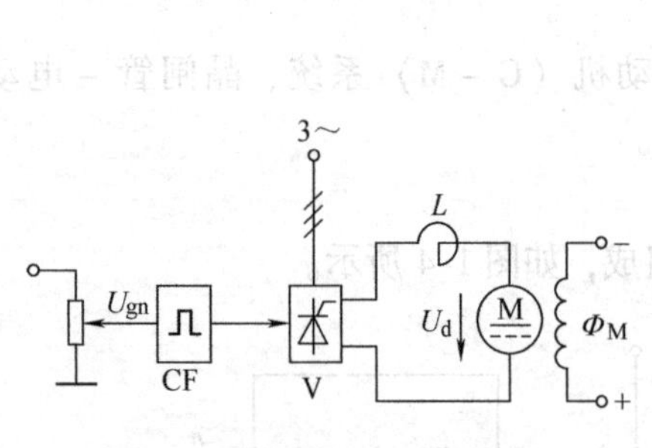

图 1-7　晶闸管 – 电动机系统

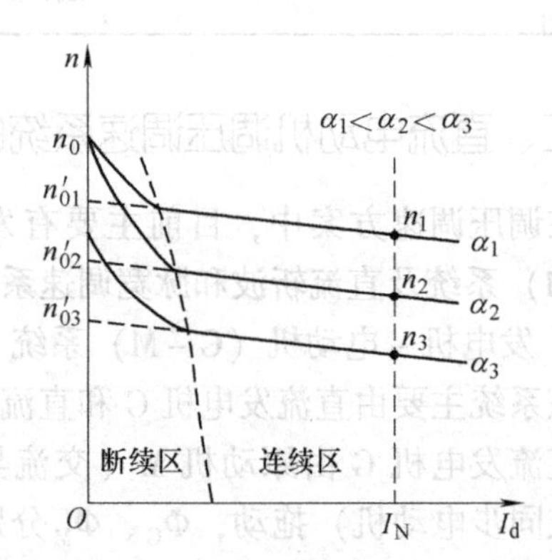

图 1-8　V – M 系统的机械特性

由图 1-8 可见，在电流连续区，该特性曲线亦是一簇互相平行的直线，与发电机 – 电动机（G – M）系统的机械特性相似。晶闸管 – 电动机（V – M）系统与上述发电机 – 电动机系统相比较，具有控制灵敏、响应快、占地面积小、能耗低、效率高、噪声小、维护方便等优点，得到了广泛应用。目前，直流电动机调速系统绝大部分都采用晶闸管 – 电动机系统。

但晶闸管–电动机系统也存在功率因数低，产生高次谐波引起电网电压、电流波形畸变以及晶闸管过载，过电流能力差等问题，使用中应引起足够重视。

3. 直流斩波和脉宽调速系统

在干线铁道电力机车、工矿电力机车、城市有轨和无轨电车、地铁电力机车、电动自行车、新能源电动汽车等电力牵引设备上，常采用恒定直流电源（蓄电池或不可控整流电源）供电，驱动串励或复励直流电动机运行。目前利用现代电力电子器件（如GTR、GTO、MOSFET和IGBT等）的通断控制，将固定直流电压变为可调的平均直流电压进行直流电动机的调速。这种采用单管控制的电路，称为直流斩波；若保持周期不变，用微处理器的数字输出控制开关器件的通断时间，称为脉宽调制（PWM）。PWM直流调速系统具有以下优点：

1）主电路简单，需要的功率器件少。

2）开关频率高，电流连续并且谐波少，使电动机转矩脉动小、发热少。

3）低速性能好，稳速性能高，调速范围宽。

4）转速调节迅速，动态性能好，抗干扰能力强。

5）器件工作在开关状态，损耗小，装置的效率较高。

6）与V–M系统相比，PWM直流调速系统采用不可控整流电路，其从电网侧看进去的设备功率因数较高。

基于以上优点，同时随着微型计算机控制技术的飞速发展，脉宽调制变换器的性能有了较大的提高，应用也逐步扩大，是直流调速系统的一个重要发展方向。

三、直流调速系统的基本组成及常用术语

1. 直流调速系统的基本组成

直流调速系统的基本组成框图如图1-9所示。

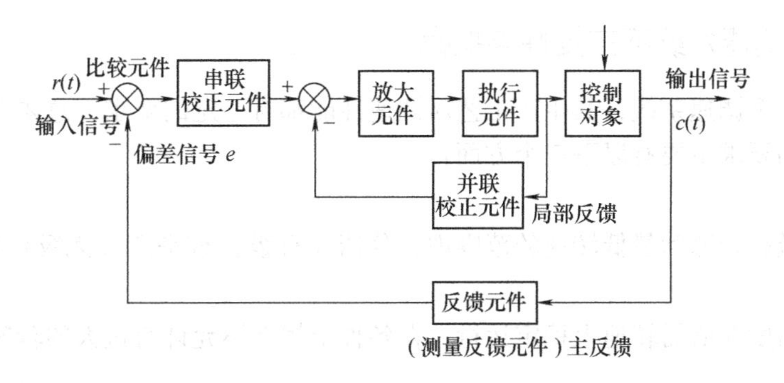

图1-9　直流调速系统的基本组成框图

直流调速系统按其具体用途的不同，可以有各式各样的结构形式，但是从原理上来看，直流调速系统是由一些具有不同功能的基本元件组成的。图1-9所示的典型直流调速系统的框图中各元件的作用如下：

测量反馈元件：用以测量被控量，并将其转换成与输入量同类的物理量后，再反馈至输入端以作比较。

比较元件：用来比较输入信号与反馈信号。

放大元件：将微弱的信号作线性放大，并产生反映两者差值的偏差信号。

校正元件：按某种函数规律变换控制信号，以利于改善系统的动态品质或静态性能。

执行元件：根据偏差信号的性质执行相应的控制作用，以便使被控量按期望值变化。

控制对象：又称为被控对象或受控对象，通常是指生产过程中需要进行控制的生产机械或生产过程。出现在被控对象中需要控制的物理量称为被控量。

图中串联校正元件和并联校正元件是为了改善系统的控制性能而引入的校正环节。

2. 直流调速系统中的常用术语

直流调速系统中的常用术语如下：

【输入信号】：又称为参考输入，通常是指给定值，它是控制着输出量变化规律的指令信号。

【输出信号】：被控对象中要求按某种规律变化的物理量，又称为被控量，它与输入量之间保持一定的函数关系。

【反馈信号】：取自系统（或元件）输出端并反向送回系统（或元件）输入端的信号。反馈有主反馈和局部反馈、正反馈和负反馈之分。

【偏差信号】：参考输入与主反馈信号之差。偏差信号简称偏差，其实质是从输入端定义的误差信号。

【误差信号】：系统输出量的实际值与期望值之差，简称误差，其实质是从输出端定义的误差信号。显然，在单位反馈（反馈信号不经放大直接送入比较元件）的情况下误差值也就是偏差值，两者是相等的。

【扰动信号】：简称扰动或干扰，它与控制作用相反，是一种不希望的、能破坏系统输出规律的不利因素。扰动信号既可来自系统内部，又可来自系统外部，前者称为内部扰动，后者称为外部扰动。

四、直流调速系统的主要性能指标

对于任何一个调速系统，其生产工艺对调速性能都有一定的要求，总体来说，对于调速系统转速控制的要求主要有以下三个方面：

（1）调速

在一定的最高转速和最低转速的范围内，分挡（有级）或平滑（无级）调节转速。

（2）稳速

以一定的精度在所需转速上稳定运行，在各种干扰下不允许有过大的转速波动，以确保产品质量。

（3）加、减速

频繁起、制动的设备要求加、减速尽量快，以提高生产效率；不宜经受剧烈速度变化的机械设备则要求起、制动尽量平稳。

直流调速系统的主要性能指标是衡量调速性能好坏的标准，亦是直流调速系统设计和实际运行中考核的主要指标。直流调速系统的主要性能指标包括静态性能指标和动态性能指标两部分。

1. 主要静态性能指标

1）调速范围 D。调速范围 D 是指电动机在额定负载下，电动机的最高转速 $n_{\max}$ 与最低

转速 n_{min}之比，即

$$D=\frac{n_{max}}{n_{min}} \tag{1-2}$$

对于少数负载很轻的机械设备（如精密机床），最高转速 n_{max}和最低转速 n_{min}时的负载可另作规定。

2）转差率 s。转差率 s 是指电动机在某一转速下运行时，负载由理想空载增加到额定负载时所产生的转速降 Δn_N与理想空载转速 n_0之比，常用百分数表示，即

$$s=\frac{\Delta n_N}{n_0}=\frac{n_0-n_N}{n_0}\times 100\% \tag{1-3}$$

由式（1-3）可知，转差率 s 与机械特性硬度以及理想空载转速 n_0有关。机械特性越硬，转差率 s 越小。同样硬度的机械特性，理想空载转速越低，转差率 s 越大。在调压调速系统中，同一电动机在不同转速运行时，其额定转速降 Δn_N是相同的，但理想空载转速 n_0则不同，因而电动机在不同转速运行时的转差率不同。高速时转差率 s 小，低速时转差率 s 大。所以对一个系统所提的转差率要求，主要是对最低转速的转差率要求，最低转速时转差率能满足要求，高速时就不成问题了。

3）调速的平滑性。在一定范围内调速的级数越多，调速就越平滑，相邻两级转速之比称为平滑系数 ϕ，即

$$\phi=\frac{n_i}{n_{i-1}}$$

ϕ 值越接近 1，平滑性越好，当 $\phi=1$ 时，称为无级调速。

4）D、s、Δn_N之间的关系。在调压调速中，n_{max}等于电动机的额定转速，即

$$n_{max}=n_N$$

$$n_{min}=n_{0min}-\Delta n_N$$

$$D=\frac{n_{max}}{n_{min}}=\frac{n_N}{n_{0min}-\Delta n_N}$$

$$s=\frac{\Delta n_N}{n_{0min}},\quad n_{0min}=\frac{\Delta n_N}{s}$$

所以

$$D=\frac{n_{max}}{n_{min}}=\frac{n_N}{n_{0min}-\Delta n_N}=\frac{n_N}{\dfrac{\Delta n_N}{s}-\Delta n_N}=\frac{n_N s}{\Delta n_N(1-s)} \tag{1-4}$$

式（1-4）表示了调速范围 D、转差率 s 和静态转速降 Δn_N三者之间的关系。n_N可由电动机出厂数据给出，D 和 s 由生产实际要求确定。当系统的特性硬度一定（Δn_N一定）时，如要求转差率 s 越小，则调速范围 D 也就越小；反之，要求 D 和 s 一定时，那么静态转速降 Δn_N就必须小于某一值。即

$$n=\frac{KU_{gn}}{C_e\Phi}-\frac{R_n+R_d}{C_e\Phi}I_d \tag{1-5}$$

【例 1-1】　已知某一龙门刨床工作台直流调压调速系统，直流电动机参数为 $P_N=60kW$，$U_N=220V$，$I_N=305A$，$n_N=1000r/min$，电枢电阻 $R_d=0.05\Omega$，要求的调速范围

$D=20$，试求：

（1）高速和最低转速时的转差率 s_1 和 s_2；

（2）转差率 $s \leqslant 5\%$，对应的转速降 Δn_N。

解：（1）求最低转速时的转差率 s。

C_e为电动机的电动势常数，可由电动机出厂铭牌数据求出，即

$$C_e = \frac{U_N - I_N R_d}{n_N} = \frac{220\text{V} - 305 \times 0.05\text{V}}{1000\text{r/min}} = 0.2\text{V/(r/min)}$$

额定负载下电枢电阻 R_d引起的转速降为

$$\Delta n_N = \frac{I_N R_d}{C_e} = \frac{305 \times 0.05}{0.2}\text{r/min} = 76.25\text{r/min}$$

最低转速时的转差率 s_2为

$$s_2 = \frac{\Delta n_N}{n_{02}} \times 100\% = \frac{\Delta n_N}{n_{\min} + \Delta n_N} \times 100\% = \frac{76.25}{\frac{1000}{20} + 76.25} \times 100\% = \frac{76.25}{50 + 76.25} \times 100\% = 60.4\%$$

高速时的转差率 s_1为

$$s_1 = \frac{\Delta n_N}{n_{01}} \times 100\% = \frac{\Delta n_N}{n_{\max} + \Delta n_N} \times 100\% = \frac{76.25}{1000 + 76.25} \times 100\% = 7\%$$

（2）$D=20$，$s \leqslant 5\%$时：

$$\Delta n_N = \frac{n_N s}{D(1-s)} = \frac{1000 \times 0.05\text{r/min}}{20 \times (1-0.05)}\text{r/min} = 2.63\text{r/min}$$

由以上计算可知，最低转速时的转差率 s_2远远大于高速（额定转速）时的转差率 s_1，只要最低转速时的转差率 s_2满足要求，高速时的转差率 s_1肯定满足要求。如系统要满足 $D=20$，$s \leqslant 5\%$的要求，必须采用闭环控制系统，使 Δn_N从 76.25r/min 减小到 2.63r/min。

2. 主要动态性能指标

动态性能指标是指在给定控制信号和扰动信号作用下，控制系统输出在动态响应中的各项指标。理想的控制系统能对该给定控制信号的变化不失真地准确跟踪，具有很好的跟随性，同时对扰动信号具有很强的抗扰性，不受扰动的影响。因此，动态性能指标分为给定控制信号和扰动信号作用下两类性能指标。

（1）给定控制信号作用下的动态性能指标

对直流调速系统来说，一般采用单位阶跃给定控制信号作用下系统输出响应的上升时间 t_T、调节时间（亦称过渡过程时间）和超调量 σ（%）来衡量系统对给定控制信号作用下的动态性能指标。系统在单位阶跃给定控制信号作用下的动态响应曲线如图 1-10 所示。

1）上升时间 t_r。上升时间是从加上阶跃给定控制信号的时刻起到系统输出量第一次达到稳态值所需的时间。

2）调节时间 t_T（亦称过渡过程时间）。调节时间是从加上阶跃给定控制信号的时刻起到系统输出量进入（并且不再超出）其稳态值的 ±（2～5）% 允许误差范围之内所需的最短时间。

3）超调量 σ。超调量 σ 是指在动态过程中系统输出量超过其稳态值的最大偏差与稳态

值之比，通常用百分数表示，即

$$\sigma = \frac{Y(t_m) - Y(\infty)}{Y(\infty)} \times 100\%$$

超调量 σ 用来表征系统的相对稳定性，超调量 σ 小表示系统的稳定性好。t_r小表示系统快速性越好。这两者往往是互相矛盾的，减小了超调量 σ，就导致 t_r增加，也就延长了过渡过程时间。反之，加快过渡过程时间，减小 t_r，却又增加了超调量 σ。实际应用中，应根据工艺的要求选择合适参数指标。

4）振荡次数。振荡次数是指在调节时间内，输出值在稳态值上下摆动的次数。

（2）扰动信号作用下的动态性能指标

对直流调速系统来说一般采用突加阶跃扰动作用下的系统输出响应的最大动态速降、恢复时间 t_s来衡量系统对扰动响应的动态性能指标。系统在突加阶跃扰动作用下的动态响应曲线如图 1-11 所示。

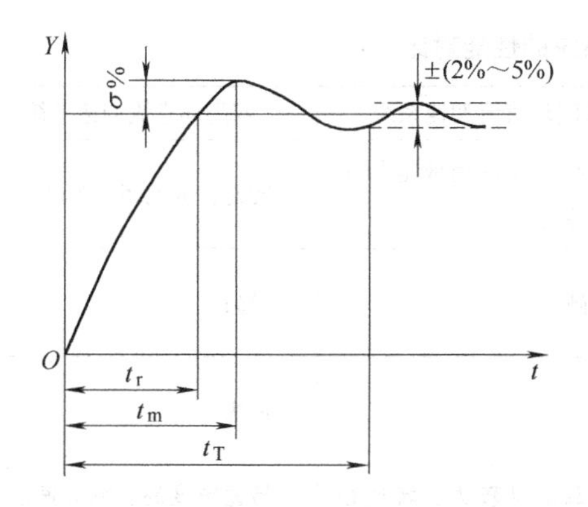

图 1-10　单位阶跃给定控制信号作用下的动态响应曲线

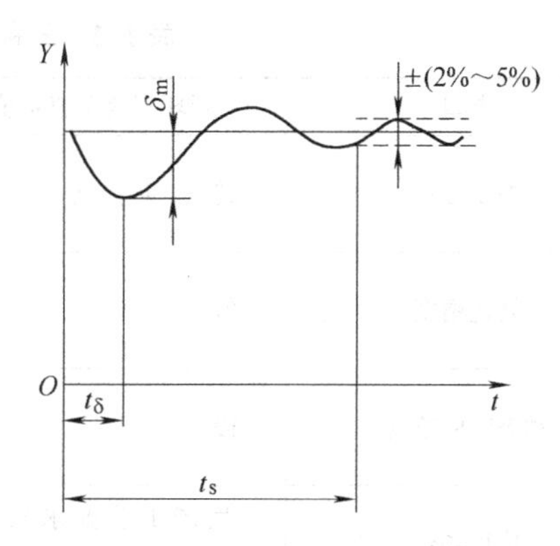

图 1-11　突加阶跃扰动作用下的动态响应曲线

1）最大动态速降。最大动态速降是在突加阶跃扰动作用下，系统的输出响应的最大动态速降，常用百分数表示，即

$$\delta_m = \frac{Y(\infty) - Y(t_\delta)}{Y(\infty)} \times 100\%$$

2）恢复时间 t_s。t_s是从加上突加阶跃扰动的时刻起到系统输出量进入原稳态值的 $Y(0)$ 的 95% ~98% 范围内〔与稳态值之差 ±（2% ~5%）〕所需的最短时间。最大动态速降越小，恢复时间 t_s越小，说明系统的抗扰能力越强。

五、晶闸管 – 直流电动机调速系统的分类

在以上三种调压调速用的可控直流电源中，工业上应用最为典型的是晶闸管 – 电动机调速系统。通过分析晶闸管 – 电动机调速系统，可以系统地了解自动控制理论的基本思路和调速系统的各项性能指标。

1. 按控制方法分类

晶闸管 – 电动机调速系统从控制方法上可以分为三种。

（1）开环直流调速系统

开环直流调速系统采用转速开环控制，转速的控制精度不高，转速受负载波动、电网电压变化等影响较大，常应用于生产工艺要求低的场合。如果需要调速的生产机械对转速精度有所要求，开环直流调速系统往往不能满足要求。

（2）单闭环直流调速系统

单闭环直流调速系统采用转速闭环控制或电压负反馈，其稳态转速精度较高，转速受负载波动影响小，常应用于负载波动较大、转速精度要求较高的场合。

（3）双闭环直流调速系统

双闭环直流调速系统采用转速、电流闭环控制，是直流调速系统中精度最高、动态响应速度最快、应用最为广泛的直流调速系统，其受负载波动、电网电压变化等影响最小。该系统起动时间短，可实现高精度、高动态性能的转速控制，常应用于转速精度高、动态响应好的场合。

三种直流调速系统的性能对比见表1-2。

表1-2　三种直流调速系统的性能对比

类型	开环直流调速系统	单闭环直流调速系统	双闭环直流调速系统
控制方式	转速开环控制	转速闭环控制或电压负反馈控制	转速、电流闭环控制
转速精度	低	较高	最高
动态响应速度	慢	快	最快
应用场合	生产工艺要求较低的场合	负载波动较大、转速精度要求较高的场合	转速精度高、响应速度快的场合

2. 按直流电动机能否实现正、反转分类

如果根据直流电动机能否实现正、反转控制分类，晶闸管－电动机控制系统可分为三种。

（1）不可逆直流调速系统

该系统只能实现直流电动机的正转或反转，应用于不要求正、反转的场合。

（2）可逆直流调速系统

该系统采用两组晶闸管装置，实现直流电动机的正、反转，能快速起动、制动，实现四象限运行，简称SCR－D系统。该系统常应用于动态性能要求高，并且需要快速加减速的可逆运行的场合。如起重提升设备、电梯、龙门刨床等。

3. 按调速系统是否存在稳态偏差分类

如果根据直流调速系统是否存在稳态偏差来分类，晶闸管－电动机控制系统可分为三种。

（1）有静差调速系统

有静差自动调速系统中的放大器，只是一个具有比较放大作用的PI调节器，它必须依靠实际转速与给定转速的偏差才能实现转速控制作用，这种系统不能清除转速的稳定误差。

常见的有静差直流调速系统有转速负反馈、电压负反馈及带电流正反馈环节的电压负反馈直流调速系统。

(2) 无静差调速系统

无静差调速系统的被调量在静止时完全等于系统的给定量（给定转速），其输入偏差 $\Delta U_{\mathrm{i}}=0$。为使这种系统正常工作，通常引入积分作用的 PI 调节器作为转速调节器，这样可以兼顾系统的无静差和快速性两个方面的要求。常用的有转速单闭环无静差直流调速系统和转速、电流双环直流调速系统两种。

六、对直流调速系统的性能要求

不同的自动控制系统，其性能差别很大，一般生产机械对直流调速系统的性能要求主要从稳定性、准确性和快速性这三个方面考虑。通常情况，用“稳（稳定性）、准（准确性）、快（快速性）”来评价一个系统性能的优劣。

1. 稳定性

稳定性是判别一个自动控制系统能否实际应用的前提条件。

(1) 稳定系统

当系统运行中受到扰动作用（或给定值发生变化）时，输出量将会偏离原来的稳定值，这时由于反馈环节的作用，通过系统内部的自动调节，系统回到（或接近）原来的稳定值（或跟随给定值）并最终稳定下来，这种系统就是稳定的系统，如图 1-12a 所示。

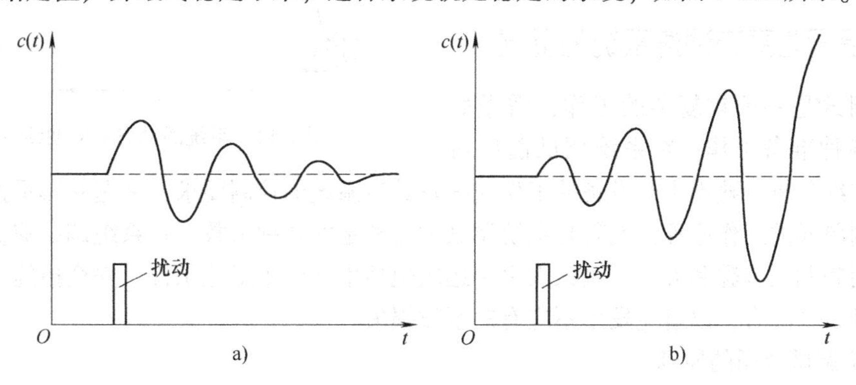

图 1-12 系统的稳定性

a) 稳定系统 b) 不稳定系统

(2) 不稳定系统

当系统运行中受到扰动作用时，由于内部的相互作用，使系统输出量发散而处于不稳定状态，这样的系统就是不稳定系统，如图 1-12b 所示。

2. 准确性

准确性是指当系统重新达到稳定状态后，其输出量保持的精度，反映了系统的准确程度。一般自动控制系统输出量偏差越小，准确度越高。

通常用稳态误差 e_{ss} 来描述系统的稳态精度，如图 1-13 所示。当系统受到扰动作用时，输出量会出现偏差，这种偏差称为稳态误差 e_{ss}。当 $e_{\mathrm{ss}}\neq0$ 时，称为有静差系统；当 $e_{\mathrm{ss}}=0$ 时，称为无静差系统。

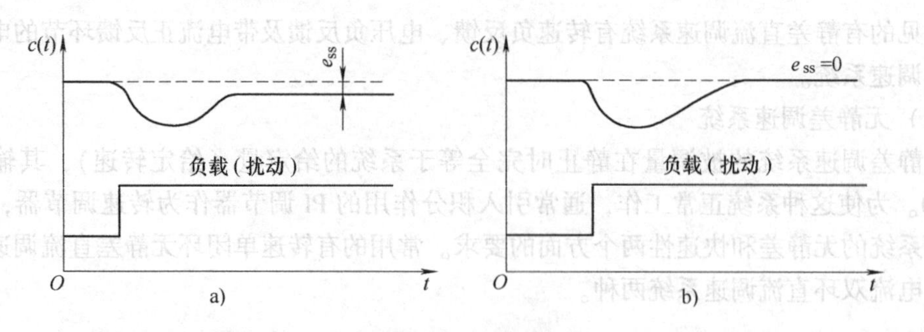

图 1-13　系统的准确性

a）有静差系统　b）无静差系统

3. 快速性

快速性是指系统从一种稳定状态达到新的稳定状态过渡过程时间的长短。过渡过程时间长，说明系统的快速性差、响应迟缓。通常，自动控制系统希望过渡过程越短越好，这样运行效率也越高。

系统快速性可以用调节时间 t_s、最大超调量 Δc_{max}、上升时间 t_r 和振荡次数 N 等动态性能指标来衡量，如图 1-14 所示。

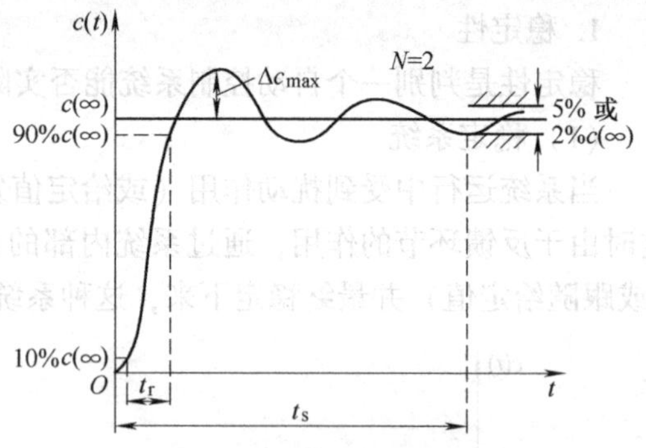

图 1-14　系统的动态响应曲线

七、晶闸管直流调速系统的调试

系统调试是一项较复杂的工作，需做好调试前的各种准备工作。在系统调试前应对系统进行详细分析，熟悉生产设备的工作流程及其对系统的控制要求，掌握并熟悉控制系统及其各控制单元的工作原理，尤其是系统调试中需整定的各种参数。在系统调试前应制订调试大纲，明确调试步骤和方法。调试大纲中还应包括生产试车工艺条件、安全措施、联锁保护以及各种工种配合，以避免发生不应有的事故损失。

1. 系统调试遵循的原则

1）先查线，后通电。

2）先单元，后系统。

3）先控制电路，后主电路；先励磁回路，后电枢回路。

4）先开环，后闭环；先内环，后外环；先静态，后动态。

5）通电调试时，先用电阻负载，后用电动机负载。

6）电动机投入运行时，先轻载，后重载；先低速，后高速。

2. 一般晶闸管直流调速系统调试内容

1）查线和绝缘检查。按图样要求对系统进行查线，重点检查系统外围接线。在查线的同时进行绝缘检查，查看有无损伤或受潮，如发现有损伤或受潮，应先进行修复后干燥处理，再进行绝缘检查。

2）继电控制电路空操作。按控制要求对调速系统继电控制电路进行空操作，检查接触器、继电器等动作是否正确，电器有无故障，接触是否良好。空操作是在主电路不通电情况下，对继电控制电路进行通电调试。

3）测定交流电源相序。主电路相序和触发电路同步电压的相序应一致，否则将可能造成晶闸管主电路与触发电路同步电压不同步，使晶闸管变流装置不能正常工作。

4）控制系统控制单元检查与测试。首先检查各类电源输出电压是否满足要求，然后对控制单元按要求进行检查与调试，重点对各控制单元中的整定参数按要求进行整定。

5）主电路通电试验。核对主电路及触发电路同步电压的相位，调整晶闸管的触发脉冲的初始相位，以及α_{min}、β_{min}、U_d整定。

6）主电路电阻负载测试。重点检查晶闸管变流器输出直流电压U_d和触发脉冲，随着触发延迟角α的变化，查看输出直流电压U_d波形和电压值是否正常，对于不正常情况应进行检查与调整。

7）电流环调试。电流环调试包括电流反馈极性、电流反馈值、过电流保护整定、电流环动态特性整定、电流调节器参数整定。

8）转速（速度）环调试。转速环调试包括速度反馈极性和速度反馈值整定、超速保护整定、转速（速度）环动态特性整定、速度（转速）调节器参数整定。

9）带负载调试。重点检查系统带负载运行时的各种性能指标，进一步对系统尤其是速度（转速）环进行调试。

任务准备

一、认识直流调速柜

直流调速柜是晶闸管直流传动装置，作为可调直流电源拖动直流电动机调速使用。它使用晶闸管整流器将交流电整流成可调直流电，对直流电动机电枢供电，可开环控制；也可引入电压负反馈、电流截止负反馈、转速负反馈等，构成闭环控制，组成自动稳速的闭环无级调速系统。直流调速柜各项性能良好，能满足一般生产机械对调速的要求，在实际生产中也有一定的应用。

直流调速柜主电路采用三相全控桥式整流电路，整流输出给直流电动机提供电枢电压，同时设有独立的励磁电源，可以向直流电动机提供励磁电压。设备内装有保护报警电路，当直流输出过电流或短路时，快速熔断器熔断，保护电路发出指令，自动切除主电路电源，同时故障指示灯点亮，直至操作人员切断控制装置电源，故障指示灯才熄灭。保护电路的设置提高了设备运行的安全性。该直流调速装置采用柜式结构，柜内最下层安装整流变压器，其他部件由下而上分层安装于柜内的立柱上。

1. 直流调速柜外观及操作面板

图1-15a所示为直流调速柜的正面视图，其操作面板上的显示及开关的功能如图1-15b所示。

2. 直流调速柜主电路的基本工作原理

直流调速柜主电路如图1-16所示，其基本工作原理是：输入三相交流电源经变压器降压后，通过晶闸管整流电路变为可调的直流电，给直流电动机电枢绕组供电，同时，从变压器二次绕组引入单相交流电，通过励磁电源变为固定的直流电，给直流电动机励磁绕组励磁。

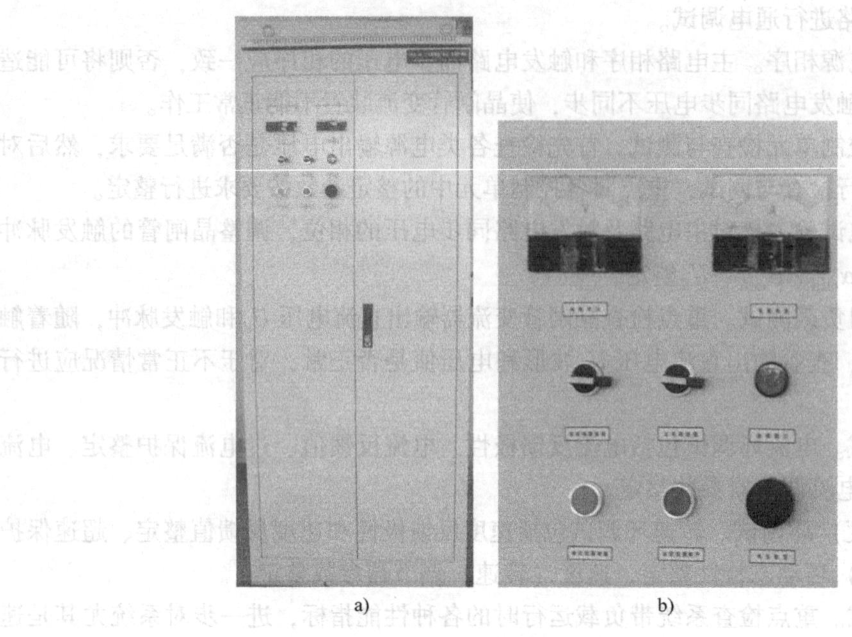

a) b)

图 1-15 直流调速柜

a）正面视图 b）操作面板上的显示及开关的功能

3. 直流调速柜主电路的组成

直流调速柜主电路由整流变压器、晶闸管整流电路及励磁电源等各部分电路组成。具体的作用如下：

1）整流变压器。为了减少对电网波形的影响，本装置的整流变压器接线采用 Dy11 联结。在直流调速柜内最下层安装了整流变压器，外形如图 1-17 所示。

2）晶闸管整流电路。晶闸管整流电路在直流调速柜中的结构组成如图 1-18 所示。直流调速柜中的晶闸管整流电路采用三相桥式整流电路，三相交流电经交流接触器 KM1 引至整流变压器 T1 一次侧，由 T1 变压后经过快速熔断器引至三相整流桥，由该整流桥整流后，输出直流电源，向被控直流电动机电枢馈送电能。控制晶闸管整流器件的触发延迟角 α 即可以调节整流桥输出的直流电压。

3）励磁电源。励磁电源的结构组成如图 1-19 所示。由整流变压器 T1 的二次绕组取出 245V 的交流电经单相桥整流后变为 220V 直流电源，作为电动机的励磁电源，励磁电源部分电路如图 1-16 所示。

4. 直流调速柜控制触发电路的组成

控制触发电路部分由给定环节、集成脉冲触发器和直流电源等部分组成。给定环节给集成脉冲触发器提供一可调给定电压，调节给定电位器即可改变集成脉冲触发器输出脉冲的相位（触发延迟角 α），同时直流电源部分给给定环节和集成脉冲触发器提供所需的直流电压。

1）给定环节。由中间继电器 KA 控制的给定电源通过一个 2.2kΩ 电阻加到该装置控制盘的给定电位器上，调节此电位器（见图 1-20a）可得到 0～10V 的直流给定电压。给定环节电路如图 1-20b 所示。

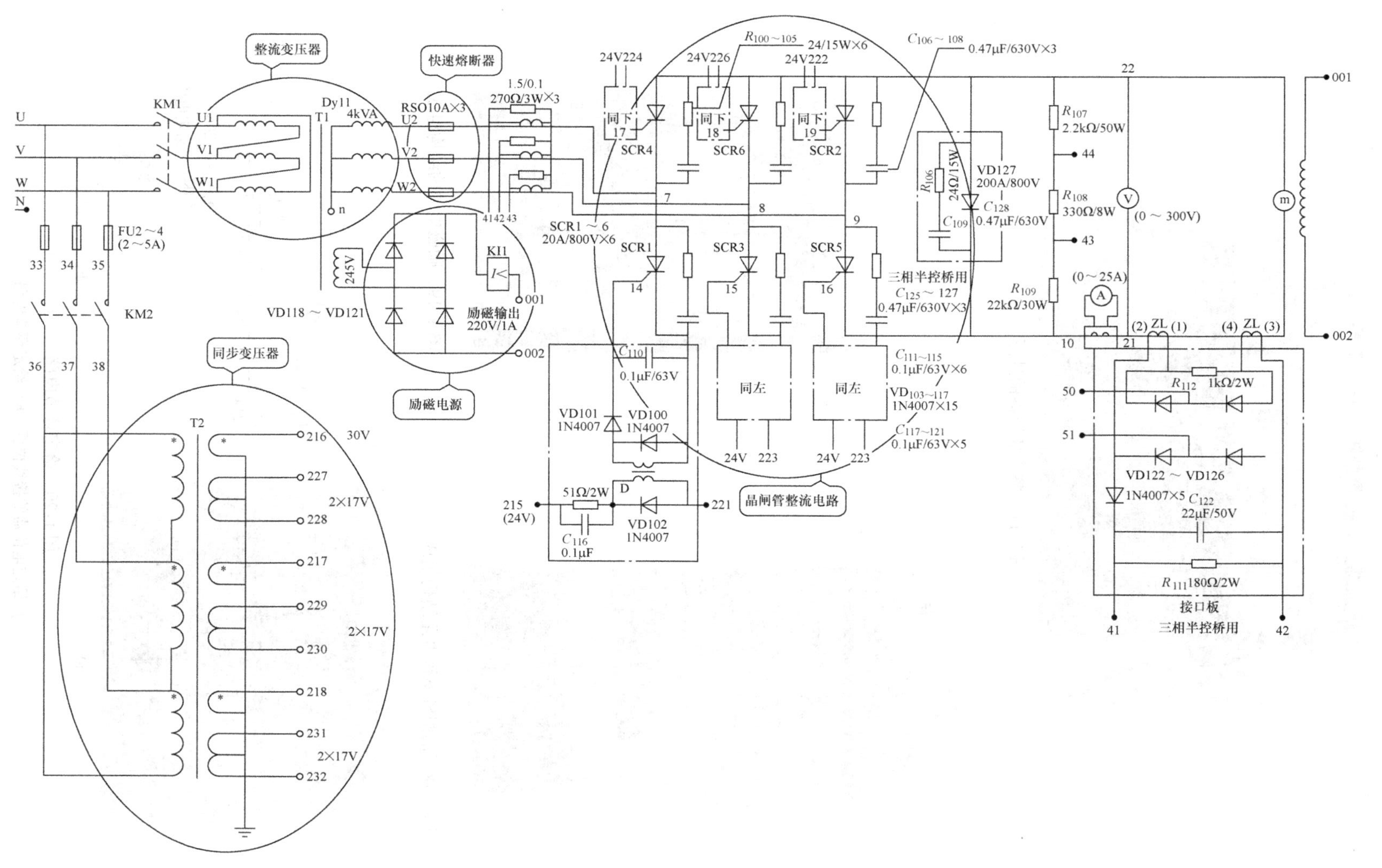

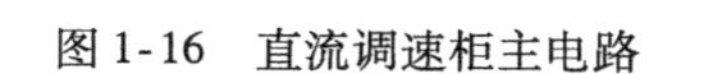
图 1-16 直流调速柜主电路

图 1-17　整流变压器的外形

图 1-18　晶闸管整流电路结构组成

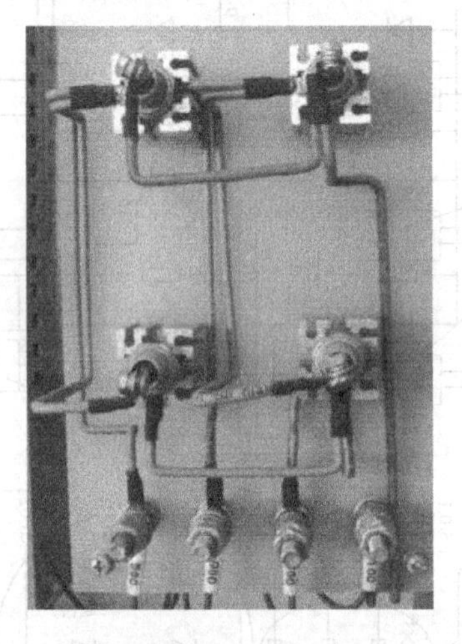

图 1-19　励磁电源的结构组成

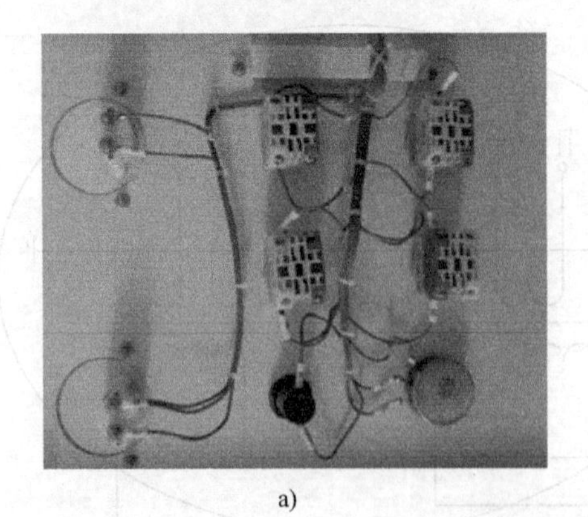

a)

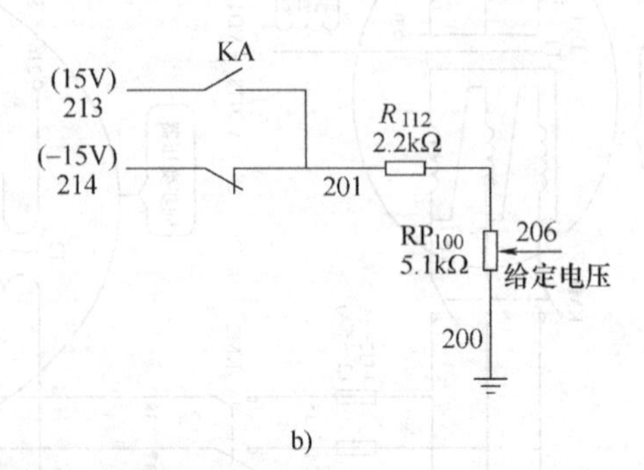

b)

图 1-20　给定环节电路

a）给定电位器的接线位置　b）给定环节电路

2）集成脉冲触发器。采用触发板（CFD）产生双窄脉冲，其结构组成如图1-21所示。

3）直流电源。采用电源板（WYD）提供直流电压，其结构组成如图1-21所示。

4）调节板（TJB）。可实现系统开、闭环控制及部分保护电路的控制，其结构组成如图1-21所示。

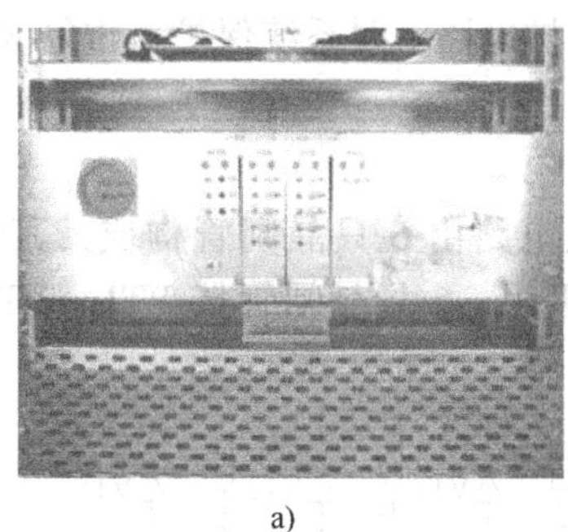

a)

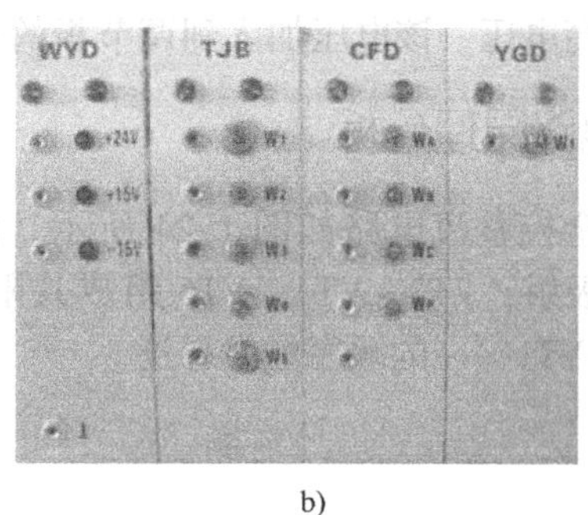

b)

图1-21 电路中的控制板

a）位置图 b）面板图

5. 直流调速柜继电控制电路

在该装置的继电控制电路中，各交流接触器和继电器等的结构组成如图1-22所示。

6. 直流调速柜保护系统的组成

1）过电压保护，如图1-23所示，本装置在整流桥输入侧接入电容器，起到过电压保护作用。在整流桥上安装了阻容吸收回路，防止整流器件因瞬时过电压而击穿。

2）过电流保护，如图1-23所示，本装置在交流电源输入侧安装了快速熔断器，对主电路各元器件及直流侧电路起到短路保护作用。

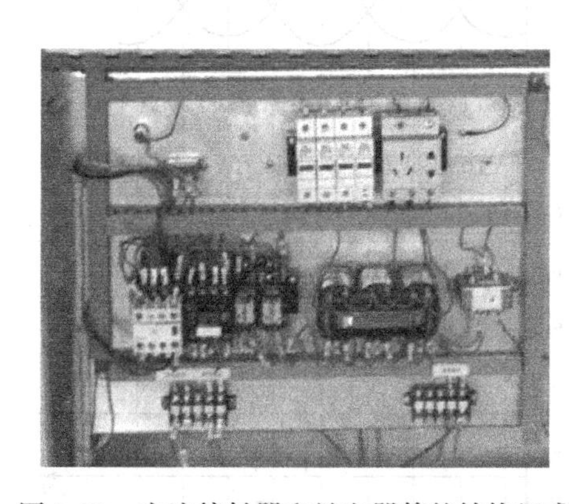

图1-22 交流接触器和继电器等的结构组成

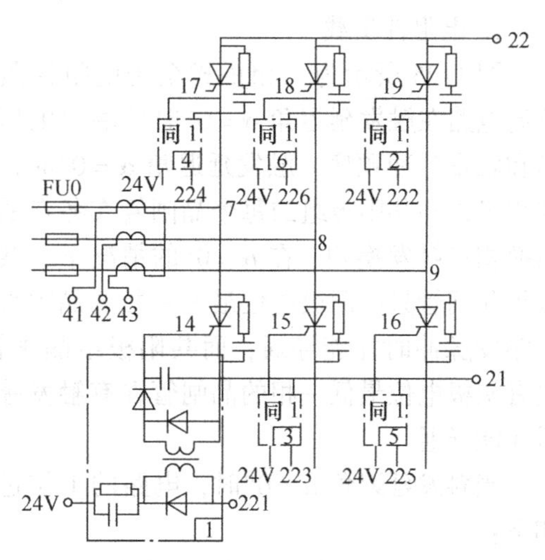

图1-23 保护系统

3）信号保护系统：

① 直流输出端过电流。从电流互感器（见图1-23）反馈过来的主电路电流加入到调节板TJB（见图1-21），其值一旦超过系统的设定最大过电流值（出厂时整定在额定值的150%），调节板内将给出一个故障信号，故障继电器K12（见图1-22）得电吸合，断开主

电路并给出一个故障信号，故障指示灯 HL1 得电指示。

② 快速熔断器熔断。安装在快速熔断器（见图 1-23）输出端的三个 0.47μF/630V 的电容器接成星形，其中性点通过安装于继电器板上的断相保护变压器 T3（见图 1-22）接到主整流变压器二次绕组的中性点上。当任何一只快速熔断器熔断时，变压器 T3 的二次绕组即感应出一峰值高电压。该电压加入到调节板的保护电路上时系统保护，重复 K12 吸合过程。

二、主电路原理分析

三相桥式全控整流电路如图 1-24 所示。该电路由 6 只晶闸管构成，其中 VT1、VT3、VT5 组成共阴极组，VT2、VT4、VT6 组成共阳极组，6 只晶闸管按 VT1→VT2→VT3→VT4→VT5→VT6→VT1……的顺序触发导通。

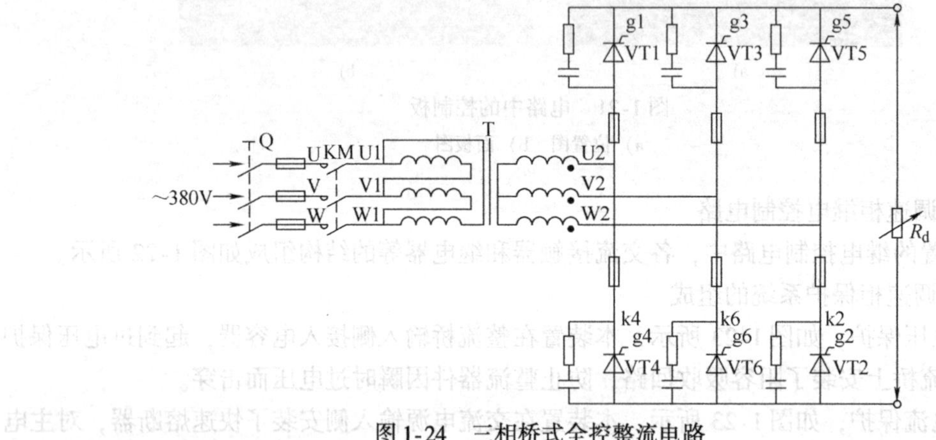

图 1-24　三相桥式全控整流电路

1. 电阻性负载

图 1-25 所示为三相桥式全控电阻性负载整流电路在触发延迟角 $\alpha=0°$时的输出电压波形和触发脉冲顺序。触发延迟角 $\alpha=0°$时，则共阴极组和共阳极组的每个晶闸管在各自的自然换相点触发换相。在 $\alpha=0°$的情况下，共阴极组晶闸管只有阳极电位最高一相的晶闸管在有触发脉冲时才能导通；而共阳极组晶闸管，只有阴极电位最低一相的晶闸管在有触发脉冲时才能导通。

当触发延迟角 $\alpha=0°$时，电路的工作过程如下：

在 $\omega t_1 \sim \omega t_2$ 期间，U 相电压最高，V 相电压最低，若在 VT1、VT6 门极加上触发脉冲，则 VT1、VT6 导通，电流流经 U 相→VT1→R_d→VT6→V 相，负载 R_d 上得到 U、V 相线电压，即 $u_d=u_{UV}$。

在 $\omega t_2 \sim \omega t_3$ 期间，U 相电压仍保持最高，

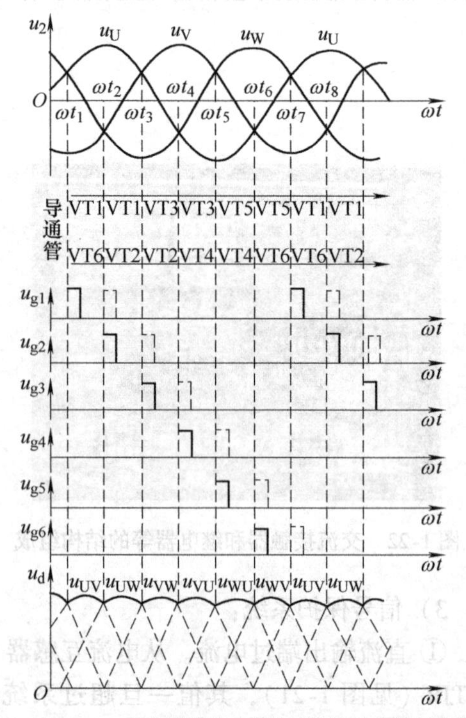

图 1-25　$\alpha=0°$时的输出电压波形和触发脉冲顺序

所以 VT1 继续导通。此时 W 相电压较 V 相电压更低，故触发 VT2，则 VT2 导通。VT2 导通后，使 VT6 承受反向电压而关断，电流从 VT6 换到 VT2。电流流经 U 相→VT1→R_d→VT2→W 相，负载 R_d 上得到 U、W 相线电压，即 $u_d = u_{UW}$。

类推可分析电路在 $\omega t_3 \sim \omega t_4$ 期间，VT2 与 VT3 导通，负载 R_d 上得到 V、W 相线电压，且 $u_d = u_{VW}$。

在 $\omega t_4 \sim \omega t_5$ 期间，VT3 与 VT4 导通；$\omega t_5 \sim \omega t_6$ 期间，VT4 与 VT5 导通；$\omega t_6 \sim \omega t_7$ 期间，VT5 与 VT6 导通。从 ωt_7 以后重复上述过程。

由此可见，三相桥式全控整流电路中，晶闸管导通顺序为：

（VT6、VT1）→（VT1、VT2）→（VT2、VT3）→（VT3、VT4）→（VT4、VT5）→（VT5、VT6）→（VT6、VT1）→……

电阻性负载的输出电压波形如图 1-26 所示。当触发延迟角 $\alpha > 0°$时，每只晶闸管的换相（换流）均不在自然换相点，而是从各自然换相点向后移一个 α 进行换相，故整流输出电压 u_d的波形与 $\alpha = 0°$时不同。$0° \leqslant \alpha \leqslant 60°$范围内，$u_d$波形连续；$60° < \alpha \leqslant 120°$范围内，$u_d$的波形断续；$\alpha = 120°$时，$u_d = 0$V。所以，移相范围 $\alpha = 0° \sim 120°$。当改变 α 时，输出电压 u_d的波形发生变化，其平均值随之改变，从而实现可控整流。

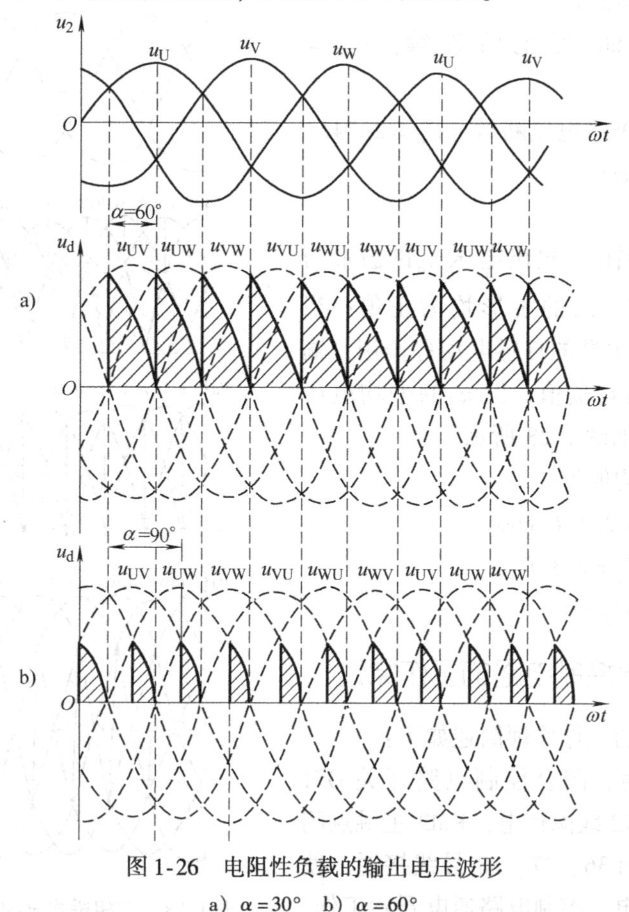

图 1-26 电阻性负载的输出电压波形

a）$\alpha = 30°$ b）$\alpha = 60°$

电阻性负载的三相桥式全控整流电路正常工作时，不导通的晶闸管承受反向电压，其中一只晶闸管反向电压的波形如图 1-27 所示。

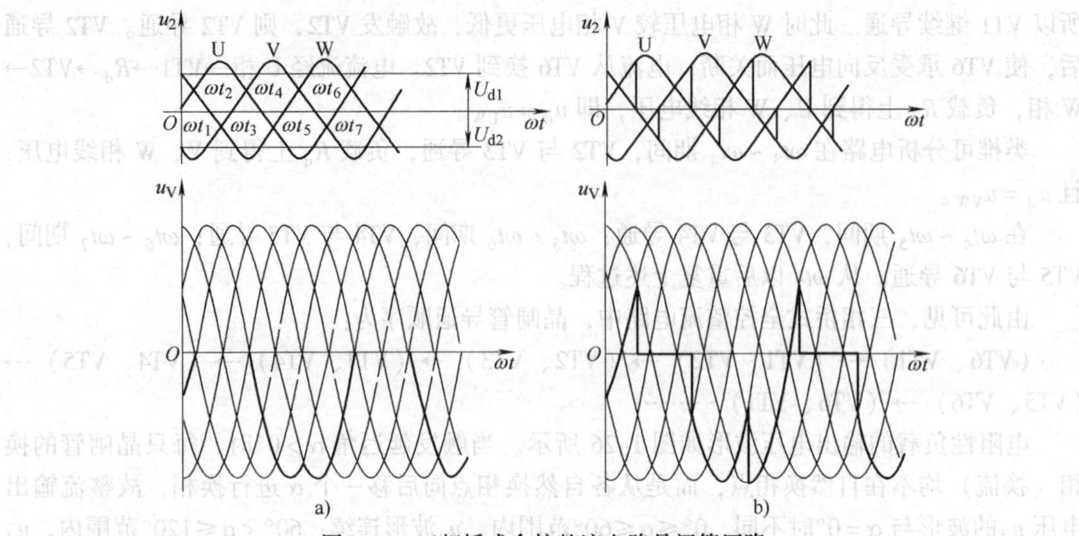

图 1-27　三相桥式全控整流电路晶闸管压降

a）$\alpha=0°$时的管压降　b）$\alpha=60°$时的管压降

其输出电压平均值为：

当 $0° \leqslant \alpha \leqslant 60°$ 时电流连续：$U_d = 2.34U_2\cos\alpha$

当 $60° < \alpha < 120°$时电流断续：$U_d = 2.34U_2\cos\alpha[1+\cos(\pi/3+\alpha)]$

2. 电感性负载

$0° \leqslant \alpha \leqslant 60°$范围内，输出电压 u_d的波形与电阻性负载时相同，u_d的波形均为正值；当 $60° < \alpha < 90°$时，因电感的自感电动势作用，输出电压 u_d的波形出现负值，但 u_d的平均电压 U_d仍为正值，波形如图 1-28 所示。

其输出电压平均值为

$$U_d = 2.34U_2\cos\alpha$$

当 $\alpha=0°$时，$U_d = 2.34U_2$。

当 $\alpha=90°$时，$U_d=0$。

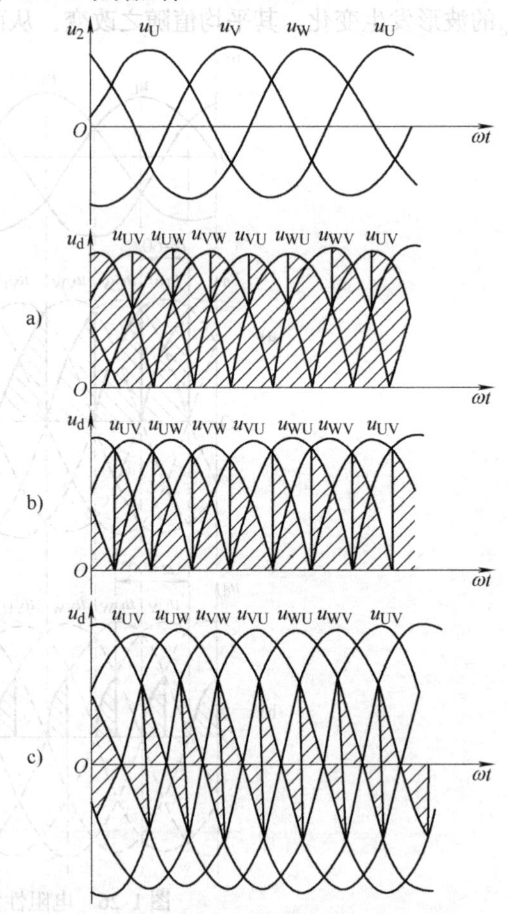

图 1-28　三相桥式全控整流电路电感性负载时的输出电压波形

a）$\alpha=30°$　b）$\alpha=60°$　c）$\alpha=90°$

三、分析继电控制电路的工作原理

继电控制电路的工作原理简述如下：

1）启动系统时，闭合控制电路开关 QS1（本身带自锁），KM2 线圈得电，KM2 主触点闭合，将 U、V、W 和 36、37、38 号线接通，使同步电源变压器得电，控制电路通电开始工作。同时 36 号线得电，KM2 辅助常开触点闭合，为主电路的接通做好准备。

闭合主电路开关 QS2（本身带自锁），KM1 线圈得电。KM1 主触点接通三相电源，主变压器 Tl 得电。同时 KM1 辅助常开触点闭合，一方面使控制电路的 KM2 线圈始终接通，保证在主电路得电时，控制电路不被切断；另一方面为给定电路的接通做好准备。

按下给定电路起动按钮 SB2，给定电路 KA 得电自锁，KA 常开触点闭合，如图 1-29 所示，起动完成。调节给定电位器，即可调节电动机的转速。

2）停止系统时，先将给定电位器调至最小，按下给定电路停止按钮 SB1，KA 线圈失电，切断给定电路；然后断开主电路开关 QS2，KM1 线圈失电，切断主电路；最后，断开控制电路开关 QSl，KM2 失电，切断控制电路。

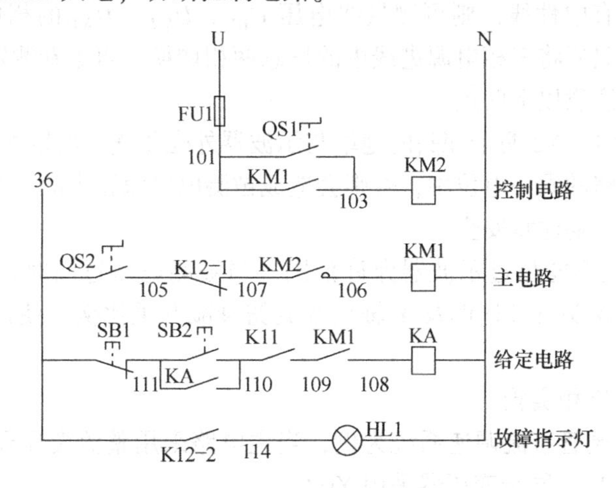

图 1-29　继电控制电路

QS1—控制电路开关　QS2—主电路开关　SB1—给定电路停止按钮　SB2—给定电路起动按钮　KM1—主电路接触器　KM2—控制电路接触器　KA—给定电路继电器　K12－1、K12－2—过电流继电器触点

四、测定三相交流电源相序

晶闸管变流器主电路的相序和触发电路同步电压的相序应一致，否则将可能使晶闸管变流器主电路和触发脉冲不能同步，造成晶闸管变流器不能正常工作，所以系统通电前必须进行交流电源相序测定工作。测定三相交流电源相序可采用相序测试器或示波器。

1. 相序测试器

最简单的相序测试器可采用一个电容器的两个白炽灯组成，如图 1-30 所示。三个端点分别接到三相交流电源，假定电容器所接的一相为 U 相，则灯泡亮的一相为 V 相，灯泡暗的一相就是 W 相。

2. 示波器

示波器可采用双踪示波器或带电源整步的单踪示波器。可任意指定一相电压为 U 相电压，测量该 U 相电压波形。测量时示波器 Y 轴探头接 U 相线，示波器 Y 轴探头公共端接三相电源中性点，调整 X 轴扫描旋钮使 U 相电压波形稳定，一个周波在 X 轴上占整数格，并计算出各格代表的角度。然后依次测量另两相电压的波形，滞后 U 相相电压 120°的相电压为 V 相，滞后 U 相相电压 240°的相电压为 W 相，如图 1-31 所示。

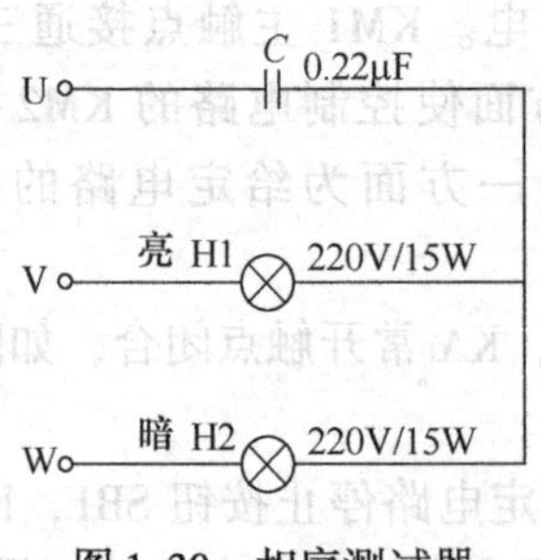

图 1-30　相序测试器

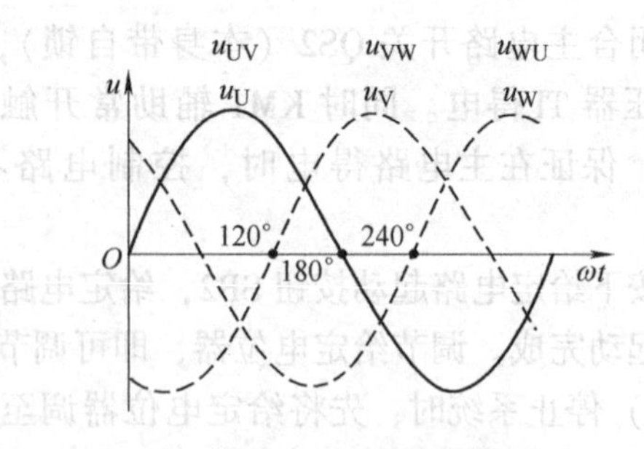

图 1-31　三相电源相序

如果电源进线没有中性线，则可测量线电压 U_{UV}、U_{VW}、U_{WU} 的相位，依次相差 120°。如果测出相序不对，只要将三相电源进线中的任意两相调换，再重新测定即可。

使用示波器时应注意以下两点：

1）双踪示波器 Y1、Y2 两个探头的地端与示波器外壳相连，所以测量时必须将 Y1、Y2 两个探头的地端在电路的同一电位中，否则会造成被测电路短路事故。测量时示波器的外壳因有被测电压而带电，要注意安全。

2）被测电路幅值不能超过示波器允许范围。当被测电压过高时，应采用分压电路测量。测量时要注意 Y 探头衰减比例及 Y 轴增幅旋钮衰减开关比例，使被测电压波形有一合适的大小。

3. 主电路通电及定相实验

以 DSC－32 型晶闸管直流调速系统为例，当主电路采用整流变压器进线方式时，主电路整流变压器采用 Dy11，同步变压器采用 Yyn0。

1）核对主电路及同步变压器回路相序及相位关系。晶闸管整流装置直流输出端开路，在主电路加上三相交流电源（当整流装置额定电压较高时，应加上一个低压的交流电源），然后用示波器测量各晶闸管阳极电压的相序是否正确。如三相桥式全控整流电路 VT1 和 VT3 之间的 U_{UV} 电压应比 VT3 和 VT5 之间的 U_{VW} 电压超前 120°，而 U_{VW} 电压比 VT5 和 VT1 之间的 U_{WU} 电压超前 120°。若发现相序不对，应进行调整。

同理，用示波器测量同步变压器回路相序是否正确。用示波器测量主电路 U_{UV} 和同步变压器二次电压 U_{sa} 的相位关系。同步变压器二次电压 U_{sa} 与主电路 U_{UV} 的相位关系如图 1-32 所示。

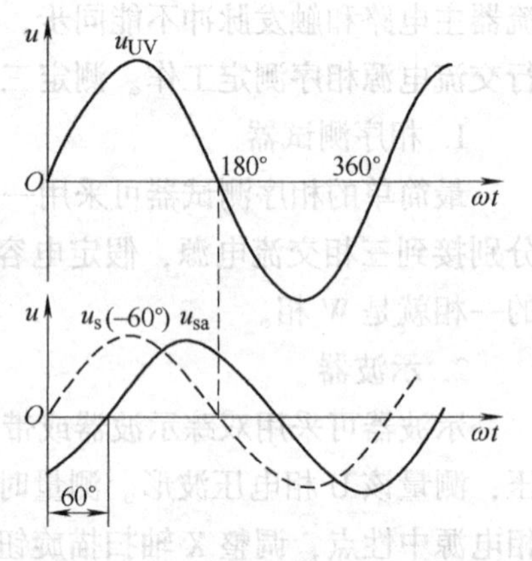

图 1-32　同步变压器二次电压 U_{sa} 与主电路 U_{UV} 的相位关系

2）定相。将电流调节器单元拔掉，触发电路移相控制电压 $U_c=0$。现以 VT1 晶闸管触发脉冲为例说明定相原理与方法。三相桥式全控整流电路主电路电压与触发脉冲的相位关系如图 1-33 所示。

由图 1-33 可知 $\alpha=0°$ 距 U_{UV} 过零点为 60°，因而触发脉冲的触发延迟角 α 可用示波器测量触发脉冲距离 U_{UV} 过零点角度减去 60°。如 $\alpha=90°$ 的位置，从示波器屏幕上观察就是距 U_{UV} 过零点 150°的位置。

实际调试中采用 U_{UW} 相位来判断触发脉冲相位的方

法比上述采用 U_{UV} 相位判断触发脉冲中相位的方法更方便。由图 1-33 可知，$\alpha=0°$ 的位置对应于 U_{UW} 过零点，直接可采用距离 U_{UW} 过零点的角度来判断触发脉冲的相位。

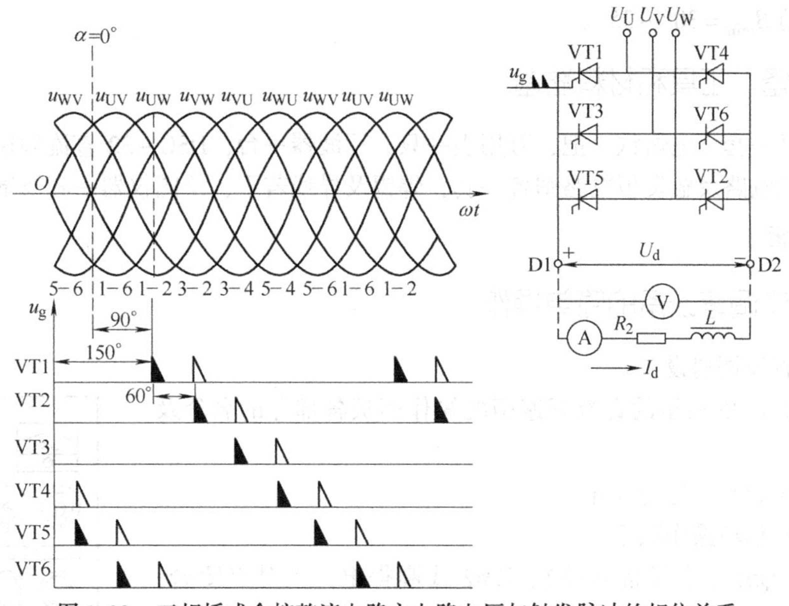

图 1-33　三相桥式全控整流电路主电路电压与触发脉冲的相位关系

对于 ZCC1 系列不可逆调速系统，电路如图 1-34 所示，$U_C=8V$ 时调节触发脉冲电路输入单元中逆变角 β 限制电位器 RP4 使 $\beta_{min}=30°\sim35°$，$U_C=-8V$ 时可调节 α 限制电位器 RP3 使 $\alpha_{min}=10°\sim15°$，$U_C=0$ 时可调节偏移电位器 RP2 使触发脉冲的初始相位角 $\alpha_0=120°$。

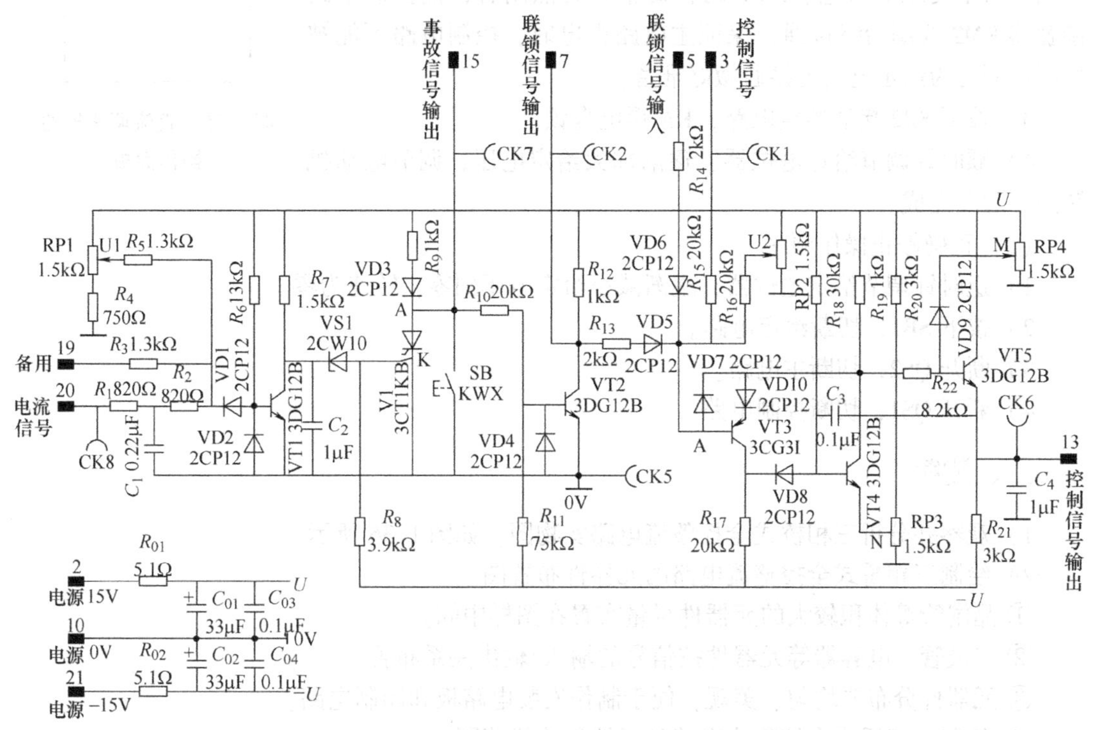

图 1-34　ZCC1 系列不可逆调速系统触发输入电路

对于可逆调速系统，可调节偏移电位器 RP2 使触发脉冲的初始相位角 α_0 略大于 90°（90°~95°），调节 α 限制电位器 RP3 使最小触发延迟角 $\alpha_{min}=35°$，调节 β 限制电位器 RP4 使最小逆变角 $\beta_{min}=30°\sim35°$。

五、设备、工具和材料准备

电工工具一套，电烙铁一把，万用表一只，示波器一台，DSC-32 直流调速柜一台，主电路、电源板电路及触发板电路图各一套，焊锡及导线若干，绘图仪器一套及纸张若干。

任务实施

一、直流调速设备的简单操作

1. 认识直流调速设备

指出如图 1-35 所示的直流调速柜的操作面板各部分的名称及作用。

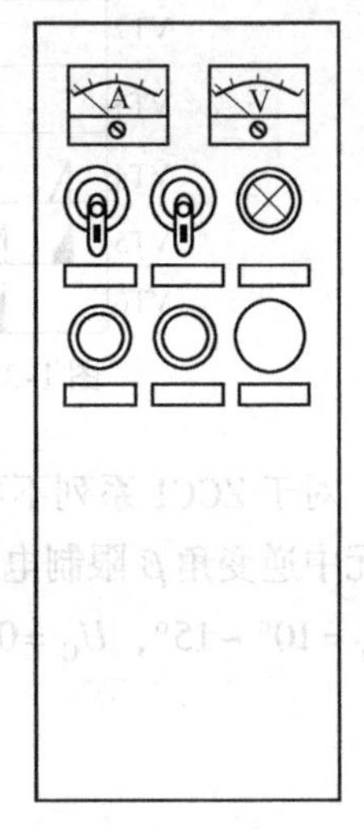

图 1-35　直流调速柜的操作面板

2. 调速柜起动、停止操作

（1）正确起动操作顺序

1）闭合 QS1（本身带自锁），KM2 线圈得电，主触点闭合，将 U、V、W 和 36、37、38 接通，使同步电源变压器得电，控制电路开始工作。36 号线得电和 KM2 辅助常开触点的闭合，为主电路给定电路的接通做好准备。

2）闭合 QS2（本身带自锁），KM1 线圈得电。主触点接通三相电源与主变压器得电。KM1 的辅助常开触点闭合；使控制电路接触器 KM2 线圈始终接通，保证主电路得电时，控制电路不能被切断；同时为给定电路的接通做好准备。

3）按下 SB2 接通给定电路，KA 得电自锁。

4）顺时针调节给定电位器，逐渐加大给定电压，调节电动机转速，起动完成。

（2）正确停止操作顺序

1）逆时针调节给定电位器，逐渐减小给定电压到零，转速为零。

2）按下 SB1，切断给定电路。

3）断开 QS2，切断主电路。

4）断开 QS1，切断控制电路。

二、测绘

1）观察并分析三相桥式全控整流电路实物图，如图 1-36 所示。

2）绘制三相桥式全控整流电路的元器件布置图。

① 晶闸管等体积较大的元器件尽量布置在图样中间。

② 二极管、电容器等元器件按信号的输入/输出关系布置。

③ 元器件分布要均匀、美观，便于制作安装电路板和印制电路。

3）绘制三相桥式全控整流电路的元器件连线草图。

图 1-36 三相桥式全控整流电路实物图

① 元器件之间的连线必须用万用表测量核对。

② 草图上元器件连线必须清晰、准确。

4）绘制三相桥式全控整流电路原理图。

① 将三相桥式全控整流电路的元器件连线草图转化为标准的电气原理图。

② 电气原理图必须真实规范。

5）绘制整流环节电路的安装线路图。

① 安装孔位分布均匀、美观，安装孔的尺寸要与元器件大小相符。

② 要尽量减小或消除分布电容的影响。

三、测试

1. 相序的测试

测定交流电源相序。晶闸管可控整流电路中各元器件的阳极电压的相序和触发器同步电压的相序必须一致，否则触发脉冲的相位与晶闸管阳极电压的相位不能同步，会造成整流电压波形混乱，所以通电前必须检查相序。

（1）使用示波器测试相序

使用示波器测试相序比较方便，但要注意安全保护。

安全注意事项如下：

1）示波器的电源进线插头，一般都是三芯的，有接地连接。在测试相序时，必须将插头的接地端断开，但此时示波器外壳将带电，须注意操作安全。

2）当被测电压大于440V 时，示波器的交流电源要经过隔离变压器再接入。

3）当被测点电压过高时，应采用分压电阻测量（见图 1-37），而不能在被测点与示波器测量线之间串接电阻。

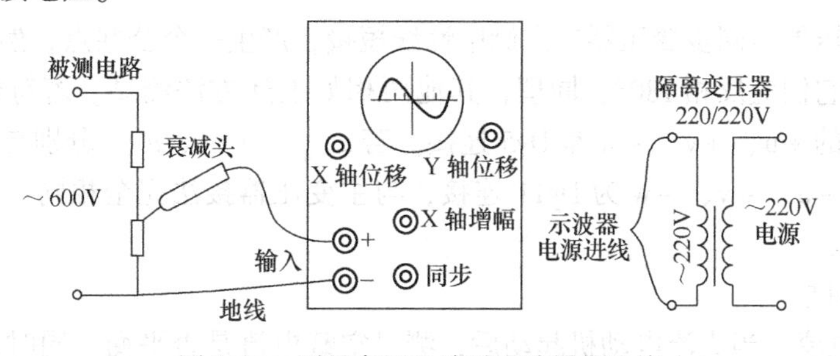

图 1-37 测量高压电路时示波器的连接

4）示波器探头的输入端与接地端在使用时不能接错。

5）如图1-38所示，使用双踪示波器时，应注意正确设置电路上的公共点，否则会引起电源短路。

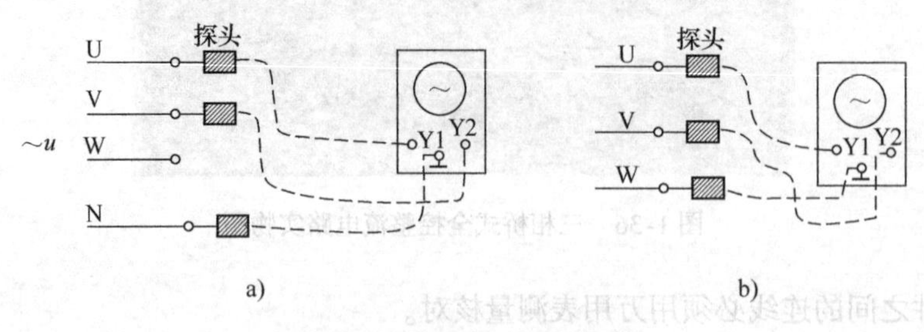

图1-38　用双踪示波器测试相序

a）有电源中性线　b）无电源中性线

① 当电源有中性线时，将示波器的公共端点置于中性线上，然后用Y1和Y2分别测U、V、W三相，从屏幕上可看到三相互差120°。

② 当电源无中性线时，可将示波器的公共端点任意设定在U、V、W三相中的一相上，然后用Y1和Y2分别测另外两相，判别该两相的相序，再变更公共点，仿效上法，按照三相互差120°的关系，定出全部相序。

（2）测定主变压器与同步变压器的相序及相位（见图1-39），并将主变压器接成Dy11，同步变压器接成Dy5。

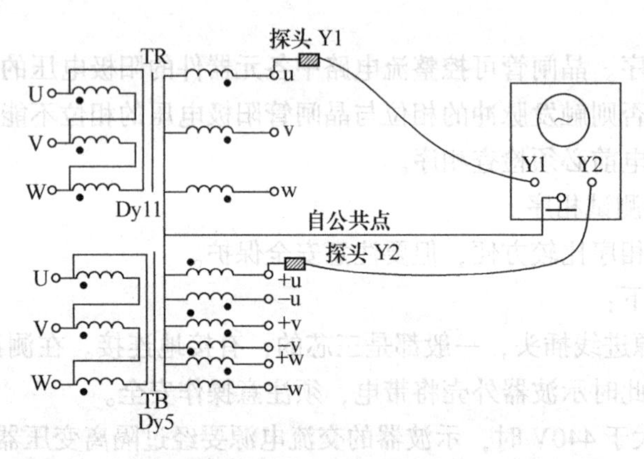

图1-39　主变压器与同步变压器相对相序、相位的测定

首先将主变压器与同步变压器二次侧中性线短接，产生一个公共点，然后用Y1、Y2观察U_{uo}与U_{+uo}，它们应反相180°，同理，其他两相如上述方法测试。若符合上述要求，则说明同步变压器的+u、+v、+w是Dy5连接。若u_{-uo}、u_{-vo}、u_{-wo}分别与u_{uo}、u_{vo}、u_{wo}相位相同，则说明-u、-v、-w为Dy11连接，与主变压器接法完全相同。若相序有错，不会出现上述结果。

2. 转速的测试

1）测空载电流。当直流电动机起动后，测量空载电流是否平衡。同时观察电动机是否有杂声、振动及其他较大的噪声，如果有，应立即停车进行检查。

2）测量电动机转速。用转速表测量电动机的转速，并与电动机的额定转速进行比较。

任务评价

任务评价见表1-3。

表1-3　任务评价

项目		配分	评分标准	扣分	得分
直流调速柜的简单操作	认识直流调速柜的结构	15	外部操作手柄每认知错误1个扣1分		
			内部结构每认知错误1个扣2分		
	电源合闸顺序	20	电源合闸顺序错误，每处扣2分		
			输出电压指示读数错误，每处扣2分		
			输出电流指示读数错误，每处扣2分		
电源电路的测绘	绘制元器件布置图	10	绘制元器件布置图错误，每处扣1分		
	绘制接线图	10	绘制接线图错误，每处扣1分		
	绘制电路图	10	绘制原理图错误，每处扣1分		
	列出元器件参数表	10	元器件参数错误，每个扣0.5分		
相序的测试		18	测试仪器仪表准备不充分，每少一件扣2分		
			测试波形操作步骤不正确，每步扣2分		
			绘制波形错误每处扣2分		
			示波器操作错误每处扣2分		
电动机转速测试		7	电动机转速测试步骤错误扣4分		
			电动机转速读数错误扣3分		
文明生产		违反操作规程　视情节　扣5～20分			

巩固与提高

一、填空题

1. 直流电动机稳定运行时，电枢电流大小主要取决于________。

2. 根据直流电动机转速公式________可知，直流电动机的调速方法有三种，即________、________和________，其中以________方式为最好。

3. 直流调速系统用的可控直流电源有________、________、________或________。

4. 晶闸管________电动机调速系统按控制方法不同可以分为________、________和________。

5. 根据直流电动机能否实现正、反转控制分类，晶闸管－电动机调速系统又可分________和________。

6. 通常情况下，用________、________和________来描述一个系统性能的优劣。

7. 电气控制系统的调速性能指标可概括为________和________。

8. 调速系统的稳态性能指标包括________和________。

二、选择题

1. 直流电动机的转速 n 与电枢电压 U（　　）。

A. 成正比　B. 成反比　C. 的二次方成正比　D. 的二次方成反比

2. 监视电动机运行情况是否正常，最直接、最可靠的方法是看电动机是否出现（　　）。

A. 电流过大　B. 转速过低　C. 电压过高或过低　D. 温升过高

3. PWM（脉宽调制变换器）产生的调宽脉冲的特点是（　　）。

A. 频率不变，脉宽随控制信号的变化而变化

B. 频率变化，脉宽由频率发生器产生的脉冲本身决定

C. 频率不变，脉宽也不变

D. 频率变化，脉宽随控制信号的变化而变化

4. 直流电动机弱磁升速过程就是指用（　　）的方法使电动机转速升高的调速过程。

A. 增大电枢电压　B. 增大电枢电阻

C. 增大励磁磁通　D. 减小励磁磁通

5. 直流电动机调压调速是指在励磁恒定的情况下，用改变（　　）的方法来改变电动机的转速。

A. 电枢电阻　B. 电枢电压　C. 负载　D. 磁通

6. 旋转变流机组简称为（　　）系统。

A. G－M　B. AG－M　C. AG－G－M　D. CNC－M

7. 与旋转变流机组相比，晶闸管－电动机调速系统的优点是（　　）。

A. 谐波丰富　B. 可逆运行容易实现

C. 控制作用的快速性是毫秒级　D. 占地面积小，噪声小

8. 要使他励直流电动机反转应选择（　　）的方法来实现。

A. 改变电枢回路电压大小　B. 电枢回路串外接电阻

C. 励磁回路串外接电阻　D. 仅改变电枢回路或励磁回路电压极性

9. （　　）常应用于转速精度高、动态响应好的场合。

A. 开环直流调速系统　B. 双闭环直流调速系统

C. 单闭环直流调速系统　D. 旋转变流机组

10. 自动控制系统能够正常运行的首要前提条件是（　　）。

A. 抗扰性　B. 稳定性　C. 快速性　D. 准确性

11. 下列各情况中，（　　）表明自动控制系统的快速性好。

A. 调整时间 t_s 小　B. 调整时间 t_s 大

C. 稳态误差 e_{ss} 大　D. 稳态误差 e_{ss} 小

12. 转差率和机械特性的硬度有关，当理想空载转速一定时，特性越硬，转差率（　　）。

A. 越小　B. 越大　C. 不变　D. 不确定

13. 某直流调速系统最高理想转速为1450r/min，最低理想空载转速为250r/min，额定负载静态速降为50r/min，则该系统调速范围为（　　）。

A. 5　B. 6　C. 7　D. 8

三、判断题

1. 直流电动机调压调速和弱磁调速都可做到无级调速。（　　）

2. 调节可调直流电源的输出电压时，可以超过直流电动机的额定电压调速。（　　）

3. 增大励磁回路串联电阻时，阻值不能过大，否则励磁过小，容易出现“飞车”事故。（ ）

4. 可逆直流调速系统常应用于不要求正反转的场合。（ ）

5. 直流电动机弱磁升速的前提条件是恒定电枢电压不变。（ ）

6. 直流电动机调压调速就是在功率恒定的情况下，用改变电枢电压的方法来改变电动机的转速。（ ）

7. 实际中，常把调压调速和弱磁调速结合起来使用，即在额定转速以上，以满磁调压调速。（ ）

8. 准确性是判别一个自动控制系统能否实际应用的前提条件。（ ）

9. 调速系统的转差率指标应以最低速时所能达到的数值为准。（ ）

10. 系统的稳定性分析一般只针对闭环系统，开环系统一般不存在稳定性的问题。（ ）

11. 一般自动控制系统希望输出量偏差大，准确度高。（ ）

12. 调速系统的转差率和调速范围指标是互相制约的。（ ）

13. 转差率是用来表示转速的相对稳定性的。（ ）

14. 自动调速系统的转差率和机械特性这两个概念没有区别，都是用系统转速降和理想空载转速的比值来定义的。（ ）

15. 调速系统的调速范围是指电动机在理想空载条件下，其能达到的最高转速与最低转速之比。（ ）

16. 电动机在低速情况下运行不稳定的原因是主电路压降所占百分比太大，负载稍微变化，对转速的影响就较大。（ ）

17. 调速系统的调速范围，实际是指在最高速时还能满足所需转差率的转速可调范围。（ ）

四、简答题

1. 直流电动机有哪几种？直流电动机调速的方法有哪些？请从调速性能、应用场合和优缺点等方面进行比较，并指出哪些是有级调速，哪些是无级调速？

2. 直流电动机稳定运行时，其电枢电流和转速取决于哪些因素？

3. 为什么他励直流电动机在驱动负载运行中，当励磁回路断线时会出现“飞车”现象？

4. 什么是调速范围？什么是转差率？调速范围与静差速降和最小转差率有哪些关系？

5. 直流调速系统中常用的电平检测器有哪些？

6. 调速系统转速控制的要求主要有哪几个方面？

7. 反映系统快速性常用的动态性能指标有哪些？

五、计算题

1. 现有一台他励直流电动机，已知 $P_N=10\text{kW}$，$U_N=220\text{V}$，$I_N=50\text{A}$，$n_N=1500\text{r/min}$，$R_d=0.2\Omega$，带额定负载时，试计算当电源电压降至110V时的转速 n。

2. 某一调速系统，测得最高转速 $n_{max}=1500\text{r/min}$，额定负载速降 $\Delta n_N=15\text{r/min}$，最低转速 $n_{min}=100\text{r/min}$，额定速降不变，问电动机达到的调速范围是多大？系统允许的转差率是多少？

3. 某直流调速系统的电动机额定转速 $n_N=1430\text{r/min}$，额定速降 $\Delta n_N=115\text{r/min}$，当要求转差率 $s\leqslant30\%$ 时，调速范围允许为多大？如果要求转差率 $s\leqslant20\%$，则最低运行速度及调速范围分别是多少？

项目二　直流调速系统的开环控制

2

知识目标： 1. 掌握直流调速系统开环控制的组成和原理。
2. 熟悉直流调速系统开环控制的静态特性。

技能目标： 1. 掌握直流调速系统开环控制的安装方法与技能。
2. 掌握直流调速系统开环控制的调试方法与技能。

任务描述

在电力拖动系统中，直流电动机具有良好的起动、制动和调速性能，被广泛应用于轧钢机、矿井卷扬机、挖掘机、金属切削机床、高层电梯等高性能的可控电力拖动系统的领域中。DSC－32 型晶闸管直流调速系统装置，可以满足直流电动机的多种调速使用要求，另外还可作为可调直流电源使用。本节将根据任务要求对直流电动机进行开环控制，即对直流开环调速系统进行安装与调试。

相关知识

一、直流调速系统开环控制的组成及原理

在图 2-1a 所示晶闸管－电动机系统中，晶闸管整流装置是一个带内阻可调的直流电源，通过改变给定电压 U_{gn} 而改变晶闸管整流装置的触发延迟角 α 的大小，进而改变晶闸管整流装置输出电压 U_d 即电动机电枢电压而达到直流电动机的调速目的。

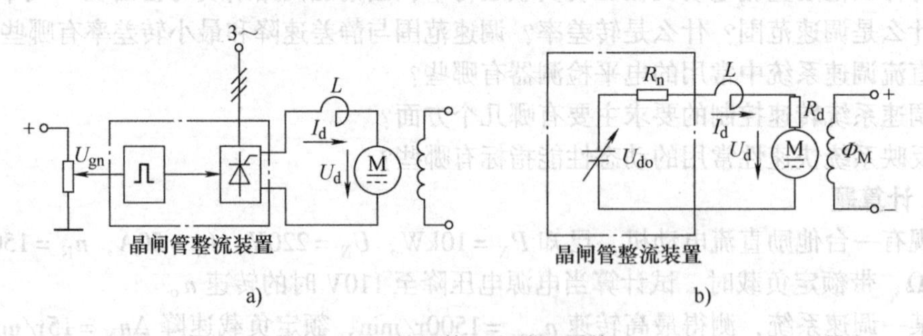

图 2-1　晶闸管－电动机系统
a）系统组成　b）等效电路

在图 2-1 中，电动机转速只受输入给定电压 U_{gn} 的单向控制作用，而输出电压 U_d 对输入量给定电压 U_{gn} 没有任何影响，即该系统的输出端与输入端之间没有反馈回路，故称这样的

系统为开环控制系统。

在晶闸管－电动机系统中，当主电路串接了电感量足够大的电抗器且电动机负载电流 I_d 足够大时，主电路电流是连续的。当电动机空载或轻载，即电动机负载电流 I_d 很小时，主电路电流将产生电流断续的特殊现象。主电路电流连续与断续对晶闸管－电动机系统的开环机械特性将产生很大的影响。现以主电路电流连续为条件分析晶闸管－电动机系统的开环机械特性。由电力电子技术可知，晶闸管整流装置是一个带电阻的可调直流电源，因而图 2-1a 所示晶闸管－电动机系统可等效于图 2-1b 所示电路。

改变电枢电压调速是直流调速的主要方法，而采用晶闸管变流器组成的晶闸管－电动机直流调速系统即 V－M 系统，是目前广泛应用的方式。开环调速系统的原理框图如图 2-2 所示。

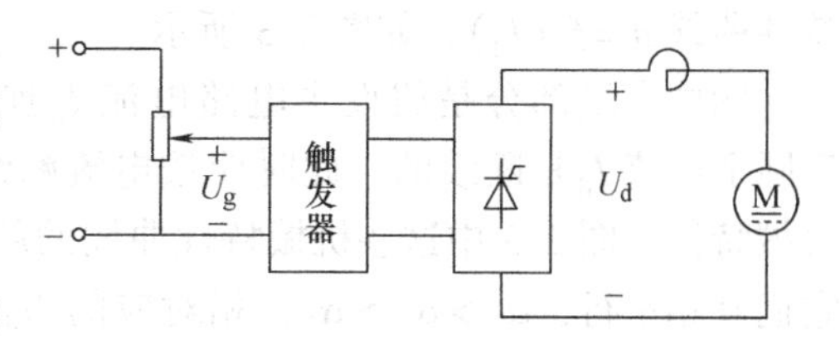

图 2-2　开环调速系统的原理框图

在图 2-2 所示原理框图中，主要包括两个部分即主电路和控制电路，主电路由三相全控桥式整流电路、直流电动机及负载电路组成，控制电路由触发电路和给定电路组成。通过调节触发器的控制电压，从而改变触发器输出的触发信号的相位，使得可控整流电路的输出电压改变，对电动机进行调速。

二、晶闸管－电动机系统的开环机械特性

图 2-1b 中，U_{do} 为晶闸管整流装置空载输出电压，R_n 为晶闸管整流装置的等效内阻。当晶闸管整流装置为三相半波、三相全控等整流电路时，有

$$U_{do} = U_{dom}\cos\alpha \tag{2-1}$$

式中，U_{dom} 为直流输出电压，该值与整流电路形式及整流电路的交流电压有关。三相全控桥式整流电路 $U_{dom}=2.34U_2$，三相半波整流电路 $U_{dom}=1.17U_2$。

$$R_n = R_T + \frac{m}{2\pi}X_T \tag{2-2}$$

式中　R_T——整流变压器电阻；

$\frac{m}{2\pi}X_T$——整流变压器漏抗 X_T 引起的换相重叠角所对应的等效电阻，其中 m 值与整流电路形式有关，三相半波电路 $m=3$，三相全控桥电路 $m=6$。

在图 2-1b 中，有

$$U_d = E_d + I_dR_d \tag{2-3}$$

$$U_d = U_{do} - I_dR_n = U_{dom}\cos\alpha - I_dR_n \tag{2-4}$$

$$E_d = C_e\Phi n \tag{2-5}$$

式中　R_d——电动机电枢电阻；

E_d——电动机反电动势；

n——电动机转速；

Φ——电动机磁通；

I_d——电动机电枢电流；

C_e——电动机的结构常数。

整理后可以得出晶闸管－电动机系统的开环机械特性为

$$n=\frac{U_{\mathrm{dom}}\cos\alpha}{C_{\mathrm{e}}\Phi}-\frac{R_{\mathrm{n}}+R_{\mathrm{d}}}{C_{\mathrm{e}}\Phi}I_{\mathrm{d}}=n_0-\Delta n \tag{2-6}$$

式中 n_0——电动机的理想空载转速；

Δn——电动机的转速降。

改变 U_{gn}，触发延迟角 α 就改变。由此可知，改变触发延迟角 α（改变给定电压 U_{gn}）时，可得到不同的机械特性曲线 $n=f(I_{\mathrm{d}})$，如图 2-3 所示。

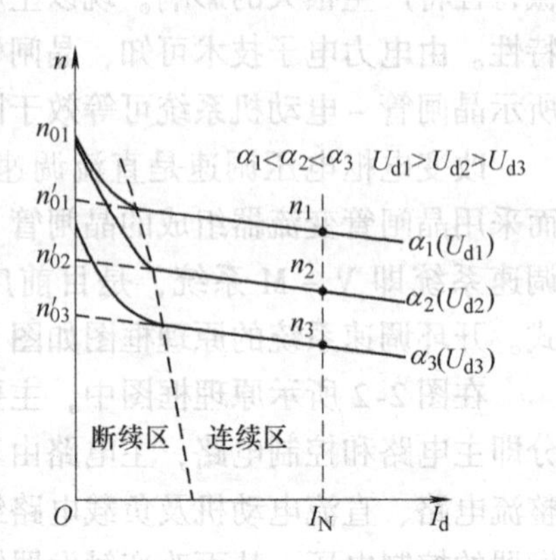

图 2-3 晶闸管－电动机系统的开环机械特性

图中虚线部分是假设主电路电流 I_{d} 连续时画出的，实际上电流 I_{d} 是断续的。此时应按电流断续情况来分析机械特性。图 2-3 中这些机械特性曲线的斜率是不变的，它们互相平行，$\alpha_3>\alpha_2>\alpha_1$，相对应的 $U_{\mathrm{d1}}>U_{\mathrm{d2}}>U_{\mathrm{d3}}$，在同一电流 I_{d} 时，$n_1>n_2>n_3$，但 $\Delta n_1=\Delta n_2=\Delta n_3$。当触发延迟角 α 一定（给定电压 U_{gn} 一定）时，$n=f(I_{\mathrm{d}})$ 为一条倾斜直线，当电流 I_{d} 增加时，电阻压降增加，转速降 Δn 增加，转速 n 下降。转速降 Δn 的大小与主电路总电阻（$R_{\mathrm{n}}+R_{\mathrm{d}}$）及负载电流大小有关。

当主电路电流 I_{d} 断续时，上述 $n=f(I_{\mathrm{d}})$ 方程式便不再适用，此时机械特性曲线如图2-3 中实线所示，由图中可看出电流断续时机械特性具有两个特点：一是理想空载转速 n_0 升高。如对应于 α_1 的机械特性曲线，电流断续时的理想空载转速 n_{01} 高于按电流连续时分析的理想空载转速 n'_{01}。二是电流断续时，电动机的机械特性显著变软。

在日常应用中，当主电路中串入的电抗器电感量足够大，电动机有一定负载电流时，电动机工作在电流连续区间，因而在分析晶闸管－电动机直流调速系统的机械特性时，通常可以按电流连续情况进行分析。

为了分析方便，假设晶闸管整流装置输入电压即给定电压 U_{gn} 与输出电压 U_{do} 呈线性关系，即 $U_{\mathrm{do}}=U_{\mathrm{dom}}\cos\alpha=KU_{\mathrm{gn}}$。此时，式（2-6）可以改写成

$$n=\frac{KU_{\mathrm{gn}}}{C_{\mathrm{e}}\Phi}-\frac{R_{\mathrm{n}}+R_{\mathrm{d}}}{C_{\mathrm{e}}\Phi}I_{\mathrm{d}} \tag{2-7}$$

任务准备

一、识读晶闸管－电动机直流调速开环系统的电路图

晶闸管－电动机直流调速开环系统由主电路、继电保护电路、电源电路、系统控制电路、速度给定环节、三相移相脉冲触发环节和电动机及负载电路等组成。

1. 主电路及继电保护电路

晶闸管－电动机直流调速开环系统的主电路及继电保护电路如图 2-4 所示。

（1）整流变压器

整流变压器 T1 用于电源电压的变换。为了减少对电网波形的影响，整流变压器接线采用 Dyn11 方式。

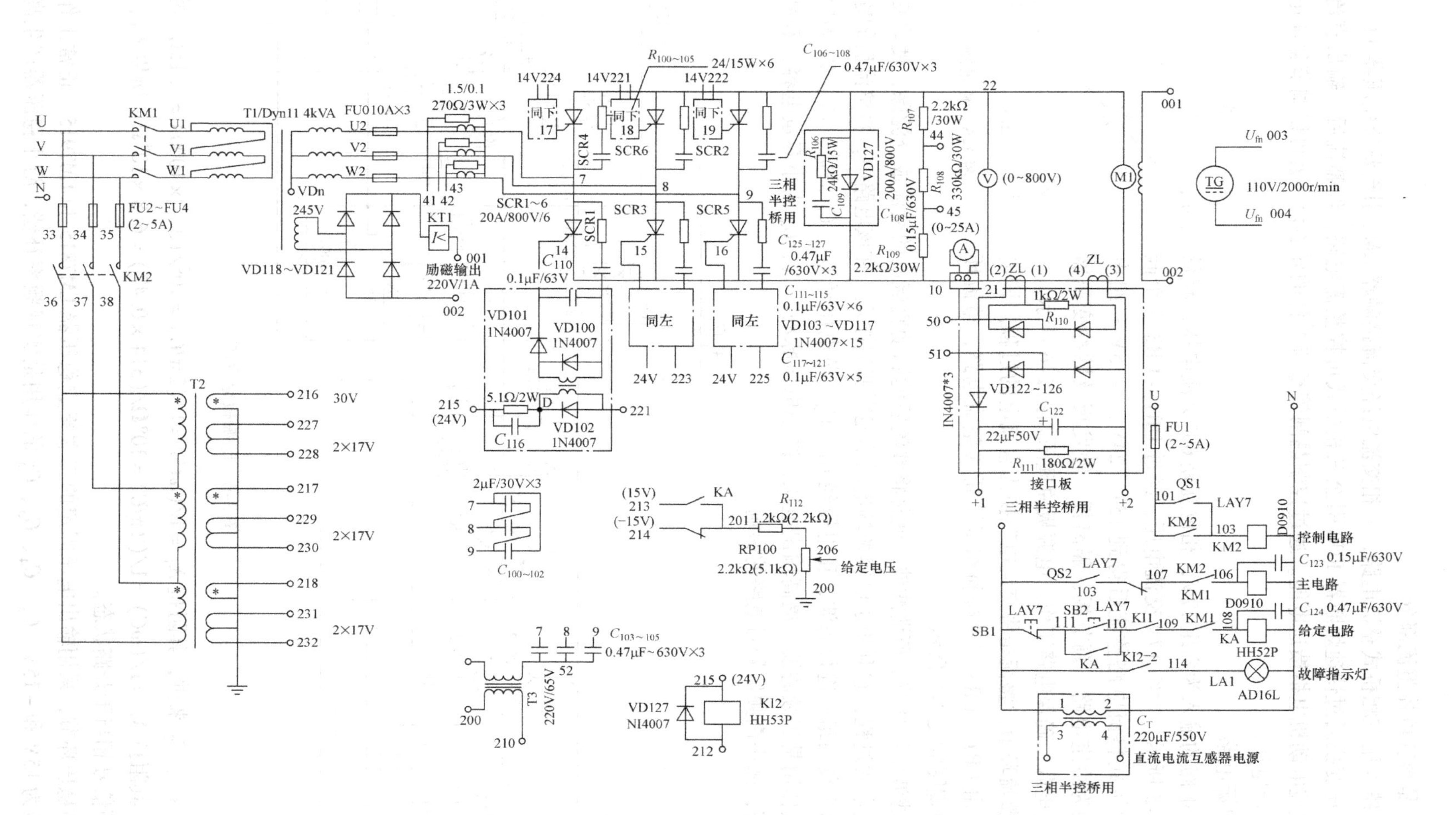

图 2-4 主电路及继电保护电路

（2）晶闸管可控整流部分

主电路采用三相桥式整流电路，三相交流电经交流接触器 KM1 引至整流变压器 T1 一次侧，经电压变换后过快速熔断器 FU0 引至三相桥式可控整流电路，经整流后，输出直流电源，向被控电动机电枢馈送电能。通过控制晶闸管整流器件的导通角，就可以调节整流电路的输出直流电压。

2. 电源电路

电源电路的输入为六组 17V，相位互差 60°交流电压，相量图如图 2-5 所示；六组 17V 交流电压，经过 UR1 ~ UR3 三个硅桥组成的桥式整流电路整流后得到 15V、24V、－15V 三组电源，分别为给定电路、调节板、隔离板、触发板及脉冲变压器提供直流电源，确保电路工作。电源板原理图如图 2-6 所示。

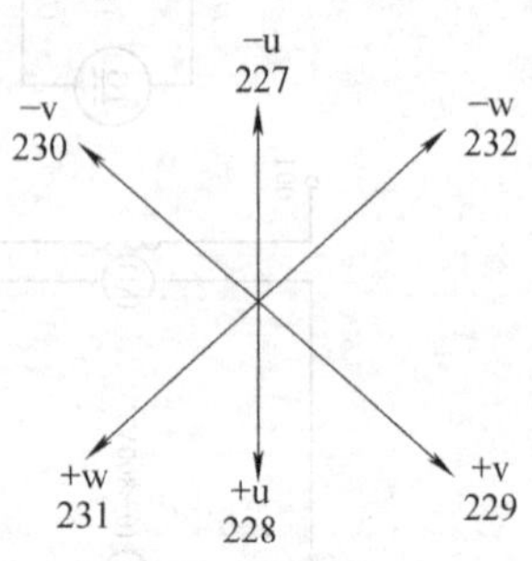

图 2-5　相量图

1）整流环节。整流是将交流电转换为直流电的过程。该电源板主要由 UR1 ~ UR3 三个硅桥组成了桥式整流电路；整流环节电路原理图如图 2-7 所示。

2）滤波稳压环节。所谓滤波，就是将整流后的脉动直流电的交流成分滤除，使之变为平滑直流电的过程，它利用了电容两端电压不能突变的原理。在该电路中，将整流后的输出电压分为正负两组后进行滤波，正电压经 C_1、C_3，负电压经 C_2、C_4 滤波。C_1、C_2 为电解电容，其作用是工频滤波，提高输出电压，减小电压脉动。C_3、C_4 为小容量电容，起高频滤波作用，减小高频信号对电路的影响。

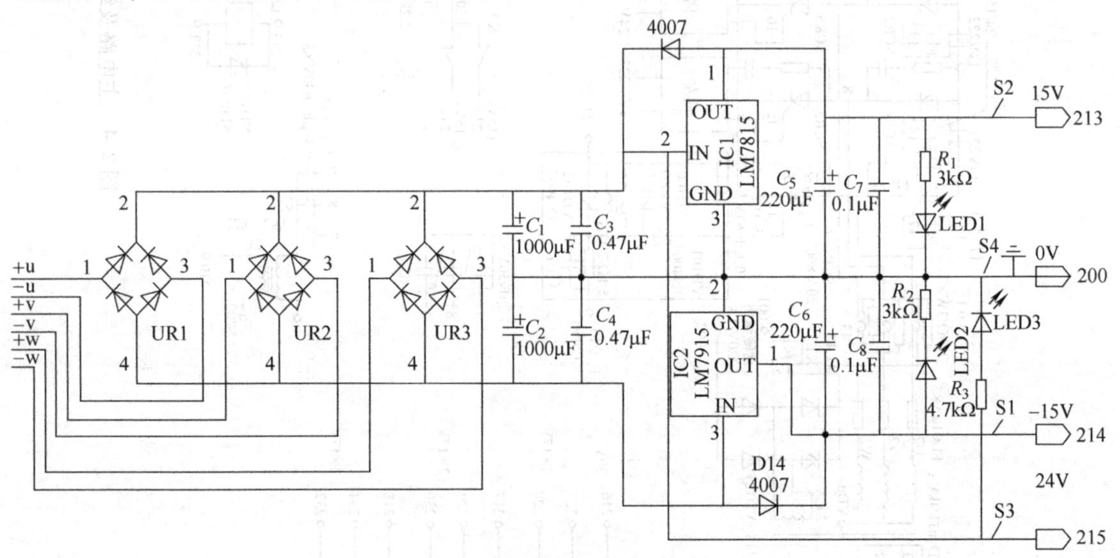

图 2-6　电源板原理图

对于 C_1、C_2 来讲，其阻抗 $X_C = 1/(\omega C) = 1/(2\pi fC) = 10^6/(314\times1000) = 3.1\Omega$。对于 C_3、C_4，其阻抗 $X_C = 1/(\omega C) = 1/(2\pi fC) = 10^6\Omega/(314\times0.47) = 6.8\times10^5\Omega$。所以 C_3、C_4 对于工频信号相当于开路状态。

电路稳压环节，采用输出电压固定的三端集成稳压器 LM7815 和 LM7915。正常工作时输出电压为 15V 和－15V。C_3、C_4、C_5、C_6 的作用是实现频率补偿，防止稳压器产生高频

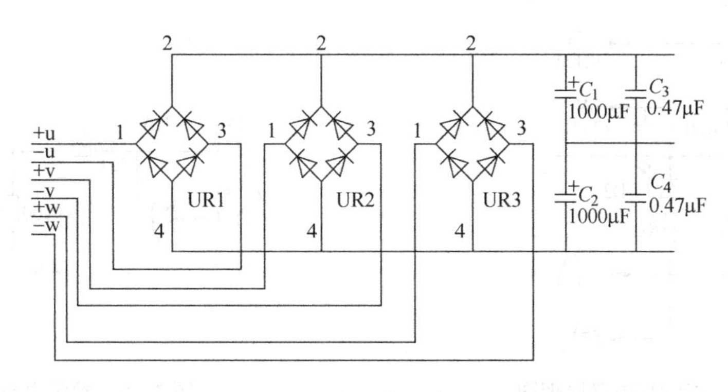

图 2-7　整流环节电路原理图

自激振荡和抑制电路引入高频干扰。C_7、C_8 的作用是为了减小稳压电路输出端由输入端引入的低频干扰。VD13、VD14 的作用是保护二极管，当输入短路时，给 C_7、C_8 一个放电回路。滤波稳压电路原理图如图 2-8 所示。

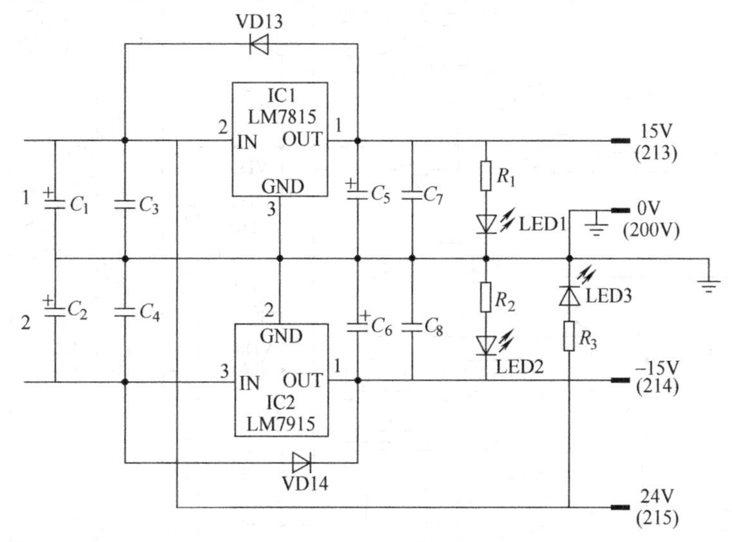

图 2-8　滤波稳压电路原理图

3）指示环节。由 R_1、R_2、R_3、LED1、LED2、LED3 组成，R_1、R_2、R_3 为限流电阻。指示灯电路原理图如图 2-9 所示。

3. 速度给定电路

由中间继电器 KA 控制的给定电源通过一个电阻 R_{112}加到控制盘上的给定电位器，调节此电位器可得到 0 ~ 10V 的直流给定电压。此系统为开环控制，则给定电压 206 号连接线与触发板 219 号线直接相连为同一接线。当给定继电器 KA 未闭合时，给定电压为负值，有效防止由于干扰等原因产生的误导通。给定电路图如图 2-10 所示。

4. 三相移相脉冲触发电路

采用专用的集成脉冲产生芯片 KC04 作为系统的脉冲产生电路。该芯片性能稳定可靠、移相范围宽、外围控制元器件简单，是目前国内采用较多的晶闸管触发电路。集成脉冲触发电路原理图如图 2-11 所示。触发电路主要由两部分组成：触发电路板（CFD）和耦合输出电路。

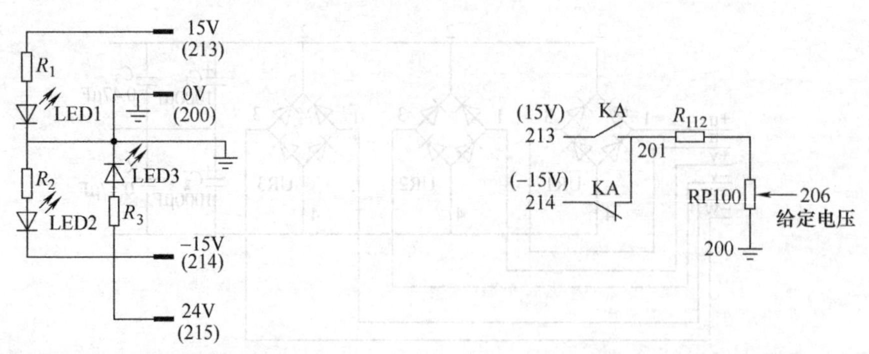

图 2-9　指示灯电路原理图　　　　图 2-10　给定电路图

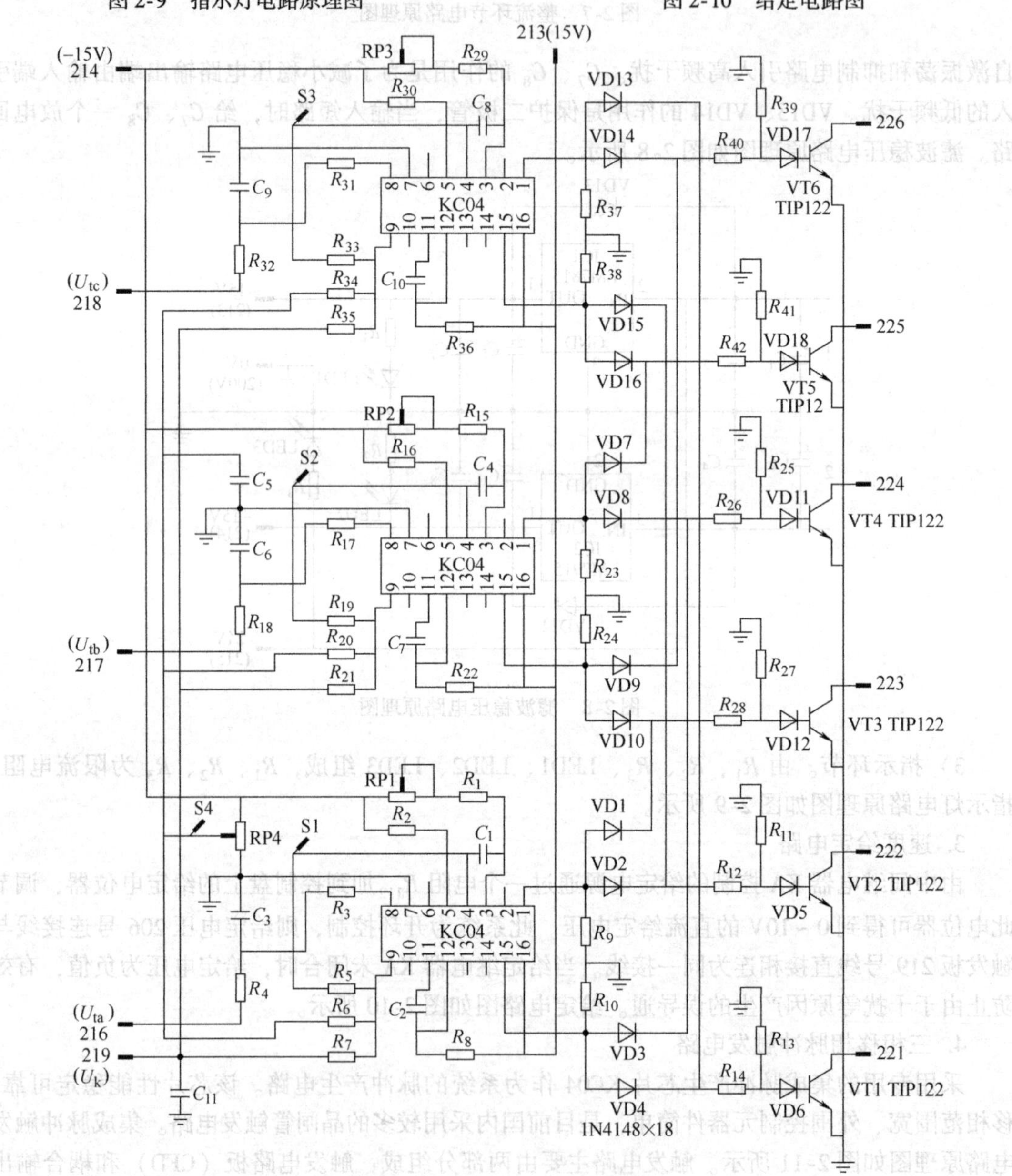

图 2-11　集成脉冲触发电路原理图

（1）KC04 的工作原理

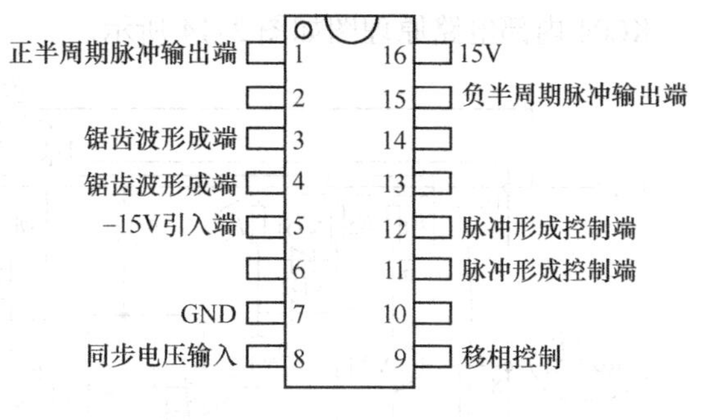

图 2-12 KC04 的引脚及功能

KC04 是西门子公司开发的一款触发脉冲形成电路，因其性能优异，成本低廉，使用方便，得到了广泛的推广和应用。KC04 的引脚及功能如图 2-12 所示。这是一款双列直插 16 引脚的集成电路，使用 15V 双电源，具有较强的抗干扰能力。KC04 集成电路由同步电压输入电路、锯齿波形成电路、脉冲形成电路、脉冲移相电路和脉冲分选与放大输出电路五个部分组成。

各部分的功能分别是：

1）同步电压输入电路：通过“主电路同步变压器”，输入与主电路同相位的三相交流电，由此作为产生脉冲的同步点，为锯齿波形成、脉冲移相提供初始相位和起始计算点。同步电压信号的获取和输入如图 2-13 所示。

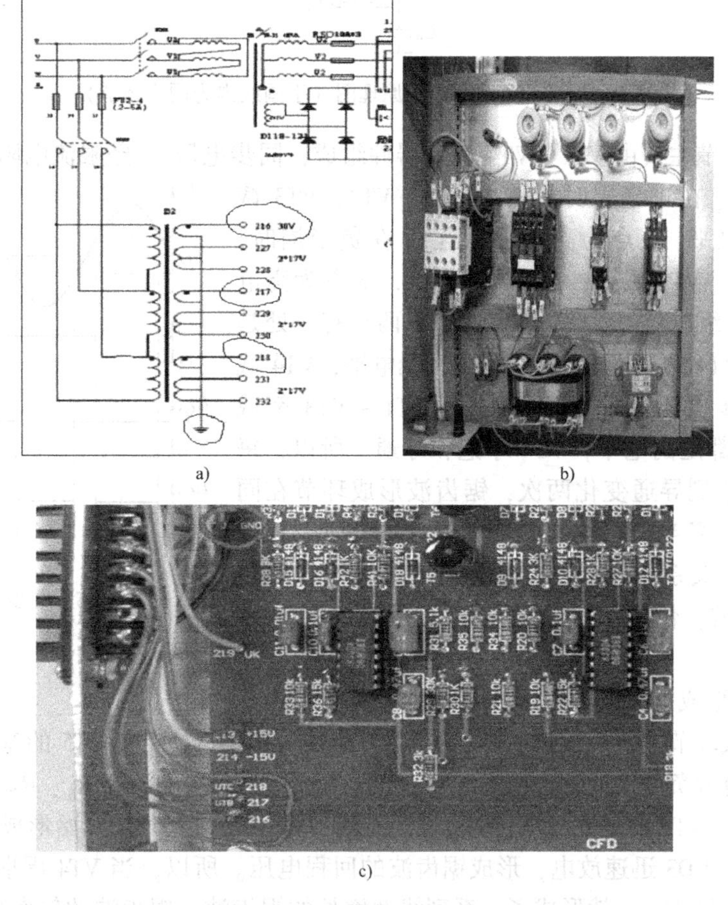

a) b) c)

图 2-13 同步电压信号的获取和输入

a）原理图 b）同步变压器布置图 c）同步信号输入触发板接线图

KC04 内部电路原理图如图 2-14 所示。

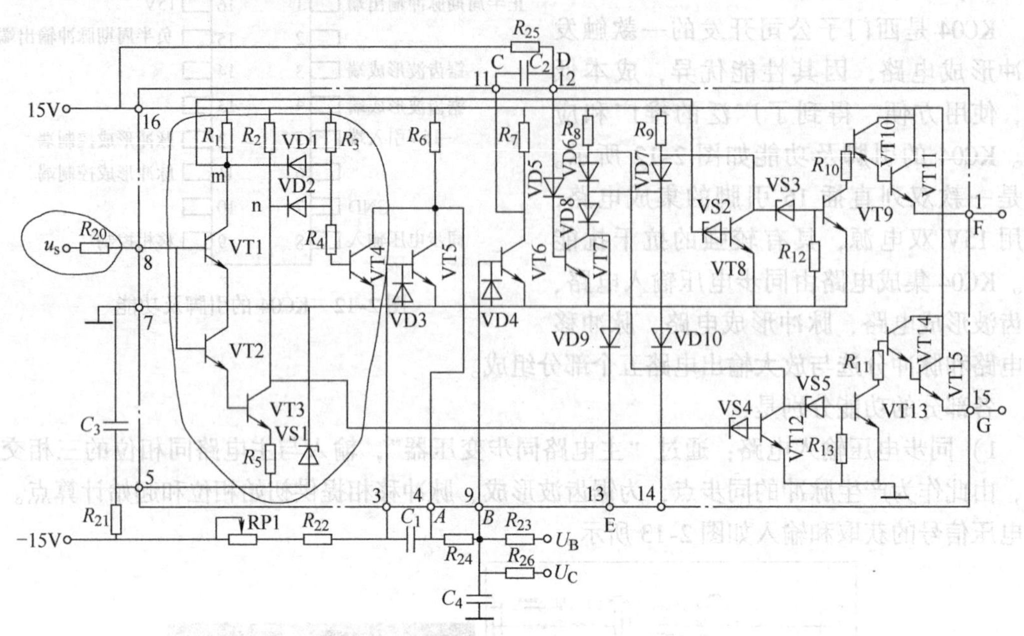

图 2-14　KC04 内部电路原理图（手画线内为同步环节）

同步电源环节主要由 VT1 ~ VT4 等元器件组成，同步电压 u_s 经限流电阻 R_{20} 加到 VT1、VT2 基极。当 u_s 在正半周时，VT1 导通，VT2、VT3 截止，m 点为低电平，n 点为高电平。当 u_s 在负半周时，VT2、VT3 导通，VT1 截止，n 点为低电平，m 点为高电平。VD1、VD2 组成与门电路，只要 m、n 两点有一处是低电平，就将 VT4 的基极电位 U_{B4} 钳位在低电平，VT4 截止，只有在同步电压 $|u_s|<0.7V$ 时，VT1 ~ VT3 都截止，m、n 两点都是高电平，VT4 才饱和导通。所以，每周内 VT4 从截止到导通变化两次，锯齿波形成环节在同步电压 u_s 的正、负半周内均有相同的锯齿波产生，且两者有固定的相位关系。这个环节是将输入的正弦波同步信号变换为方波，供锯齿波发生电路使用，如图 2-15 所示。

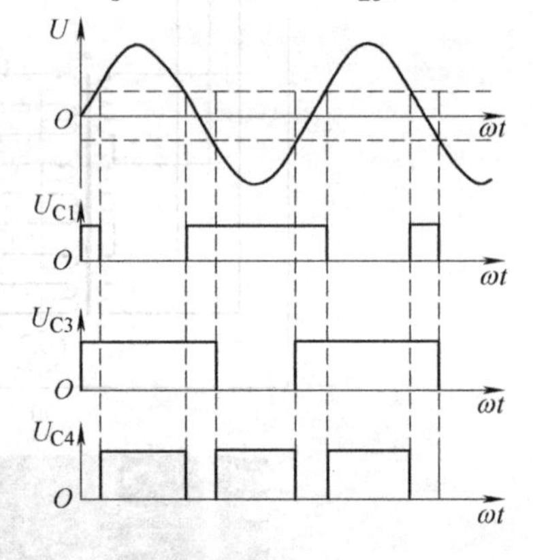

图 2-15　同步信号产生

2）锯齿波形成电路，如图 2-16 所示。

锯齿波形成环节主要由 VT5、C_1 等元器件组成，电容 C_1 接在 VT5 的基极和集电极之间，组成一个电容负反馈的锯齿波发生器。VT4 截止时，15V 电源经 R_6、R_{22}、RP1、-15V 电源给 C_1 充电，VT5 的集电极电位 U_{C5} 逐渐升高，锯齿波的上升段开始形成，当 VT4 导通时，C_1 经 VT4、VD3 迅速放电，形成锯齿波的回程电压。所以，当 VT4 周期性地导通、截止时，在 4 脚（即 U_{C5}）就形成了一系列线性增长的锯齿波，锯齿波的斜率是由 C_1 的充电时间常数（$R_6+R_{22}+R_{RP1}$）C_1 决定的。锯齿波形成波形图如图 2-17 所示。由此输出的锯齿波与外加的直流电平（经 R_{23} 和 R_{26}）输入叠加后送入脉冲形成环节。

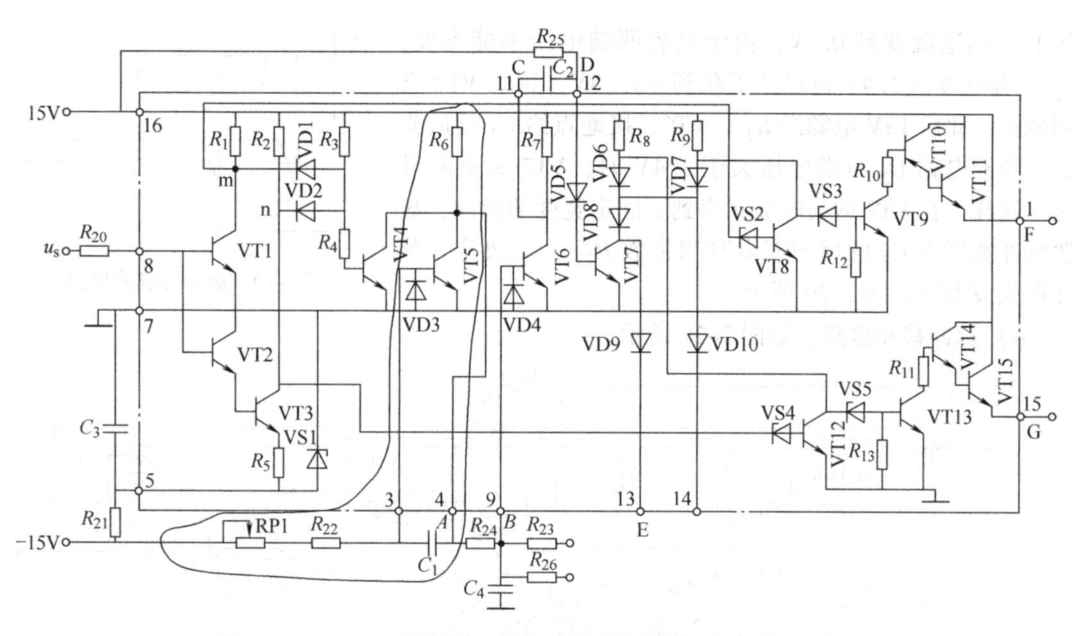

图 2-16　KC04 内部电路原理图（手画线内为锯齿波形成环节）

3）脉冲形成电路，如图 2-18 所示。

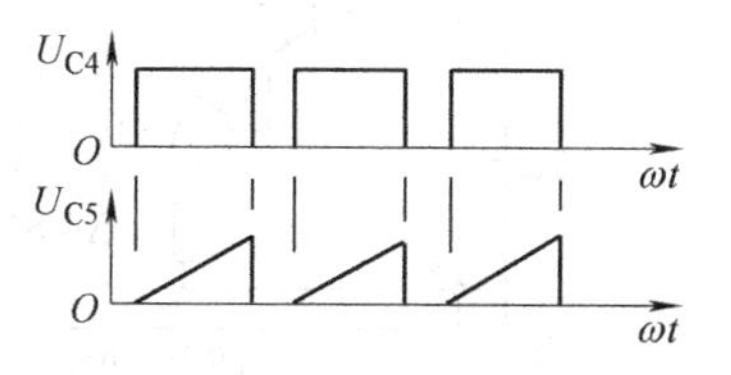

图 2-17　锯齿波形成波形图

脉冲形成环节主要由 VT7、VD5、C_2、R_7 等元器件组成，当 VT6 截止时，15V 电源通过 R_{25} 给 VT7 提供一个基极电流，使 VT7 饱和导通。同时 15V 电源经 R_7、VD5、VT7、接地点给 C_2 充电，充电结束时，C_2 左端电位 u_{C6} = 15V，C_2 右端电位约为 1.4V，当 VT6 由截止转为导通时，u_{C6}

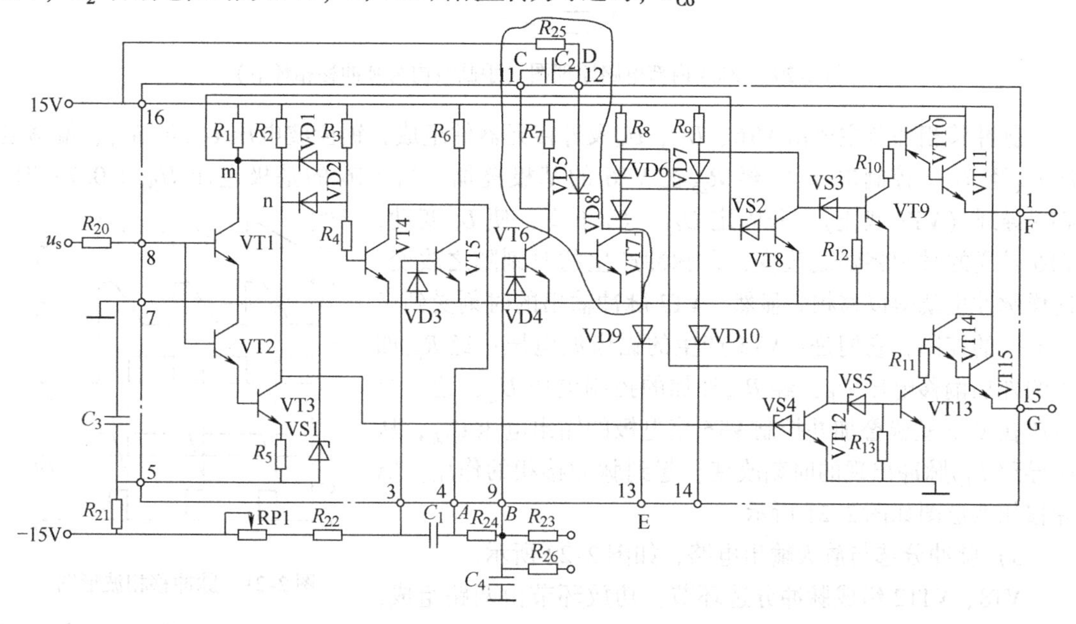

图 2-18　KC04 内部电路原理图（手画线内为脉冲形成环节）

从15V迅速跳变到0.3V，由于电容两端电压不能突变，C_2 右端电位从1.4V也迅速下跳到 -13.3V，这时VT7立刻截止。此后15V电源经 R_{25}、VT6、接地点给 C_2 反向充电，当充电到 C_2 右端电压大于1.4V时，VT7又重新导通，这样，在VT7的集电极就得到了固定宽度的脉冲，显然脉冲宽度由 C_2 的反向充电时间常数 R_{25}、C_2 决定。脉冲形成波形图如图2-19所示。

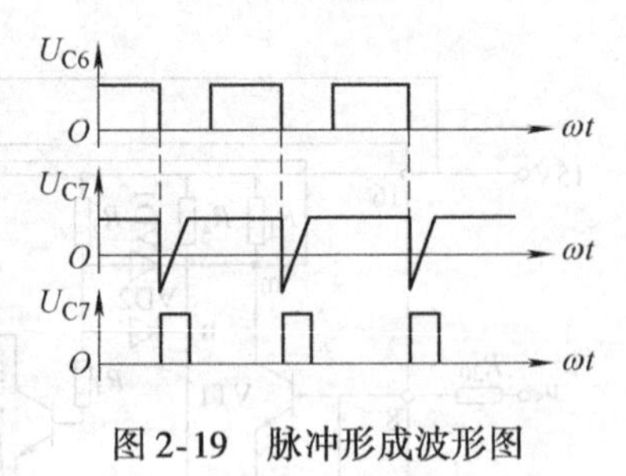

图2-19　脉冲形成波形图

4）脉冲移相电路，如图2-20所示。

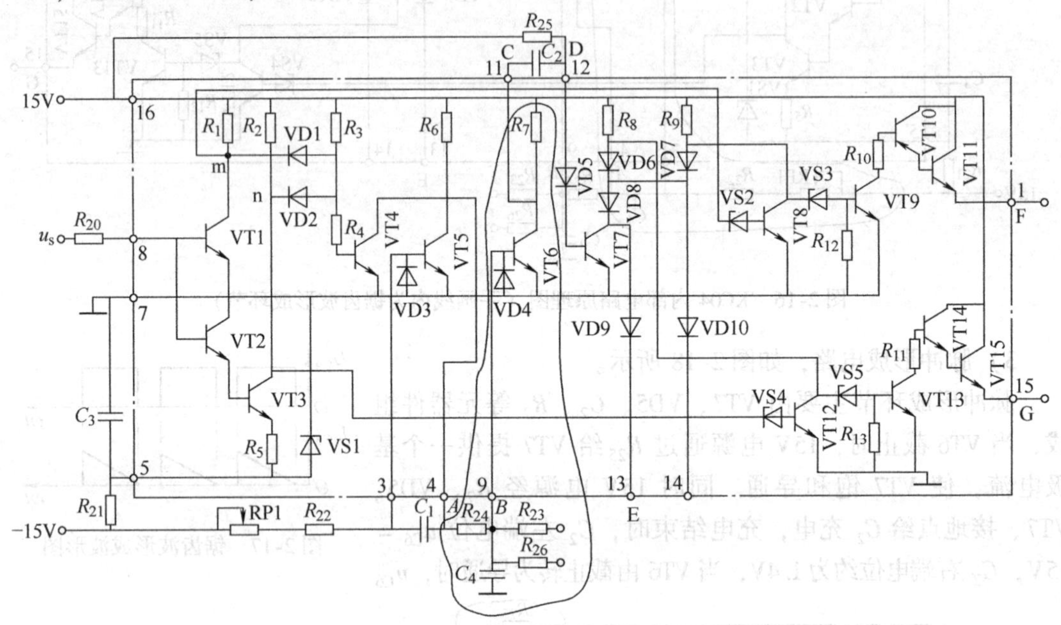

图2-20　KC04内部电路原理图（手画线内为脉冲移相环节）

脉冲移相环节主要由VT6、U_C、U_B及外接元器件组成，锯齿波电压 U_{C5} 经 R_{24}、偏移电压 U_B 经 R_{23}、控制电压 U_C 经 R_{26} 在VT6的基极叠加，当VT6的基极电压 $U_{B6}>0.7V$ 时，VT6导通（VT7截止），若固定 U_{C5}、U_B 不变，使 U_C 变动，VT6导通的时刻将随之改变，即脉冲产生的时刻随之改变，这样脉冲也就得以移相。显然，VT7脉冲输出的时刻受到三个电压的控制，它们是：VT5产生的锯齿波电压；经 R_{23} 加入的外加偏移电压 U_B；经 R_{26} 外加的控制电压 U_C，这三个电压在VT6基极叠加并控制VT6集电极的输出电压 U_{C6}，从而导致 U_{C7} 脉冲出现的时刻改变，起到脉冲移相的作用。脉冲移相波形图如图2-21所示。

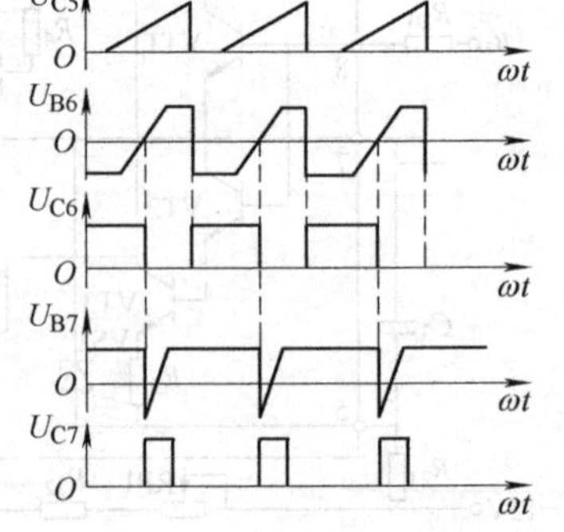

图2-21　脉冲移相波形图

5）脉冲分选与放大输出电路，如图2-22所示。

VT8、VT12组成脉冲分选环节，功放环节由两路组成，一路由VT9～VT11组成，另一路由VT13～VT15组成。在同步电压 u_s 一个周期的正负半周内，VT7的集电极输出两个相隔180°的脉冲，这两个脉冲可以用来触发主电路中同一相上

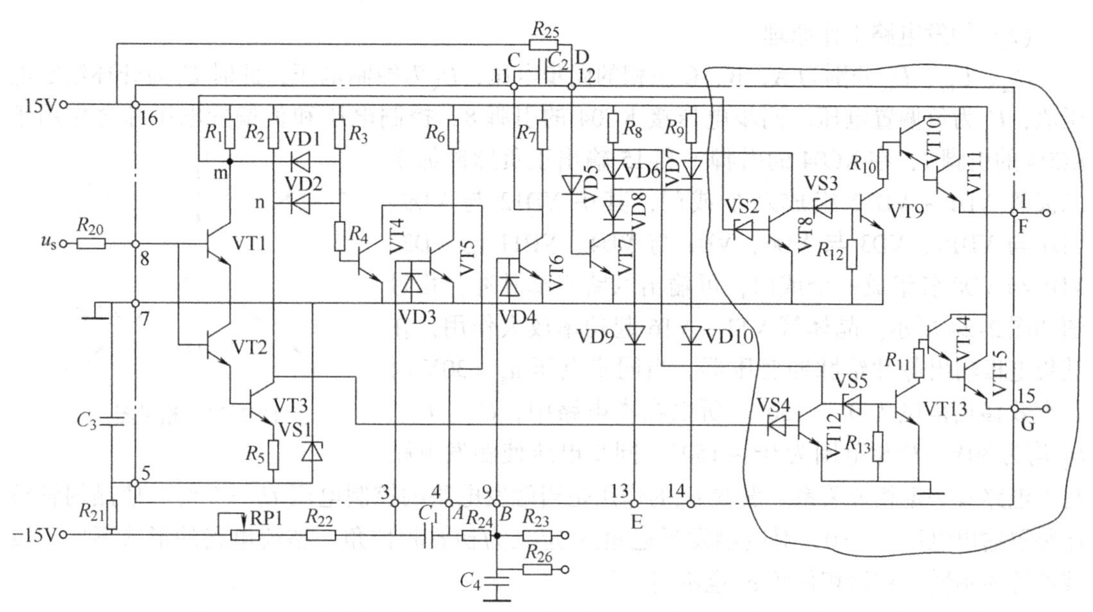

图 2-22　KC04 内部电路原理图（手画线内为脉冲分选及放大输出环节）

分别工作在正、负半周的两个晶闸管。那么，上述两个脉冲如何分选呢？由原理图可知，这两个脉冲的分选是通过同步电压的正半周和负半周来实现的。当 u_s 为正半周时，VT1 导通，m 点为低电平，n 点为高电平，VT8 截止，VT12 导通，VT12 把来自 VT7 集电极的正脉冲钳位在零电位。另外，VT7 集电极的正脉冲又通过二极管 VD7 经 VT9 ~ VT11 组成的功放电路放大后由端子 1 输出。当 u_s 为负半周时，则情况相反，VT8 导通，VT12 截止，VT7 集电极的正脉冲经 VT13 ~ VT15 组成的功放电路放大后由端子 15 输出。电路中 VT17 ~ VT20 是为了增强电路的抗干扰能力而设置的，用来提高 VT8、VT9、VT12、VT13 的死区电压，二极管 VD1、VD2、VD6 ~ VD8 起隔离作用，端子 13、14 是提供脉冲列调制和封锁脉冲的控制端。该集成触发电路脉冲的移相范围小于 180°，当 $u_s = 30V$ 时，其有效的移相范围为 0° ~ 150°。

KC04 在交流正半周输出一个脉冲（引脚 1）；在交流负半周输出一个脉冲（引脚 15），两个脉冲间隔 180°。以移相角 $\alpha = 0°$（$\omega t = 30°$）为例，画出分别接入三相的 KC04 的脉冲输出，“+”和“−”分别代表交流正、负半周对称输出的两个脉冲。KC04 各相脉冲输出波形如图 2-23 所示。

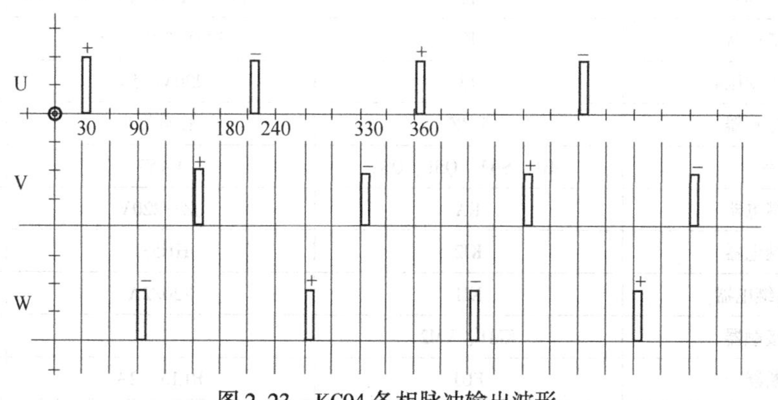

图 2-23　KC04 各相脉冲输出波形

（2）触发电路工作原理

U_{ta}、U_{tb}、U_{tc}分别为A、B、C三相的同步电压，U_k为控制电压，此时U_g为开环给定电压值，U_p为负偏置电压。同步电压接KC04的引脚8，控制电压和负偏置电压综合作用于KC04的引脚9，在KC04的引脚1和15输出正负脉冲加于二极管VD1～VD12组成六个或门，其中VD12与VD9、VD7与VD10、VD3与VD6、VD1与VD4、VD11与VD2、VD5与VD8各组成一个或门，可输出六路双窄脉冲，相量图如图2-24所示。晶体管VT1～VT6起功率放大作用，在其集电极输出脉冲给脉冲变压器。当同步电压u_s = 30V时其有效移相范围为0°～150°。所以在本电路中，U_{ta}、U_{tb}、U_{tc}均为30V，移相范围为0°～150°。同步电压使触发电路与主电路有一定相位关系。设置U_p的作用是当触发电路的控制电压U_C = 0时，使晶闸管整流装置输出电压U_d = 0，对应触发延迟角α_0定义为初始相位角。整流电路的形式不同，负载的性质不同，初始相位角α_0也不同。

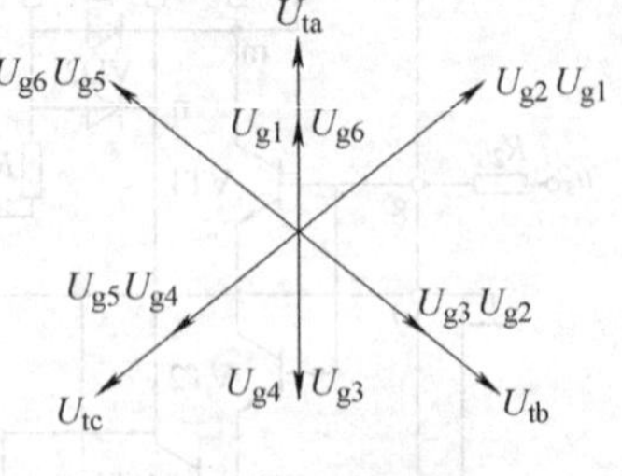

图2-24　相量图

U_{g1}为VD1与VD4或门输出，相差60°；U_{g2}为VD3与VD6或门输出，相差60°；U_{g3}为VU5与VU8或门输出，相差60°；U_{g4}为VD7与VD10或门输出，相差60°；U_{g5}为VD9与VD12或门输出，相差60°；U_{g6}为VD11与VD2或门输出，相差60°。

二、设备、工具和材料准备

电工工具一套，电烙铁一把，万用表一只，示波器一台，DSC－32型晶闸管直流调速柜一台，主电路、电源板电路及触发板电路图各一套，焊锡及导线若干。

任务实施

一、系统各电路的安装

1. 系统主电路的安装

1）元器件细目表。元器件细目表见表2-1。

表2-1　元器件细目表

元器件	编号	型号/规格	数量	备注
主变压器	T1	1kV · A 380V/215V	1	
同步变压器	T2	380V/30V/17V	1	
断相保护变压器	T3	220V/65V	1	
电流互感器	LMZ	1.5/0.1	3	
按钮	SB1、SB2、QS1、QS2	LAY7	4	
中间继电器	KA	JZ7/220V	1	
故障继电器	KI2	HH53P	1	24V
欠电流继电器	KI1	220/2A	1	
交流接触器	KM1、KM2		2	
熔断器	FU1	RL15－2A	1	

（续）

元器件	编号	型号/规格	数量	备注
熔断器	FU2	RL15－5A	3	
熔断器	FU3	RSO－500－30	3	
电阻	R_{100} ~ R_{105}	24Ω/15W	6	
电阻	R_{107} ~ R_{109}	51Ω/8W	3	
电阻	R_{113} ~ R_{115}	270Ω/3W		
电容	C_{100} ~ C_{102}	2μF/630V	3	断相
电容	C_{103} ~ C_{105}	0.47μF/630V	3	断相
电容	C_{106} ~ C_{108} C_{125} ~ C_{127}	0.47μF/630V	6	保护
电容	C_{110} ~ C_{121}	0.1μF/63V	12	
电容	C_{123}	0.15μF/630V	1	
电容	C_{124}	0.47μF/630V	1	
二极管	VD100 ~ VD117	1N4007	18	
二极管	VD118 ~ VD121	5A/800V	4	
晶闸管	SCR1 ~ SCR6	20A/800V	6	
电压指示表	V	0 ~ 300V	1	
电流指示表	A	0 ~ 5A	1	
故障指示灯	HL1	AD16L	1	

2）电路的安装。如图2-4所示，按照电力拖动系统电路的安装要求进行安装，交流接触器和中间继电器的线圈为220V，在安装前对它们的常闭触点和常开触点进行测试，对按钮的触点也要进行测试。安装好电路后直接接通220V电压进行测试，如有故障，应及时排除。交流接触器的主触点连接在主电路中，在电路工作正常的情况下，安装主电路。

安装时可分为两个部分：三相电源部分和可控整流电路部分。按照接线原理图将可控整流部分电路安装在一块电路板上。

安装可控整流电路时，对大功率晶闸管、二极管要进行好坏判断；对电阻元件进行数值的测量；对电容元件进行好坏测量。特别要注意晶闸管和二极管的管脚。在焊接时，不能虚焊。三相电源的引入端用导线引出，输入的触发信号线用不同颜色的导线引出，并编上序号，以便和触发电路的输入信号线相连接。可控整流电路的安装实物图如图2-25所示。

三相电源部分电路中的主变压器和控制变压器固定要牢靠，控制变压器T2的二次侧输出线编上序号，以便和直流稳压电源的电源线和触发电路的三相同步电源线相连接。主变压器、继电控制电路、同步变压器及励磁电源的安装实物图如图2-26所示。

2. 直流稳压电源的安装

1）元器件细目表。元器件细目表见表2-2。

图 2-25　可控整流电路的安装实物图

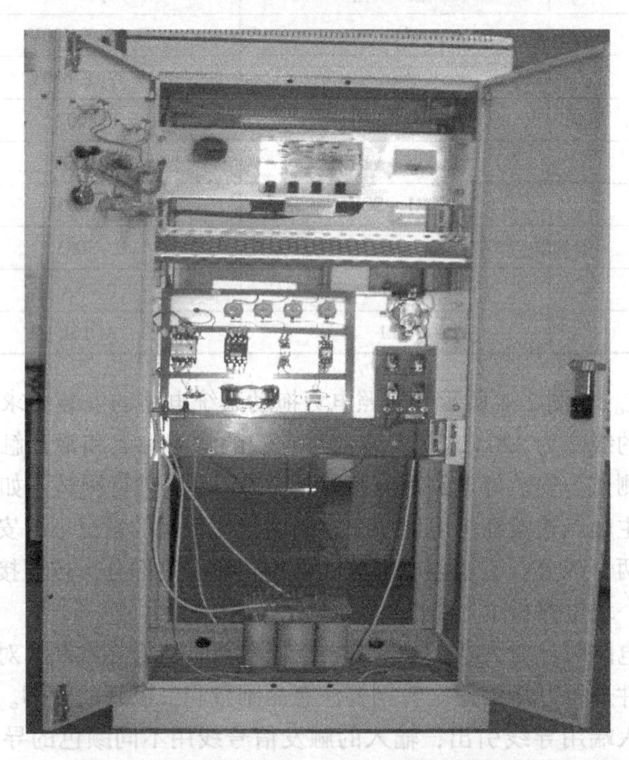

图 2-26　主变压器、继电控制电路、同步变压器及励磁电源的安装实物图

表 2-2　元器件细目表

元器件	编号	型号/规格	数量	备注
整流桥堆	Q1、Q2、Q3	T2SBA	3	也可用二极管
电解电容	C_1、C_2	1000μF/50V	2	
电容	C_3、C_4	0.47μF/63V	2	

（续）

元器件	编号	型号/规格	数量	备注
电解电容	C_5、C_6	220μF/50V	3	
电容	C_7、C_8	0.1μF/63V	2	
发光二极管	LD1、LD2、LD3	ϕ3.5	3	
电阻	R_1、R_2	3kΩ	2	
电阻	R_3	4.7kΩ	1	
集成电路	IC1	LM7815	1	
集成电路	IC2	LM7915	1	

2）电路的安装。按照图 2-6，正确选择元器件，并进行安装，安装位置如图 2-27 所示。两个三端稳压集成电路在使用时不能混淆，IC1 为 LM7815，输出 15V 电压，而 IC2 为 LM7915，输出 −15V 电压。滤波电容 C_1、C_2、C_5、C_6 为电解电容，为有极性电容，在安装时要注意极性，否则，会造成电容的击穿而损坏。输出电压 15V、−15V、24V 及参考 0 电位分别用导线引出，并把编号标上，以便供给其他电路使用。安装后的线路板实物图如图 2-28 所示。

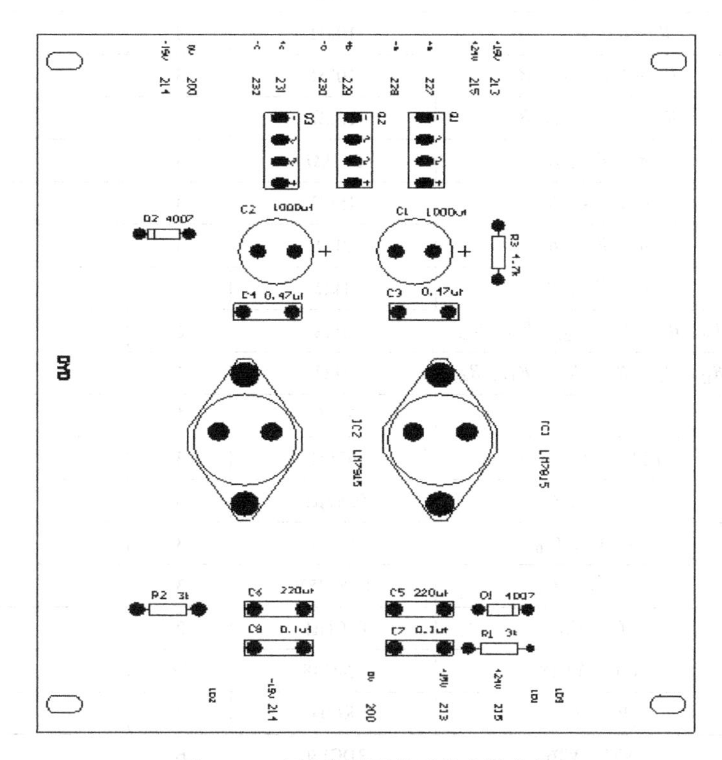

图 2-27 直流稳压环节元件安装位置

3. 三相脉冲移相触发环节的安装

1）元器件细目表。元器件细目表见表 2-3。

图 2-28　直流稳压电源线路板实物图

表 2-3　元器件细目表

元器件	编号	型号/规格	数量	备注
电阻	R_1、R_{15}、R_{29}	30kΩ	3	
电阻	R_5 ~ R_7、R_{11}、R_{13}	10kΩ	5	
电阻	R_{19} ~ R_{21}、R_{25}、R_{27}	10kΩ	5	
电阻	R_{33} ~ R_{35}、R_{39}、R_{41}	10kΩ	5	
电阻	R_3、R_{17}、R_{31}	5. 1kΩ	3	
电阻	R_8、R_{22}、R_{36}	15kΩ	3	
电阻	R_4、R_{18}、R_{32}	3kΩ	3	
电阻	R_2、R_{16}、R_{30}	1kΩ	3	
电阻	R_9、R_{10}、R_{23}、R_{24}、R_{37}、R_{38}	3kΩ	6	
电阻	R_{12}、R_{14}、R_{16}、R_{18}、R_{40}、R_{42}	1kΩ	6	
电位器	RP4	22kΩ	1	
电位器	RP1、RP2、RP3	47kΩ	3	
电容	C_1、C_4、C_8	0. 47μF	3	
电容	C_2、C_7、C_{10}	0. 1μF	3	
电容	C_3、C_5、C_9	1μF/25V	3	
电容	C_6、C_{11}	0. 01μF	2	
二极管	VD1 ~ VD18	1N4148	18	
集成电路	IC1 ~ IC3	KC04	3	
晶体管	VT1 ~ VT6	3DG130	6	

2）电路的安装。按照原理图 2-11 标注的元器件参数选择元器件，并进行正确的安装，安装位置如图 2-29 所示。在安装时，注意 KC04 集成电路的焊接，由于引脚之间的距离较近，焊接时不能短路；控制电压端、三相同步电源端及触发信号输出端，分别用接插件引

出，然后和对应的电路相连接。安装后的触发控制电路板实物图如图 2-30 所示。

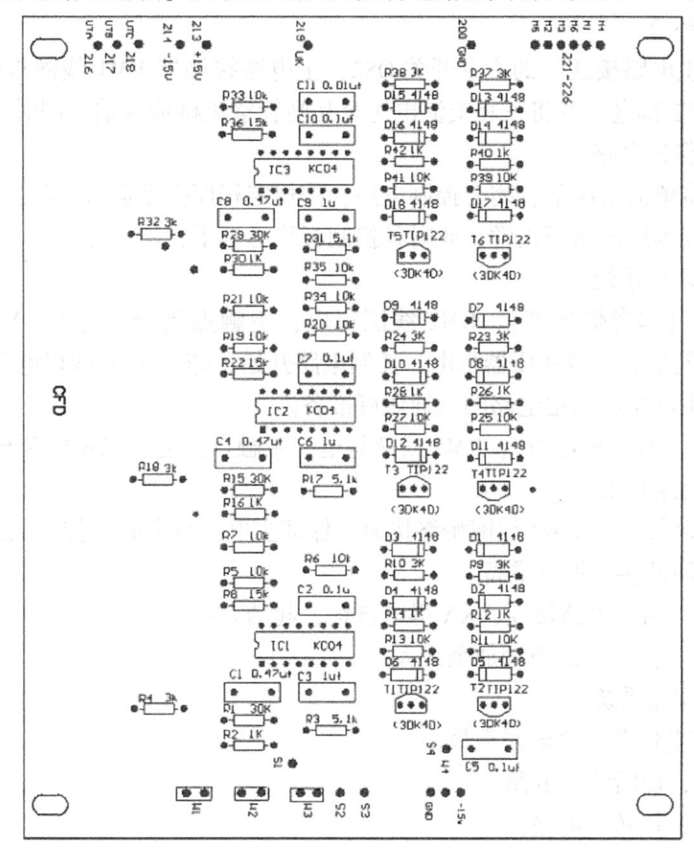

图 2-29 触发环节元器件安装位置

图 2-30 触发控制电路板实物图

二、晶闸管 – 电动机直流调速系统的开环调试

首先对各个环节分别进行调试，然后将各个环节按照图 2-1 连接起来，构成直流开环调

速系统。

1. 调试励磁环节

接通标有“主电路接通”的主令开关 QS2，主电路接触器 KM1 线圈得电，常开触点闭合，整流变压器 T1 得电，并将三相交流电送至晶闸管整流桥输入端，同时励磁电源得电。

2. 调试继电保护电路

在主电路不带电的情况下，闭合控制电路，按规定程序按动面板上的操作按钮，检查继电器工作状态和控制顺序是否正常，此时各控制板均已拆下，不工作。

3. 启动直流调速系统

1）闭合 QS1（本身带自锁），KM2 线圈得电，主触点闭合，将 U、V、W 和 36、37、38 号线接通，使同步和电源变压器得电，控制电路开始工作。36 号线得电和 KM2 辅助常开触点的闭合，为主电路和给定电路的接通做好准备。

2）闭合 QS2（本身带自锁），KM1 线圈得电，主触点接通，三相电源与主变压器得电。KM1 的辅助常开触点闭合。

① 使控制电路接触器 KM2 线圈始终接通，保证主电路得电时，控制电路不能被切断。

② 为给定电路的接通做好准备。

3）按下 SB2，给定电路接通，KA 得电自锁，起动完成。

4）调节给定电位器，逐渐增加至最大。

4. 停止直流调速系统

1）调节给定电位器，逐渐减至最小。

2）按下 SB1，切断给定电路。

3）断开 QS2，切断主电路。

4）断开 QS1，切断控制电路。

注意事项：

1）在进行继电保护电路和各控制板首次调试时，应断续供电，以免存在故障损坏设备。

2）调试锯齿波斜率时，应以示波器为准。

3）设备在出厂时均经过系统调整，符合技术条件，使用前一般无需调整，若因搬运或久置，使电位器锁紧螺母松动及某些部位接触不良而影响正常工作时，如需复调可参照下述步骤进行。

4）晶闸管直流系统调试的一般步骤：先单元电路测试，后整机测试；先静态调试，后动态调试；先开环调试，后闭环调试；先轻载调试，后满载调试。

5. 调试整流变压器及主电路保护环节电路

用示波器校对主电源与同步变压器的相序是否对应。使用示波器时，应特别注意安全保护，应将电源接地端断开，但此时机壳带电，必须注意对地绝缘，以防人身触电。

6. 开环系统调试的要点

在通电调试前，应先对整机（包括接线、绝缘、冷却等方面）进行全面的检查。确认无误后方可通电。

接通电源，按规定顺序按下操作面板上的按钮，检查继电器工作状态和控制顺序是否正常，此时各控制板均已拆下，不工作。

1）开机操作顺序如下：

① 接通标有“控制电路接通”的主令开关 QS1，控制电路接触器 KM2 线圈得电，常开触点闭合，控制电路电源接通。

② 接通标有“主电路接通”的主令开关 QS2，主电路接触器 KM1 线圈得电，常开触点闭合，整流变压器 T1 得电，并将三相交流电送至晶闸管整流桥输入端，同时励磁电源得电。

③ 按下标有“给定电路得电”按钮 SB2，给定电路继电器 KA 线圈得电，常开触点闭合，给定电路电源接通。

2）停机操作顺序如下：

① 按下“给定电路断开”按钮，给定电路被切断。

② 关断“主电路接通”主令开关 QS2，KM1 线圈失电，常开触点断开，切断主电路电源。

③ 关断“控制电路接通”主令开关 QS1，KM2 线圈失电，常开触点断开，切断控制电路电源。

3）对各控制板的调试。

① 电源板。电源板主要是由整流桥（UR1 ~ UR3）组成的桥式整流电路，滤波后接 LM7815 和 LM7915 集成稳压器的输入端，其输出为各控制板及脉冲变压器提供电源。

首先检查各输入量是否正常。将转接线插入电源板的插座内，接通电源，闭合“控制电路接通”主令开关，使用万用表逐点测量各输入电压是否正常（200 号线对 227、228、229、230、231、232 号线应为交流 17V 电压），断电后将电源板安装好，再次闭合控制电路，测量各输出点电压是否正确，即有无 24V、15V、－15V 输出（S4 测试点对 S1 测试点应为 24V，对 S2 测试点应为 15V，对 S3 测试点应为－15V）；如果数值正确，前面板的三个发光二极管应正常发亮。前面板的各测试点的含义如下：

S1：　24V 测试点　　S2：15V 测试点

S3：　－15V 测试点　　S4：参考电位测试点

② 触发板。触发板主要为晶闸管提供双窄脉冲。前面板的各调节电位器和测试点的含义如下：

RPA：斜率（U 相的斜率）电位器　　S1：斜率值（U 相）

RPB：斜率（V 相的斜率）电位器　　S2：斜率值（V 相）

RPC：斜率（W 相的斜率）电位器　　S3：斜率值（W 相）

RPP：偏置电压（初相角）电位器　　S4：偏置电压值

闭合控制电路，首先用转接线分别测量各输入量是否正确。即 15V、－15V、U_{ta}、U_{tb}、U_{tc}、0V，正确后，断电，将触发板安装好，再次闭合控制电路，调节电位器 RP1、RP2、RP3，并测量各测试点 S1、S2、S3 电压均为直流电压 6V，调节电位器 RP4 即改变 U_p 的值，调节 U_p 到－6V 左右。

4）开环调整（电阻性负载）。各板调整好以后，进行整机联调。

① 初始相位角的调整。将四块功能板安装好，将调节板置于开环状态，给定调节电位器调至最小，并接通控制电路、主电路和给定电路，调节给定调节电位器使 $U_g = 0V$，调整触发板的电位器，使 $U_d = 0V$，初始相位角调整结束。

② 调节给定调节电位器，逐渐加大给定电压至最大值，观察电压表的变化，电压指示

应连续增加至300V，且线性可调。

至此系统开环状态已调整好。其正常状态为：

$U_{RPA}=6V$、$U_{RPB}=6V$、$U_{RPC}=6V$、$U_{RPP}=-6V$；$U_g=0\sim10V$，$U_d=0\sim300V$，且连续可调；负载电流表有一定的电流值。注：参数为参考电压值，不同负载可能参数整定有偏差。

7. 开环系统的特性测试

调节给定电压 U_g，测定电动机的转速分别为1500r/min、1000r/min、500r/min，改变发电机负载电阻的大小，记录下电动机的转速 n、电枢电流 I_d 及电枢电压 U_d 的数值，见表2-4。

表 2-4 记录表

$U_g=$ $n=1500r/min$					
$n/(r/min)$					
I_d/A					
U_d/V					
$U_g=$ $n=1000r/min$					
$n/(r/min)$					
I_d/A					
U_d/V					
$U_g=$ $n=500r/min$					
$n/(r/min)$					
I_d/A					
U_d/V					

根据表中的数据，在同一张图中，作出直流电动机的静态特性曲线，如图2-31所示。

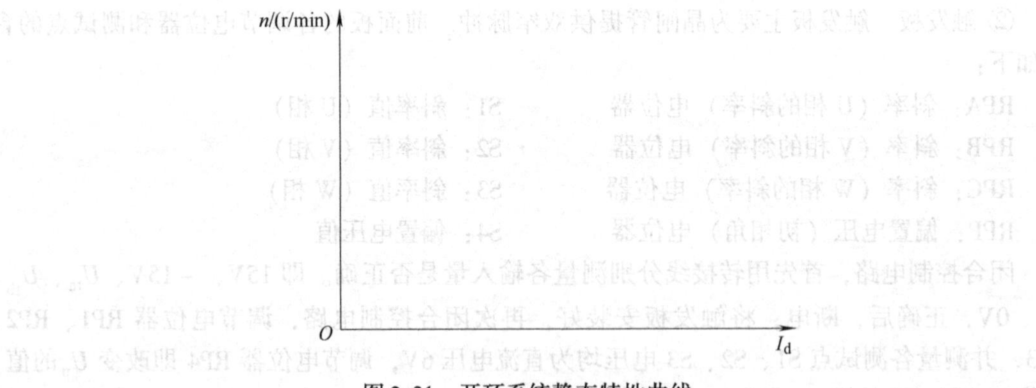

图2-31 开环系统静态特性曲线

在不同的电枢电压的情况下，估算理想空载转速 n_0 和转差率 s，由于电枢回路的电阻不变，励磁不变，只是改变了电枢电压，因此转差率不变；随着给定电压的增加，转速增加，因此转差率 s 减小；机械特性的硬度不变，即是三条互相平行的直线。

三、各环节电路维修

1. 主电路系统的维修

1）查看故障现象，分析故障原因。主电路及继电保护电路可能出现的故障及原因，见表2-5。

表2-5　主电路及继电保护电路可能出现的故障及原因

故障现象	故障区域（点）及故障原因分析
KM1 不闭合	（1）U 相电压为零 （2）KM2 主触点没有闭合 （3）U 相熔断器及其处电路断开 （4）QS2 无法闭合及接线断路 （5）KM2 常开闭合不上 （6）KM1 线圈或外接线断路
KA 不闭合	（1）电源断相，U 到 33 （2）KM2 主触点常开闭合不上，33 到 36 （3）SB1 常闭按钮断开，36 到 110 （4）SB2 起动按钮无法闭合 （5）KM1 常开联锁触点无法闭合 （6）KA 线圈或外接线断路
KA 不能自锁	停止按钮 SB1 无法断开或短路，36 到 110
KM2 不闭合	101 到 N 有断路
KM1 闭合，KA 闭合，并不停地闭合打开	KA 自锁常开时开时闭
没有输出电压，$U_d=0V$	断开负载，晶闸管不能导通，电流 I_d 没能达到阳极维持导通电流，晶闸管不能导通
电路保护启动	断开快熔，断相保护
相序不正确，电压在小范围内可调波动	U_{ta}、U_{tb}、U_{tc} 的顺序错

2）维修步骤：

① 分组进行，组与组之间互相设置故障。

② 先观察故障现象。

③ 根据故障现象进行分析。

④ 找出故障点。

⑤ 排除故障填写故障分析表。

3）修复故障，通电调试运行。排除故障后，必须经过仔细的再次排查、分析，然后才能通电调试。

4）故障排除训练：分为四组两组一对，组与组之间互出故障练习。进行主电路及继电保护电路故障排除练习。

① 故障点：断开 FU1。

② 故障点：断开 KM1 常开触点。

③ 故障点：：断开 KA 线圈。

④ 故障点：断开 KA 自锁常开触点。

⑤ 故障点：断开105或107号线。

⑥ 故障点：断开109或108号线。

5）填写主电路及继电保护电路故障诊断表，见表2-6。

表2-6 主电路及继电保护电路故障诊断表

序号	故障现象	故障点	故障原因	解决问题的办法
1				
2				
3				
4				
5				

2. 稳压电源电路的维修

1）查看故障现象，分析故障原因。电源电路可能出现的故障及原因，见表2-7。

表2-7 电源电路可能出现的故障及原因

故障现象	故障区域（点）及故障原因分析
输出电压低，指示灯亮度低	VD1 ~ VD12中任意一个二极管损坏
没有15V输出，其他正常	LM7815输入或输出断开
15V电压偏高，指示灯亮，带载能力差	VD13接反
15V电压偏高，指示灯不亮	LED接反
输出电压低，灯亮度低	+a，-a，+b，-b，+c，-c中一相不正常
没有-15V输出，灯不亮	LM7915输入或输出断开

2）维修步骤：

① 分组进行，组与组之间互相设置故障。

② 先观察故障现象。

③ 根据故障现象进行分析。

④ 找出故障点。

⑤ 排除故障，填写故障分析表。

3）修复故障，通电调试运行。排除故障后，必须经过仔细的再次排查、分析，然后才能通电调试。

4）故障排除训练：分为四组两组一对，组与组之间互出故障练习。进行电源电路故障排除练习。

① 故障点：没有15V输出，其他正常。

② 故障点：没有-15V输出，灯不亮。

③ 故障点：没有24V输出。

5）填写电源电路故障诊断表，见表2-8。

3. 触发电路的维修

1）查看故障现象，分析故障原因。触发电路可能出现的故障及原因，见表2-9。

表 2-8　电源电路故障诊断表

序号	故障现象	故障点	故障原因	解决问题的办法
1				
2				
3				
4				
5				

表 2-9　触发电路可能出现的故障及原因

故障现象	故障区域（点）及故障原因分析
没有相应的补脉冲出现，U_d 缺波头	VD13、VD15、VD3、VD7、VD1、VD9 中出现断开或极性接反
VT4 不导通，U_d 电压低，为正常值的 2/3 左右	VD8 断开或极性接反
VT5 不导通，U_{g5}未输出，VT3 未导通	R_{40}电阻值不符合要求
缺少某相脉冲，U_d输出低	1. VD17、VD11、VD5 中出现断开或极性接反 2. U_{ta}、U_{tb}、U_{tc}同步电压缺失 3. KC04 损坏，或者相应的电路通道故障
相序不对，电压在小范围内可调，且波动	U_{ta}、U_{tb}、U_{tc}同步输入接线错误

2）维修步骤：

① 分组进行，组与组之间互相设置故障。

② 先观察故障现象。

③ 根据故障现象进行分析。

④ 找出故障点。

⑤ 排除故障，填写故障分析表。

3）修复故障，通电调试运行。排除故障后，必须经过仔细的再次排查和分析，然后才能通电调试。

4）故障排除训练：分为四组两组一对，组与组之间互出故障练习。进行触发电路故障排除练习。

① 故障点：U_d输出为 0。

② 故障点：U_d电压低。

③ 故障点：U_d输出断续。

5）填写触发电路故障诊断表，见表 2-10。

表 2-10　触发电路故障诊断表

序号	故障现象	故障点	故障原因	解决问题的办法
1				
2				
3				
4				
5				

注意事项：

1）操作过程中，双踪示波器的两个探头应保证两个地线电位相同。

2）由于是开环系统，不能突加给定电压 U_g，由 0 开始逐渐增加。

3）只有当六个触发脉冲正常的情况下，才可以对主电路进行调试。

4）在焊接时注意电烙铁使用的安全。

5）在对主电路调试和测试时，注意用电的安全。

6）在维修过程中要注意安全，要准确，避免扩大故障范围。

任务评价

任务评价见表 2-11。

表 2-11　任务评价

项目		配分	评分标准	扣分	得分
电路的安装	主电路的安装	8	主电路接线错误每处扣 2 分		
			接线松动每处扣 1 分		
			损坏元器件每个扣 2 分		
	电源电路的安装	8	虚焊每处扣 1 分		
			元器件安装错误每处扣 2 分		
			损坏元器件每个扣 2 分		
	触发电路的安装	16	接线错误每处扣 4 分		
			接线松动每处扣 1 分		
			露铜每个扣 1 分		
			露铜、虚焊每个扣 1 分		
			扩大故障范围扣 15 分		
			接线错误每处扣 4 分		
电路的调试	变压器 T1、T2 工作正常	4	电压不正常每处扣 2 分		
	直流稳压电源	6	输出电压不正常每个扣 2 分		
	给定电压调整	6	给定电压不能在 0 ~ 10V 可调扣 3 分		
			给定电压不能在 −10 ~ 0V 可调扣 3 分		
	触发电路	8	三相脉冲不同步扣 3 分		
			触发脉冲相位不可调扣 3 分		
			三相脉冲斜率不同扣 3 分		
	可控整流电路	8	触发延迟角变化时输出为 0 扣 2 分		
			触发延迟角变化时输出电压变化小扣 2 分		
			未检查三相交流电相位扣 4 分		
系统调试		20	各环节之间连线不正确每处扣 5 分		
			调节给定值，转速为 0 或不变扣 5 分		
			调节发电机负载，转速不变扣 5 分		
			系统的静态特性不正确扣 5 分		
			先加给定，后加励磁扣 20 分		
系统的维修		16	不能发现故障现象，不能分析故障原因的扣 4 分		
			扩大故障范围扣 10 分		
			发现故障，不能处理的扣 2 分		
文明生产			违反操作规程，视情节扣 5 ~ 20 分		

巩固与提高

一、填空题

1. 开环控制的特征是____________________，应用场合是____________________。闭环控制与开环控制的主要区别是____________________。

2. 开环系统的晶闸管整流电路中，每个晶闸管两端并联____________________，对晶闸管起过电压保护作用。

3. 通常采用锯齿波触发电路给三相全控桥的六个晶闸管提供六个相位依次相差 60°的________。

4. 目前应用最为广泛的集成触发器 KCZ6 集成化六脉冲触发组件常由三块________、一块________和一块________等集成芯片构成。

二、选择题

1. 开环直流调速系统在转速出现偏差时，系统（　　）。

A. 不能消除偏差　　B. 能完全消除偏差

C. 能消除偏差的 1/3　　D. 能消除偏差的 1/2

2. 对直流电动机调速系统来说，主要的扰动量是（　　）。

A. 电网电压的波动　　B. 负载阻力转矩的变化

C. 元器件参数随温度变化　　D. 给定量发生变化

3. 电动机处于平衡状态时，其电枢电流的大小主要取决于（　　）。

A. 机械负载　　B. 电枢电压和电枢内阻

C. 励磁磁通　　D. 机械摩擦

4. 与开环控制相比较，闭环控制的特征是系统有（　　）。

A. 执行元件　　B. 控制器　　C. 放大元件　　D. 反馈环节

5. 双窄脉冲的脉宽在（　　）左右，在触发某一晶闸管的同时，再给前一晶闸管补发一个脉冲，作用与宽脉冲一样。

A. 120°　　B. 90°　　C. 60°　　D. 18°

6. （　　）控制系统适用于精度要求不高的控制系统。

A. 闭环　　B. 半闭环　　C. 双闭环　　D. 开环

7. （　　）六路双脉冲形成器是三相全控桥式触发电路的必备组件。

A. KC41C　　B. KC42　　C. KC04　　D. KC39

8. 利用继电保护电路限定系统断电的正确顺序是（　　）。

A. 先给主电路断电，再给控制电路断电

B. 先给控制电路断电，再给主电路断电

C. 同时给控制电路和主电路通电

D. 先给控制电路通电，再给主电路通电

9. 开环直流调速系统中，当系统负载增大后，转速降也增大，主电路电流将（　　）。

A. 增大　　B. 减小　　C. 不变　　D. 无法确定

10. 触发脉冲可采取宽脉冲触发与双窄脉冲触发两种方法，目前采用较多的是（　　）触发方法。

A. 双窄脉冲　　B. 宽脉冲　　C. 窄脉冲　　D. 双宽脉冲

11. 晶闸管整流电路中，当晶闸管的触发延迟角减小时，其输出电压平均值（　　）。

A. 减小　　B. 增大　　C. 不变　　D. 不确定

12. 在晶闸管－直流电动机调速系统中，当电动机轻载或空载运行时，电枢回路电压降将（　　）。

A. 增加　　B. 减小　　C. 不变　　D. 不确定

三、判断题

1. 开环系统正确的通电顺序为先给控制电路通电，再给主电路通电。（　　）
2. 直流电动机本身不是一个反馈系统。（　　）
3. 直流电动机的电枢供电电压越大，理想空载转速越低。（　　）
4. 晶闸管可控整流电路中，通过改变触发延迟角 α 的大小，可以控制输出整流电压的大小。（　　）
5. 只有给定元件、执行元件等环节而没有比较环节和反馈环节的控制系统，称为开环控制系统。（　　）
6. 开环调速系统对于负载变化引起的转速变化不能自我调节，但对其他外界扰动是能自我调节的。（　　）
7. 在开环控制系统中，由于对系统的输出量没有任何闭合回路，因此，系统的输出量对系统的控制作用没有直接影响。（　　）
8. 开环调速系统的机械特性越硬，特性曲线斜率越小，系统的性能越好。（　　）
9. 在进行开环直流调速系统主电路接线时，若将与直流电动机电枢接线端子相连的两根线对调，直流电动机的转向将发生变化。（　　）
10. 在直流调速柜上进行开环调速系统控制电路的接线时，需将调节板的短路片接到闭环位置（B 端）。（　　）
11. 在改变调速系统接线时，不必断开电源，直接操作即可。（　　）

四、简答题

1. 什么叫开环调速系统？开环调速系统有哪些特点？
2. 开环直流调速系统中，在直流电动机励磁不变的情况下，增加给定电压的大小，电动机的转速将如何变化？为什么？
3. 当给定电压不变时，减小电动机所带负载，电动机的转速将如何变化？说明其变化过程。
4. 开环直流调速系统中，为什么要在可控整流电路输出端给电动机串联一个电感（电抗器）？它是如何起作用的？
5. 如果他励直流电动机先加给定电压，后给励磁，会发生什么危险？
6. 如图 2-11 所示，RP1、RP2、RP3 在电路中起什么作用，RP4 又起什么作用？当触发信号的相位差不是 60°时，应该调节什么电位器？
7. 当直流单元的负极没有和其他单元的零电位点相连时，会看到什么现象？
8. 在可控整流电路的输出端，为什么要和负载串联一个电感（电抗器）？对电动机转速的稳定性有什么好处？
9. 当晶闸管阳极之间的连线断路时，对电动机有什么影响？

10. 若给定信号极性为负，分析该系统能否正常工作。

11. 简述晶闸管开环调速系统进行系统调试时的调试顺序。

12. 在开环调速系统中，如果三相全控桥中有一只晶闸管的触发脉冲突然消失，将会出现什么现象？

五、读图分析

1. 开环调速系统的组成结构原理图如图 2-32 所示，请在对应位置写上各组成部分的名称。若给定信号极性为负，该开环直流调速系统还能否正常工作？为什么？

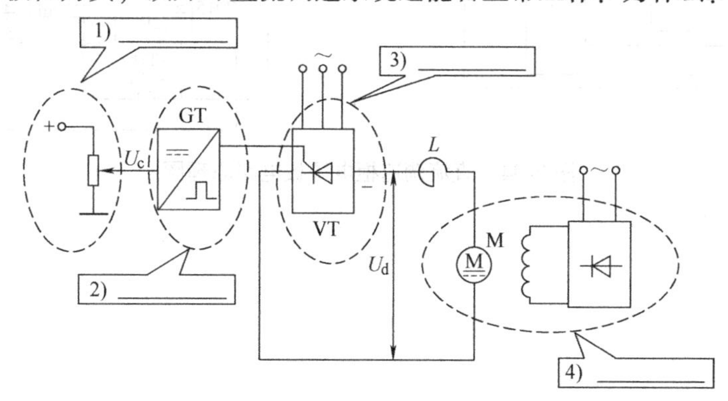

图 2-32 开环调速系统的组成结构原理图

2. 在如图 2-33 所示的电路中，画出每个晶闸管的短路保护、阻容吸收回路以及整流输出侧的过电压保护电路。

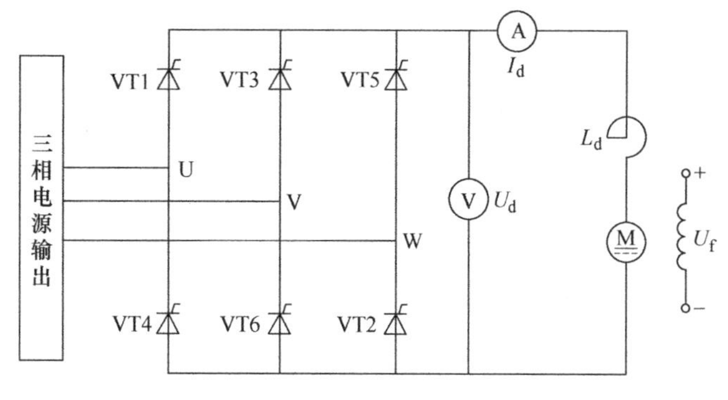

图 2-33 整流电路

3. 在如图 2-33 所示的电路中，如果三相供电电源出现断相，对直流电动机的运行有什么影响？若某一晶闸管的阳极的连线断开，对电动机的运行有何影响？

4. 图 2-34 所示为直流调速柜电源板电路原理图，试分析：

（1）三端稳压器 LM7815 和 LM7915 的正常工作输出电压分别是________和________。

（2）二极管 VD13、VD14 的作用是________。

（3）电容器 C_1、C_2 的作用是________，电容器 C_7、C_8 的作用是________。

（4）电阻 R_1、R_2、R_3 的作用是________，发光二极管 LED1、LED2、LED3 所指示的电源电压值分别是________、________和________。

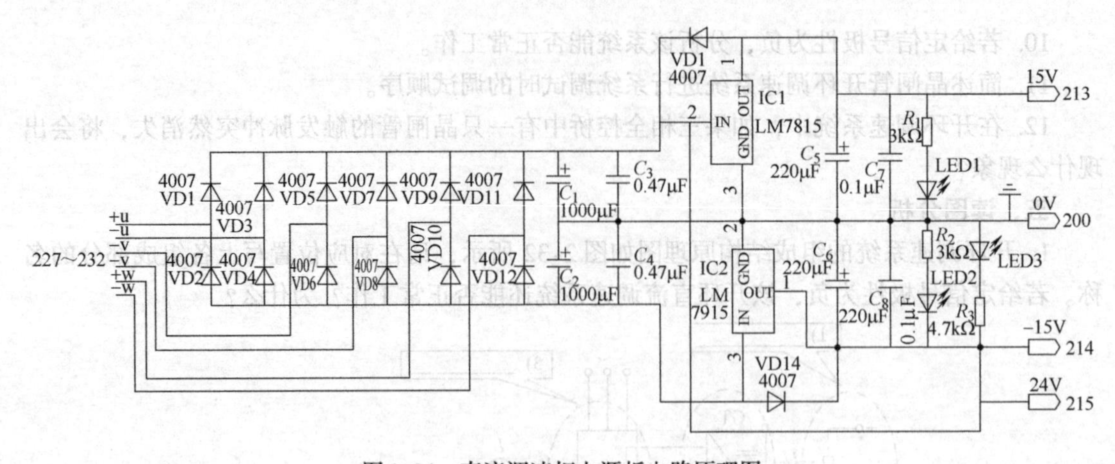

图 2-34　直流调速柜电源板电路原理图

项目三　直流调速系统的单闭环控制

3

任务一　有静差转速负反馈直流调速系统的装调与维修

知识目标： 1. 熟悉转速负反馈电路的组成和工作原理。
2. 掌握有静差调速系统在稳态时静差产生的原因。
3. 掌握闭环系统和开环系统的静态特性的差异。

技能目标： 1. 掌握有静差转速负反馈直流调速系统的安装方法和技能。
2. 掌握有静差转速负反馈直流调速系统的调试方法和技能。

任务描述

前面已经了解了开环系统的组成及原理，而转速负反馈单闭环系统在开环系统的基础上由输出对象电动机转速的直接变化引入到调节器的输入端，就构成了转速负反馈直流调速系统。根据项目要求对直流电动机进行有静差转速负反馈控制。

相关知识

一、转速负反馈直流调速系统的组成

在直流调速系统中，要维持电动机转速在负载电流变化时（或受到其他量扰动时）基本不变，最直接和最有效的办法是采用转速负反馈来构成转速闭环调节系统。通常采用测速发电机作为检测元件来检测主驱动电动机的转速。转速负反馈调速系统框图如图 3-1 所示。

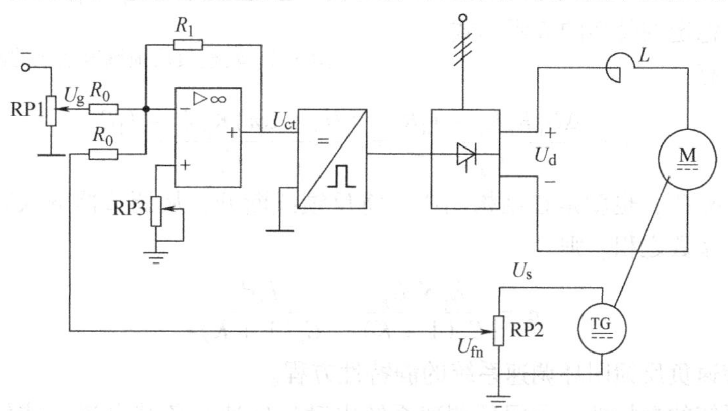

图 3-1　转速负反馈调速系统框图

在图 3-1 中，TG 为与直流电动机同轴的测速发电机，产生与电动机转速 n 成正比的电

压信号 U_s，经过可调电阻 RP2 分压后产生反馈电压 U_{fn}，与给定电压 U_g一起送到运算放大器的反相输入端比较后产生偏差电压，经过比例运算器的运算后产生控制电压 U_{ct}，用以控制触发电路的触发延迟角，从而控制可控整流电路的输出电压，最终对电动机的转速进行调节。

二、转速负反馈调速系统的稳定特性

在图 3-1 中，给定电压电位器 RP1 由稳压电源供电，RP2 为调整反馈系数而设置。测速发电机电动势常数为 C_n，测速发电机输出电压 U_s与电动机转速 n 成正比，$U_s = C_n n$。假设系统在电流连续段工作，各环节输入与输出呈线性关系，忽略直流电源的内电阻，从而得到系统各环节的输入量和输出量的静态关系。

电压比较环节：$\Delta U_n = U_n - U_{fn}$（在连接时要保证反馈电压 U_{fn}极性与给定电压极性相反）

比例放大环节：$U_{ct} = K_p \Delta U_n$

晶闸管整流与触发装置：$U_{do} = K_s U_{ct} = K_s K_p \Delta U_n$

转速检测环节：$U_{fn} = K_f U_{gn} = K_f C_n n = \alpha \times n$

晶闸管－电动机系统的开环机械特性为

$$n = \frac{U_{do} - I_d R}{C_e}$$

式中 K_p——比例运放的放大系数；

K_s——晶闸管整流与触发装置的电压放大系数；

α——转速反馈系数(V/(r/min))；

R——电枢电路总电阻。

根据以上关系，可以得到系统的静态结构图如图 3-2 所示。

所谓系统静态结构图是指可用于对系统的静态方面进行可视化、详述、构造和文档化的框图。可以把系统的静态方面看作是对系统相对稳定的骨架的表示形式。

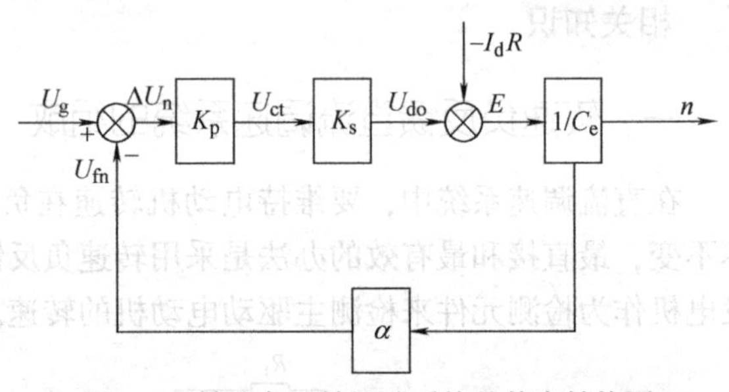

图 3-2　转速负反馈调速系统的静态结构图

在图 3-2 中有

$$n = \frac{\Delta U_n K_p K_s - I_d R}{C_e} = \frac{(U_n - \alpha n) K_p K_s - I_d R}{C_e}$$

令 $K = K_p K_s \alpha / C_e$，也就是在结构图中，将反馈线断开，从调节器输入直到测速反馈输出，各环节放大系数之积。则

$$n = \frac{K_p K_s U_g}{C_e(1 + K)} - \frac{I_d R}{C_e(1 + K)}$$

该式称为转速负反馈闭环调速系统的静特性方程。

闭环调速系统的静特性表示闭环调速系统电动机转速与负载电流（或转矩）的稳态关系，它在形式上与开环机械特性相似，但本质上有很大的不同。故定名为“静特性”，以示区别。

三、闭环系统稳定转速的过程

在 U_g 不变的前提下，影响电动机转速的因素很多，如：电源电压的变化，励磁电流的变化，调节放大器放大倍数的漂移，环境温度的变化引起电阻值的变化，这些变化称为“扰动”。

“扰动”是与控制作用相反，是一种不希望的、能破坏系统输出规律的因素。“扰动”可来自系统的内部，也可来自系统的外部，前者称为内部扰动，后者称为外部扰动。

所有“扰动”信号都能被测速装置检测出来，再经过反馈控制作用，减小它们对稳态转速的影响。

如图 3-3 所示，扰动输入的作用点不同，对系统的影响程度也不同，而转速反馈能抑制或减小被包围在反馈环内作用在控制系统主通道上的扰动，而开环系统是无法实现的，这也是闭环系统最突出的特征。

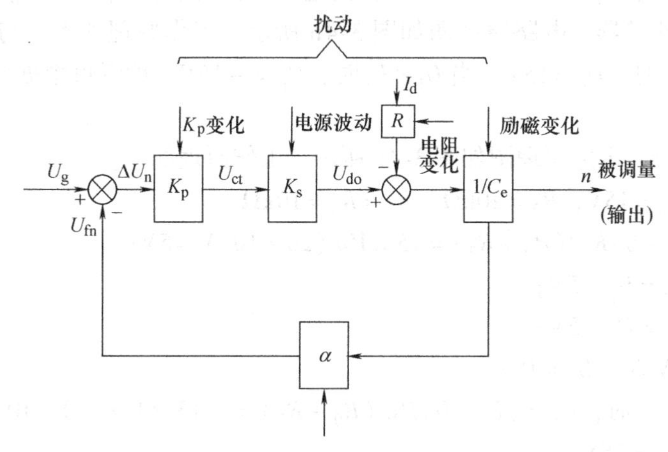

图 3-3　自动调速系统的给定和扰动作用

现以交流电源电压波动为例，定性说明闭环系统对扰动作用的抑制过程：当交流电压 U_2 下降时：

$$U_2\downarrow\rightarrow U_{do}\downarrow\rightarrow n\downarrow\rightarrow U_{fn}\downarrow\rightarrow\Delta U_g\uparrow\rightarrow U_{do}\uparrow\rightarrow n\uparrow$$

整个调节过程转速回升接近原来值，但由于是有静差调速系统，转速不可能恢复原稳态转速。

闭环系统对检测机构和给定环节本身的扰动无抑制能力，若测速发电机磁场不稳定，则会引起反馈电压 U_{fn} 变化，使转速偏离原值，这种由测速发电机本身误差引起的转速变化，闭环系统无抑制调节能力。由此可见，转速闭环系统只能抑制被反馈环包围的加在系统前向通道上的扰动作用，但是对诸如给定电源、检测元件或检测装置中的扰动是无能为力的。所以对测速电动机的选择及安装必须特别注意，应确保反馈检测元件的精度，这对闭环系统的稳速精度至关重要，起决定性的作用。

四、闭环调速系统调节器基础知识

1. 集成运算放大器

集成运算放大器是一种高电压增益、高输入阻抗和低输出电阻的多级直接耦合放大电路。它由差分放大电路、电压放大器、输出级和偏置电路组成。差分输入级的作用是提高整个电路的共模抑制比和其他方面的性能。电压放大级的作用是提高电压增益。输出级由电压跟随器组成，作用是降低输出电阻，提高带载能力。

2. 集成运算放大器的两个重要概念

1）虚短：集成运算放大器两个输入端之间的电压通常接近于零，即 $U_i = U_n - U_p = 0$，若把它理想化，则有 $U_i = 0$，但不是短路，故称为虚短。

2）虚断：集成运算放大器两个输入端几乎没有电流，即 $I_i = 0$，如果把它理想化，则有 $I_i = 0$，但不是断开，故称为虚断。

3. 基本电路——电压比较器有过零比较器、任意电压比较器和迟滞比较器

1）过零比较器，电路原理图如图 3-4a 所示，工作原理如下：当 $U_i > 0V$ 时，由于运放的电压增益很大，所以很小的 U_i产生的 U_o很大，但不能大于运放的供电电源。所以有 $U_i > 0$，$U_o = 15V$，$U_i < 0$，$U_o = -15V$，同理在反向过零比较器中有 $U_i > 0$，$U_o = -15V$。

2）任意电压比较器，电路原理图如图 3-4b 所示，工作原理如下。与过零比较器原理图相同，当 $U_i > U_c$时，$U_o = 15V$。当 $U_i < U_c$时，$U_o = -15V$。读者可根据虚短和虚断的概念进行原理分析。

3）迟滞比较器，电路原理图如图 3-4c 所示，工作原理如下。

分析：假设 $U_o = 15V$，$R_0 = 20k\Omega$，$R_1 = R_2 = 10k\Omega$。

此时 $U_p = (U_o - 0)R_2/(R_0 + R_2) = 15 \times 10/(20+10)V = 5V$；

根据虚短，$U_n = U_p = 5V$；

根据虚断，$U_d = U_n = 5V$；

所以当 $U_i > 5V$ 时，$U_o = 15V$。

而当 $U_o = -15V$ 时，$U_p = (U_o - 0)R_2/(R_0 + R_2) = -15 \times 10/(20+10)V = -5V$，所以 $U_i < -5V$ 时，$U_o = -15V$。

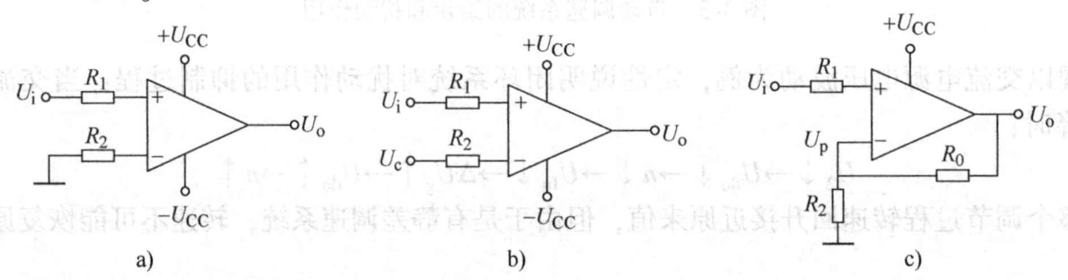

图 3-4 比较器电路原理图

a）过零比较器 b）任意电压比较器 c）迟滞比较器

4. 比例调节器

比例（P）调节器的输出信号 U_o与输入信号 ΔU_i之间关系的一般表达式为 $U_o = K_P \Delta U_i$，式中 K_P为 P 调节器的比例系数。此关系式表明了 P 调节器的比例调节规律，即输出信号 U_o与输入信号 ΔU_i之间存在一一对应的比例关系。因此，比例系数 K_P是 P 调节器的一个重要参数。图 3-5 所示为由运放组成的一种 P 调节器的原理图，图 3-6 所示为输入为阶跃信号时的输出特性。

由图可见，该 P 调节器实际上就是一个反相放大器，其放大倍数为：$A_u = U_o/\Delta U_i =$

$-R_1/R_0$。

式中的负号是由于运放为反相输入方式，其输出电压 U_o 的极性与输入电压 ΔU_i的极性是相反的，即 U_o的实际极性与其在图中的参考极性相反。为便于系统分析，P 调节器的比例系数 K_P 可用正值表示，而其极性的关系在分析具体电路时再考虑。故该 P 调节器的比例系数 K_P为：$K_P = R_1/R_0$。

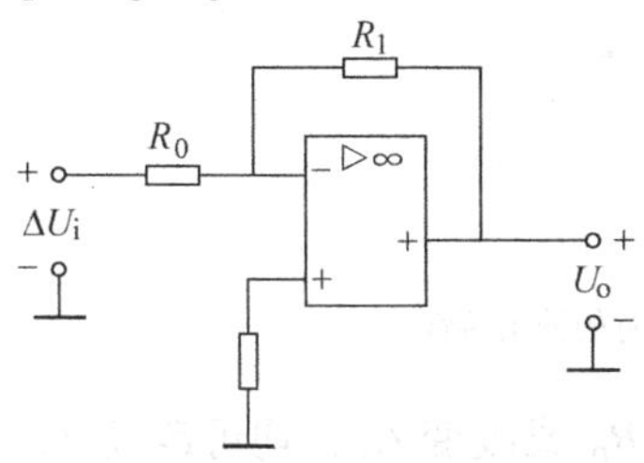

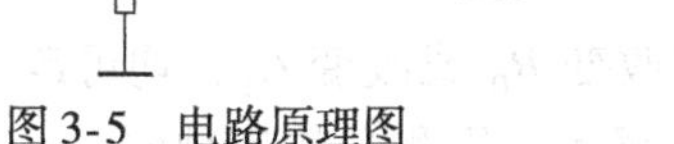

图 3-5 电路原理图

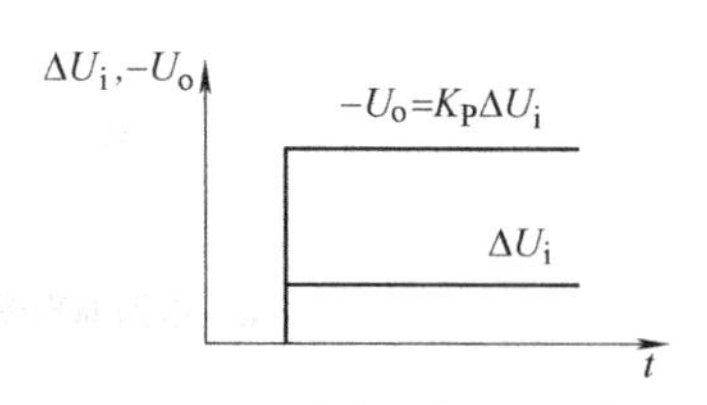

图 3-6 输入为阶跃信号时的输出特性

显然，改变反馈电阻 R_1，可以改变 P 调节器的比例系数 K_P。为得到满意的控制效果，实际的 P 调节器的比例系数 K_P常常是可以调节的。

比例控制的特点：在比例控制的自动控制系统中，系统的控制和调节作用几乎与被控量的变化同步进行，在时间上没有任何延迟，如图 3-6 所示。这说明比例控制作用及时、快速、控制作用强，而且 K_P值越大，系统的静特性越好、静差越小。但是，K_P值过大将有可能造成系统的不稳定，故实际系统只能选择适当的 K_P值，因此比例控制存在静差。实际上，比例控制正是依据输入偏差（给定量与反馈量之差）来进行的控制。若输入偏差为零，P 调节器的输出将为零，这说明系统没有比例控制作用，系统便不能正常运行。因此，当系统中出现扰动时，通过适当的比例控制，系统被控量虽然能达到新的稳定，但是永远回不到原值。

5. 积分调节器

当自动控制系统不允许静差存在时，P 调节器就不能满足使用的需要，这就必须引入积分控制。所谓积分控制，是指系统的输出量与输入量对时间的积分成正比例的控制，简称 I 控制。积分调节规律的一般表达式为

$$U_o = K_I\int \Delta U_i \mathrm{d}t = 1/T\int \Delta U_i \mathrm{d}t$$

式中 K_I——I 调节器的积分常数；

T——I 调节器的积分时间，$T = 1/K_I$。

由此可见，I 调节器的输出电压 U_o与输入电压 ΔU_i对时间的积分成正比。图 3-7 所示为由运放组成的一种 I 调节器的原理图及其在阶跃输入时的输出特性。

I 调节器实际上是一个运放积分电路。当突加输入信号 ΔU_i时，由于电容 C_1 两端的电压不能突变，故电容 C_1 被充电，输出电压 U_o随之线性增大，U_o的大小正比于 ΔU_i对作用时间的积累，即 U_o与 ΔU_i为时间积分关系。如果 $\Delta U_i = 0$，积分过程就会终止；只要 $\Delta U_i \neq 0$，积分过程将持续到积分器饱和为止。电容 C_1 完成了积分过程后，其两端电压等于积分终值电压而保持不变，由于 $\Delta U_i = 0$，故可认为此时运放的电压放大倍数极大，I 调节器便利用运放这种极大的开环电压放大能力使系统实现了稳态无静差。该 I 调节器的输出电压 $U_o = -1/R_0C_1\int \Delta U_i \mathrm{d}t$。

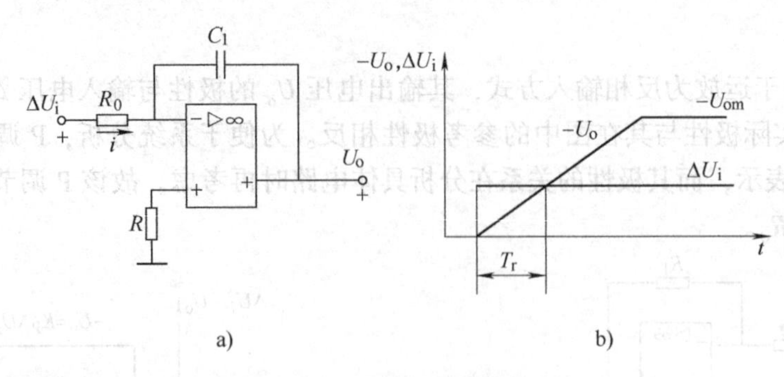

图 3-7　积分调节器

a）电路原理图　b）输入为阶跃信号时的输出特性

因此，该 I 调节器的积分时间为 $T=R_0C_1$。若改变 R_0 或改变 C_1，均可改变 T。T 越小，表明 $-U_o$上升得越快，积分作用就越强；反之，T 越大，则积分作用越弱。

积分控制的特点：在采用 I 调节器进行积分控制的自动控制系统中，由于系统的输出量不仅与输入量有关，而且与其作用时间有关，因此只要输入量存在，系统的输出量就不断地随时间积累，调节器的积分控制就起作用。正是这种积分控制作用，使系统输出量逐渐趋向期望值，而输入偏差逐渐减小，直到输入量为零（给定信号与反馈信号相等）时，系统进入稳态为止。稳态时，I 调节器保持积分终值电压不变，系统输出量就等于其期望值。因此，积分控制可以消除输出量的稳态误差，能实现无静差控制，这是积分控制的最大优点。

但是，由于积分作用是随时间积累而逐渐增强的，故积分控制的调节过程是缓慢的；由于积分作用在时间上总是落后于输入偏差信号的变化，故积分调节作用又是不及时的。因此，积分作用通常作为一种辅助的调节作用，而系统也不单独使用 I 调节器。

6. 比例积分调节器

比例控制速度快，但有静差；积分控制虽能消除静差，但调节过程时间较长。因此，在实际应用中总是把这两种控制作用结合起来，形成比例积分控制规律。比例积分控制简称为 PI 控制，它既具有稳态精度高的优点，又具有动态响应快的优点，因此它可以满足大多数自动控制系统对控制性能的要求。

PI 调节器是以比例控制为主，积分控制为辅的调节器，其积分作用主要用来最终消除静差，故 PI 调节器又称为再调调节器。比例积分调节规律的一般表达式为

$$U_o=U_{oP}+U_{oI}=K_P\Delta U_i+K_I\int\ \Delta U_i dt=K_P\ (\Delta U_i+1/T_I\int\ \Delta U_i dt)$$

式中　U_{oP}——比例控制的输出；

U_{oI}——积分控制的输出；

T_I——比例积分调节器的积分时间，$T_I=K_P/K_I$。

此式说明，PI 调节器的输出实际上是由比例和积分两个部分相加而成的。图 3-8 所示为由运放组成的一种 PI 调节器的原理图及其在阶跃输入时的输出特性。

当突加输入信号 ΔU_i时，由于电容 C_1 两端电压不能突变，故电容 C_1 在此瞬间相当于短路，而运放的反馈回路中只存在电阻，PI 调节器相当于比例系数为 K_P（此 K_P 值一般较小）的 P 调节器，调节器的输出为 $-K_P\Delta U_i$，因此 PI 调节器立即发挥比例控制作用。紧接着，电容 C_1 被充电，输出电压 U_o随之线性增大，PI 调节器的积分控制也发挥作用，直到 $\Delta U_i=0$ 时进入稳态为止。稳态时，电容 C_1 两端电压等于积分终值电压而保持不变。因此，PI 调

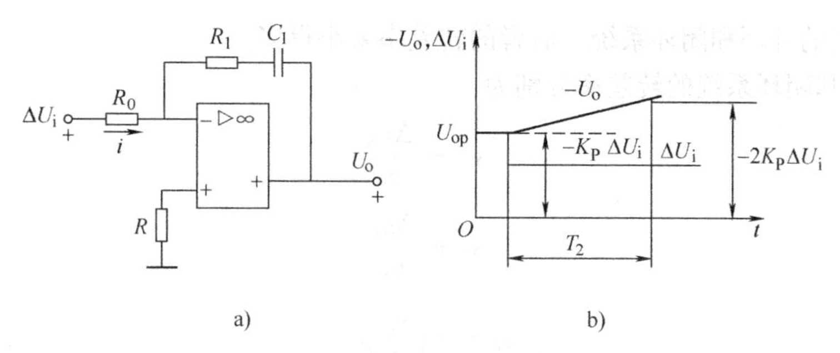

图 3-8　比例积分调节器

a）电路原理图　b）输入为阶跃信号时的输出特性

节器与 I 调节器一样，利用稳态时运放极大的电压放大能力，使系统实现了稳态无静差。由上述分析可知，PI 调节器也是利用时间积累、保持性，才消除了静差。

比例积分控制的特点：比例积分控制的比例作用，使得系统动态响应速度快，而积分作用，又使系统基本上无静差。PI 调节器的两个可供调节的参数位 K_P 和 T_I。减小 K_P 或增大 T_I，均会减小超调量，有利于系统稳定，但同时也降低了系统的动态响应速度。

五、转速负反馈的特点

1. 转速负反馈静特性与开环机械特性的比较

开环机械特性方程为

$$n = \frac{K_P K_s U_g}{C_e} - \frac{I_d R_d}{C_e} = n_0 - \Delta n_N$$

式中　n_0——开环系统理想空载转速；

Δn_N——开环系统稳态转速降落。

转速负反馈静特性方程为

$$n = \frac{K_P K_s U_g}{C_e(1+K)} - \frac{I_d R}{C_e(1+K)} = n_{0f} - \Delta n_f$$

式中　n_{0f}——闭环系统理想空载转速；

Δn_f——闭环系统稳态转速降落。

如果使闭环系统理想空载转速与开环系统理想空载转速相等（$n_0 = n_{0f}$），不难得出如下结论：

1）闭环系统静特性可以比开环系统机械特性硬得多。

在同样的负载扰动下，两者的转速降落分别为

$$\Delta n_N = \frac{I_d R_d}{C_e}$$

$$\Delta n_f = \frac{I_d R}{C_e\ (1+K)}$$

它们的关系为

$$\Delta n_f = \frac{\Delta n_N}{(1+K)}$$

显然，当 K 值较大时，Δn_f 比 Δn_N 小得多，也就是说，闭环系统的特性要硬得多。

即转速负反馈减少了系统的转速降落。闭环的转速降落是开环转速降落的 $1/(1+K)$。

2）n_0相同的开环和闭环系统，后者的转差率要小得多。

开环系统和闭环系统的转差率分别为

$$s_0 = \frac{\Delta n_N}{n_0}$$

$$s_f = \frac{\Delta n_f}{n_f}$$

则
$$s_f = \frac{s_0}{(1+K)}$$

即转速负反馈的转差率是开环转差率的$1/(1+K)$，从而增加了系统的稳定性。

3）当要求的转差率一定时，转速负反馈闭环调速系统可以扩大调速范围。

闭环系统的调速范围为

$$D_f = \frac{n_f s}{\Delta n_f(1-s)}$$

开环系统的调速范围为

$$D_0 = \frac{n_0 s}{\Delta n_N(1-s)}$$

当$n_f = n_N$时，则$D_f = (1+K)D_0$。

即转速负反馈的调速范围是开环调速范围的$(1+K)$倍。

4）要想取得上述三项优越性，闭环系统必须设置放大器。

上述三项优越性若要有效的关键是，放大系数K值要足够大，即闭环系统必须设置放大器，才能获得足够的控制电压。而在开环系统中，输入电压与控制电压是统一量级的信号，所以不必设置放大器。

结论：闭环系统可以获得比开环系统硬得多的稳态特性。从而保证在一定转差率的要求下，扩大了调速范围。为此所付出的代价为，需增设检测装置、反馈装置和放大器。

2. 转速负反馈的特点

（1）被调量有静差

具有比例调节器的转速负反馈系统是利用给定量与反馈量之差Δu_i进行转速控制的，放大系数K值越大，系统的稳态速降就越小，但不能消除转速降落，只有当$K \to \infty$才能使$\Delta n_f = 0$，而这是不可能的。因此这样的系统称为有静差的调速系统。实际上这种系统正是依靠被调量偏差的变化实现控制作用的。

（2）抵抗扰动与服从给定

反馈闭环控制系统具有良好的抗扰性能，它对于被负反馈环包围的前向通道上的一切扰动作用都能有效地加以抑制。

除给定信号外，作用在控制系统上一切会引起被调量变化的因素都称为扰动作用。前面只讨论了负载变化引起转速降落这样一种扰动作用，除此以外，交流电源电压的波动，电动机励磁的变化，放大器输出电压的漂移，由温升引起主电路电阻的增大等，所有这些因素都和负载变化一样会引起被调量转速的变化，因而都是调速系统的扰动作用。作用在前向通道上的任何一种扰动作用的影响都会被测速发电机检测出来，通过反馈控制，减小它们对稳态转速的影响。

抗扰性能是反馈闭环控制系统最突出的特征。正因为有这一特征，在设计闭环系统时，一般只考虑一种主要扰动，例如，在调速系统中只考虑负载扰动。按照克服负载扰动的要求进行设计，则其他扰动也就自然都受到抑制。

3. 系统精度依赖于给定和反馈检测精度

反馈闭环控制系统对给定电源和被调量检测装置中的扰动无能为力。因此，控制系统精度依赖于给定稳压电源和反馈量检测元件的精度。

如果给定电源发生了不应有的波动，则被调量也要跟着变化。反馈控制系统无法鉴别是正常的调节给定电压还是给定电源的变化。因此，高精度的调速系统需要有更高精度的给定稳压电源。

六、带有电流截止负反馈的转速负反馈调速系统

为了使过硬的静特性调速系统不出现严重后果，如电动机负载突然增大，或由于机械部分被卡住时，主电路的电枢电流将会增大到危险的程度。所以系统应采取措施，保证在正常工作范围内，系统具有很硬的静特性，而当电动机过载时，系统将具有很软的静特性。这样当电动机过载时，其转速将迅速下降直到堵转为止，且使电动机的堵转电流也不超过电动机的允许电流，这种措施就是电流截止负反馈环节。

由反馈控制的基本原理可知，在恒值给定的情况下，要维持某个物理量基本不变，只要引入该量的负反馈就可以了，显然，采用电流负反馈就能够保持电流基本不变，使它不超过允许值。但这样做会对起动有利，在正常工作时会使调速系统的静特性变软。所以最好的办法是采用电流截止负反馈，它的基本思路是：当电流还没有达到规定值时，该环节在系统中不工作，一旦电流达到或超过规定值时，该环节立即起作用，使电流的增加受到限制。

带有电流截止负反馈的转速负反馈调速系统电路图如图 3-9 所示。图中主电路中串联了一个阻值很小的电阻 R_3（零点几欧），它两端的电压 I_aR_3 与电枢电流 I_a 成正比，比较电压（参考电压）U_o 是由一个辅助电源经电位器 R_1 提供的。设电路中电动机额定电流为 I_N，允许的最大电流为 I_B，一般情况下，$I_B = 1.2I_N$。调节电阻 R_1 的值，使 U_o 的值等于 I_BR_3。在

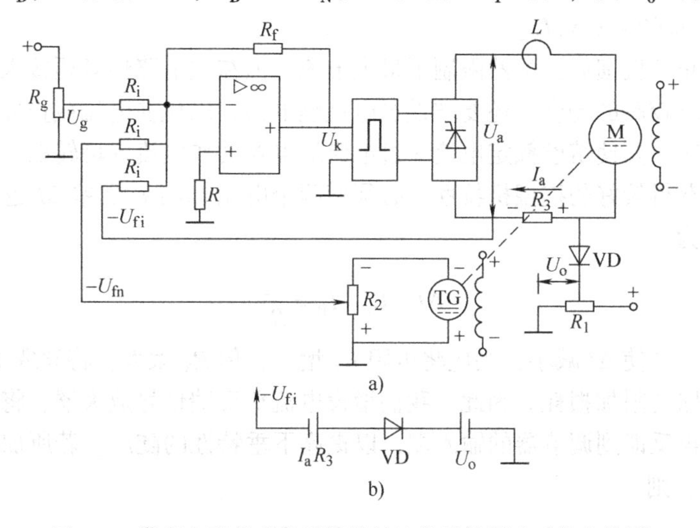

图 3-9 带有电流截止负反馈的转速负反馈调速系统电路图

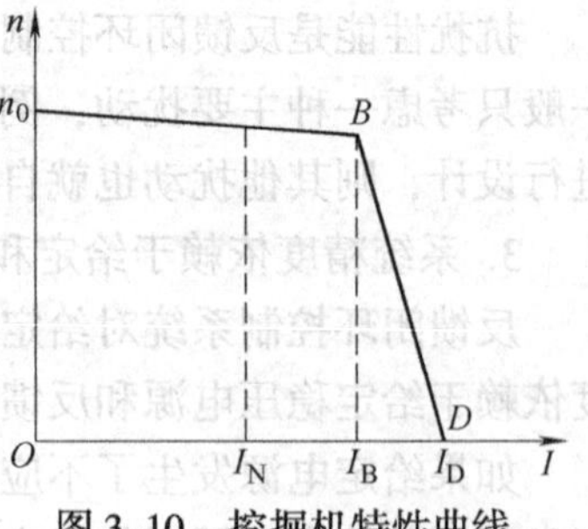

图 3-10 挖掘机特性曲线

正常工作情况下，负载电流 I_a 小于 I_B，即 $I_aR_3 < U_o$，二极管 VD 受到反向电压而截止，电流负反馈得不到信号，该环节在电路中不起作用。调速系统具有转速负反馈特性，系统静特性很硬，如图 3-10 中的 n_0B 段所示。

当负载电流过大，$I_a > I_B$ 时，则 $I_aR_3 > U_o$，二极管 VD 导通，若忽略二极管的压降，则 R_3 负端点对地电位是 $-U_{fi} = -I_aR_3 + U_o = -(I_aR_3 - U_o)$，将其引入比例调节器的输入端。这样，比例调节器的输入信号是 $\Delta U = U_g - U_{fn} - (I_aR_3 - U_o)$，输出电压 $U_k = -\frac{R_f}{R_i}[U_g - U_{fn} - (I_aR_3 - U_o)]$。由于 $I_aR_3 > U_o$，所以取得和电流 I_a 有关的负反馈量。如果电流继续增加，U_{fi} 增大，A_U 降低，U_k 绝对值减小，U_a 降低，从而限制 I_a 过大地增加。这时，由于 U_a 的下降，转速将急剧下降，从而使机械特性出现很陡的下降特性，如图 3-10 所示的 BD 段。在 n_0B 段中只有转速负反馈起作用，特性较硬；在 BD 段主要是电流截止负反馈起作用，使特性下垂（很软），这样的特性也称为“挖掘机特性”。

当电流截止负反馈环节起主导作用时的自动调速过程如下：

$$I_a = \frac{U_a\downarrow - E}{\sum R}$$

$$I_a\uparrow \rightarrow U_{fi}\uparrow \rightarrow \Delta U\downarrow \rightarrow U_a\downarrow \begin{cases} \rightarrow \text{限制电流过大} \\ \rightarrow \text{转速急剧下降} \end{cases}$$

$$n = \frac{U_a\downarrow - I_a\sum R\uparrow}{C_e\Phi}$$

机械特性下垂得很陡，还意味着堵转时（或起动时），电流不会很大。这是因为在堵转时，虽然转速 $n=0$，反电动势 $E=0$，但由于电流截止负反馈的作用，使 U_a 大大下降，因而 I_a 不致过大。此时的电流称为堵转电流 I_D，对应晶闸管整流输出电压 $U_a = I_D\sum R$。

通常，电动机的堵转电流整定值应小于晶闸管允许的最大电流，为电动机额定电流的 2~2.5 倍，即 $I_D = (2\sim2.5)I_N$。

应用电流截止负反馈后，虽然限制了最大电流，但在主电路还必须接入快速熔断器，以防止短路。在要求较高的场合，还要增设过电流继电器，以免在电流截止环节出故障时把晶闸管烧坏。整定时，要使熔丝额定电流 > 过电流继电器动作电流 > 堵转电流。

若要求系统获得较好的挖掘机特性，必须使两个电流 I_D 与 I_B 之差 ΔI 越小越好，使静特性接近矩形。因为

$$\Delta I = I_D - I_B = \frac{u_g}{R_3}$$

由上式可见，要使 ΔI 减小，则应将电阻 R_3 增大，但 R_3 太大，将导致工作段特性变软，同时增加了主电路的附加损耗。因此，我们增设电流负反馈信号放大器，将电流负反馈电压 U_f 放大若干倍，再反馈到调节器的输入端，以提高下垂特性的陡度。若所加电流信号放大器的放大系数为 A_i，则

$$\Delta I = I_D - I_B = \frac{u_g}{A_iR_3}$$

加大 A_i，便尽可选用较小的电流负反馈信号电阻 R_3，从而妥善地解决了以上矛盾。最后，对电流负反馈的截止方法也可以不用比较电压，而用在反馈回路中对接一个稳压二极管来实现，如图 3-11 所示。当反馈信号 I_aR_3 低于稳压二极管的稳压值 U_Z 时，只能通过极小的漏电流，电流截止负反馈不起作用；当 $I_aR_3 > U_Z$ 时，稳压二极管反向击穿，允许负反馈电流通过，得到下垂特性。在这里，稳压值 U_Z 和比较电压 U_o 的作用完全一样，但线路却简单了。选择不同稳压值的稳压二极管，或者几个稳压二极管串联使用，可以获得不同的下垂特性。

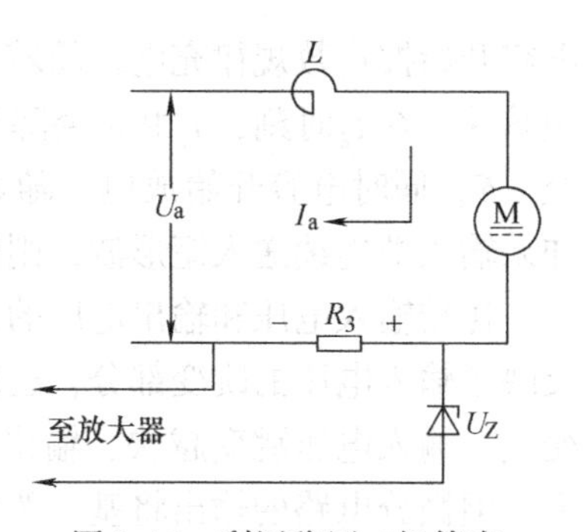

图 3-11 利用稳压二极管来获得电流截止负反馈

七、电压微分负反馈和电流微分负反馈

在闭环控制系统中，由于采用了负反馈，能使系统对被控制量进行自动调节，但同时也出现了稳定性问题。凡是不稳定的系统（等幅或增幅振荡）都不能正常工作。即使是衰减振荡（属于稳定系统），也必须将超调量和振荡次数限定在允许的指标范围内。

造成系统不稳定的原因，主要是系统放大倍数太大。要解决这一问题，我们自然想到减小系统的放大倍数。这样，静态放大倍数和动态放大倍数都减小了，系统虽能获得稳定，但系统反应将非常迟钝，静态指标也受到影响（静态速降增大，从而使调速范围减小）。为使系统稳定工作，同时又要保持良好的动、静态性能，最好的办法是降低动态放大倍数，而使静态放大倍数不变。因此，在自动调速系统中加入电压微分负反馈和电流微分负反馈。

1. 微分电路

如图 3-12a 所示是一种最简单的微分电路。现在来分析当输入端加入矩形脉冲时输出电压的波形。设电路的时间常数 $\tau = RC$ 远小于脉冲宽度。

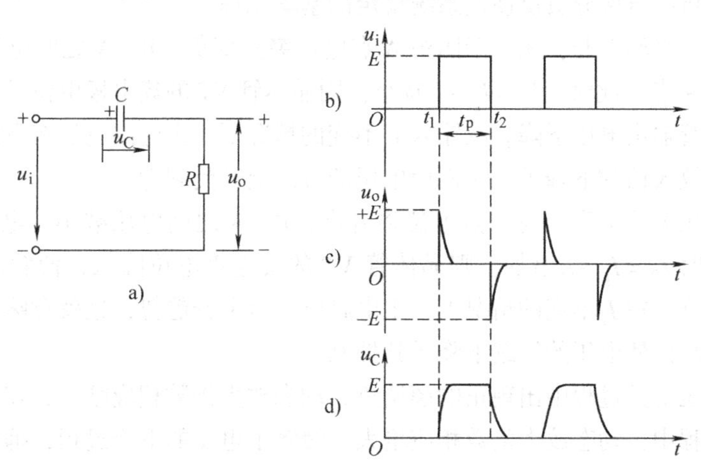

图 3-12 微分电路及波形

a）电路 b）输入矩形脉冲 c）输出尖顶波形 d）电容器两端电压

由于 $\tau \ll t_p$，电容的充电和放电进行得很快。在 t_1 时刻，u_i 跳变到 E，这时由于电容两端电压 u_C 不能突变，所以 u_i 的跳变全部降落在 R 上，使 u_o 产生一个同样大小的跳变，同时

电容开始按指数规律充电。随着 u_C的升高，u_o很快降至零，这样 R 上就形成了一个正的尖顶脉冲。在 t_2时刻，u_i由 E 突降至零，由于电容两端电压 u_C不能突变，因此 u_o将从零跳变至 $-E$，同时电容开始放电，随着电容放电，u_o很快降至零，这样形成一个负的尖顶脉冲。如果输入端连续送入矩形波，则输出端将连续输出尖顶波。

比较输入电压和输出电压的波形，可以看出 RC 微分电路的特点是：它的输出脉冲突出反映了输入电压的跳变部分，也就是说，它的输出脉冲电压的大小，只取决于输入电压的跳变量。输入电压跳变越快，输出脉冲电压就越高；当输入电压不变时，尽管其幅度可能很大，但微分电路的输出将基本为零。因此，微分电路能起“突出变化量，压低恒定量”的作用。因为在数学中，“微分”是反映曲线变化率的，所以这种电路叫做微分电路。

2. 电压微分负反馈

电压微分负反馈电路如图 3-13 所示。该电路中，从主电路分压电阻 R_V上取得负反馈信号，经过电容器 C 和电阻 R 接到放大器的输入端，与给定信号叠加。R 和 C 就相当于微分电路。

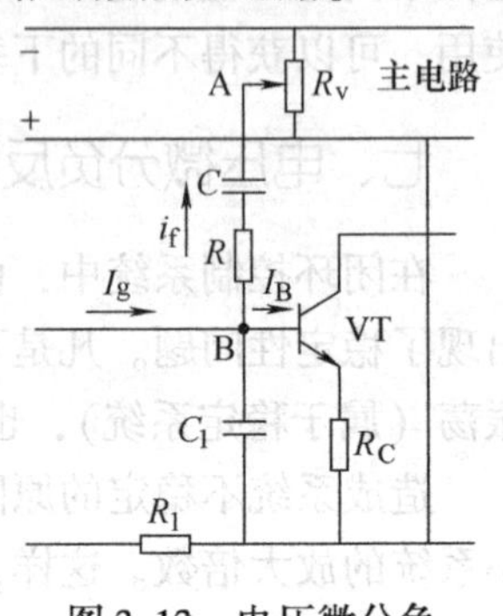

图 3-13　电压微分负反馈电路

电容器 C 具有“隔直流、通交流”的特性，在主电路电压不变化时，电容器将主电路和放大电路隔离，电压微分负反馈信号为零。若主电路电压有变化，相当于微分电路的输入有变化，则电容器 C 将被充电或放电，导致电阻 R 上出现电流，这个电流与给定电流相叠加，作为放大器的输入电流。这样，放大器的输出将有所变动，从而影响电动机的转速。

需要指出，电压微分负反馈与电压负反馈有着本质区别：

无论主电路电压变动与否，电压负反馈信号始终存在，而电压微分负反馈只是在主电路电压变动时才有反馈信号。若电压不变，则电压微分负反馈信号不存在。

现在具体分析电压微分负反馈使系统稳定的基本原理。

设主电路电压突然上升，相当于图中 A 点电位突然变负，B、A 之间电压增加，电容电流 i_f由 B 点流向 A 点。此时，$I_B = I_g - i_f$减小，则晶体管 VT 的集电极电位升高，使触发脉冲相位后移，晶闸管输出电压下降。在输入 I_g不变的情况下，主电路电压有下降趋势，这就意味着系统的动态放大倍数下降了，从而使电压的继续上升受到抑制。

若主电路电压突然下降，则 A 点电位将升高，B、A 之间电压减小，电容器 C 放电，i_f的方向改变，此时 $I_B = I_g + i_f$增加，则晶体管 VT 的集电极电位降低，使触发脉冲前移，晶闸管输出电压上升。在 I_g不变的情况下，主电路电压有上升趋势，这就意味着系统的动态放大倍数提高了，从而使电压的继续下降受到抑制。

这样，在电压上升过程中出现正的超调量，动态放大倍数相应减小；在电压达到峰值后从峰值下降的过程中，动态放大倍数相应增大，缓解了电压的下降过程，抑制负方向的超调量，从而使系统获得稳定。

从上面分析中不难看出，电压微分负反馈只有在电压变化时才起作用，而电压的变化，意味着电动机转速的变化。稳定电压，也就稳定了电动机的转速。由于电压微分负反馈并不影响静态放大倍数，所以保持了系统应有的静态指标。

3. 电流微分负反馈

电流微分负反馈的原理与电压微分负反馈一样，只是所取的信号是电流，只有当电流有变化时，该信号才起作用。

最后，应强调指出，在晶闸管-电动机直流调速系统中采用电压微分负反馈或电流微分负反馈时存在以下问题：由于晶闸管整流电压中含有交流成分（回路电流中的交流成分相对小些），所以电压微分负反馈在正常工作情况下也起作用，导致系统无法工作。为保证 A 点电位突变时微分负反馈起作用，而 A 点电位缓慢变化时不起作用，在放大器入口端设置了 R_1 和 C_1 组成的滤波器。

任务准备

一、识读有静差转速负反馈调速系统电路图

有静差转速负反馈调速系统由主电路及继电控制电路与可控整流电路、稳压电源电路、给定电路、速度调节电路、三相触发电路、电动机-测速发电机及速度变换环节和零速封锁电路等组成。主电路、控制电路、整流电路、稳压电路、给定电路和触发电路等在项目二中已经作了叙述，下面主要介绍零速封锁电路及转速调节器 ASR。有静差转速负反馈调节系统电路图如图 3-14 所示。

1. 零速封锁电路

零速封锁电路主要由运算放大器：IC2A、IC2B，稳压二极管 VS1，晶体管 VT1、VT2，二极管 VD11 及结型场效应晶体管 VT3 等组成。零速封锁环节电路图如图 3-15 所示。

当给定电压 U_{gn} 与反馈电压 U_{fn} 的绝对值都小于 0.2V 时（其值与电阻 R_8、R_9、R_{10}、R_{11}、R_4、R_5、R_6 等有关具体大小请参考运放的应用等书籍），运放 2A、2B 的输出均为高电平，此时晶体管 VT1 导通，VT2 的基极为低电平，晶体管 VT2 导通，15V 加到场效应晶体管的栅极上（使其导通）封锁转速调节器，使转速调节器输出电压为 0V（S2 点）。由此可见，此电路的作用是当输入与转速反馈电压接近零时，封锁住转速调节器 ASR，以避免停车时各调节器零漂引起晶闸管整流电路有输出电压造成电动机爬行等不正常现象。当给定电压 U_{gn} 和反馈电压 U_{fn} 中有一个数值其绝对值大于 0.2V 时，则运算放大器 2A、2B 的输出就有一个为低电平，此时晶体管 VT1 与 VT2 均为截止状态，-15V 加到场效应晶体管栅极，场效应晶体管 VT3 处于夹断状态，转速调节器可正常工作。当栅极从-15V 时变为 15V（从夹断到导通）时，会延时 100ms 左右，其延时时间长短取决于 R_{23} 和 C_1 充电回路的时间常数。

2. 转速调节器（ASR）

转速调节器（ASR）电路图如图 3-16 所示，转速调节器电路由转速负反馈电路、转速环 P 调节电路、正负限幅电路组成，其作用是把给定信 U_{gn} 与反馈信号 U_{fn} 进行比例运算，通过运算放大器使输出量按某种预定的规律变化。为使输出电压 U_k 值的幅度限定在一定的范围之间变化（本系统为 $U_2-0.7\text{V} \sim U_1+0.7\text{V}$），即当输入电压 U_b 超过或低于参考值后，输出电压将被限制在这一电平（称作限幅电平），且不再随输入电压变化。调节合理的 U_1 及 U_2 可以有效地控制 U_k 的变化范围。

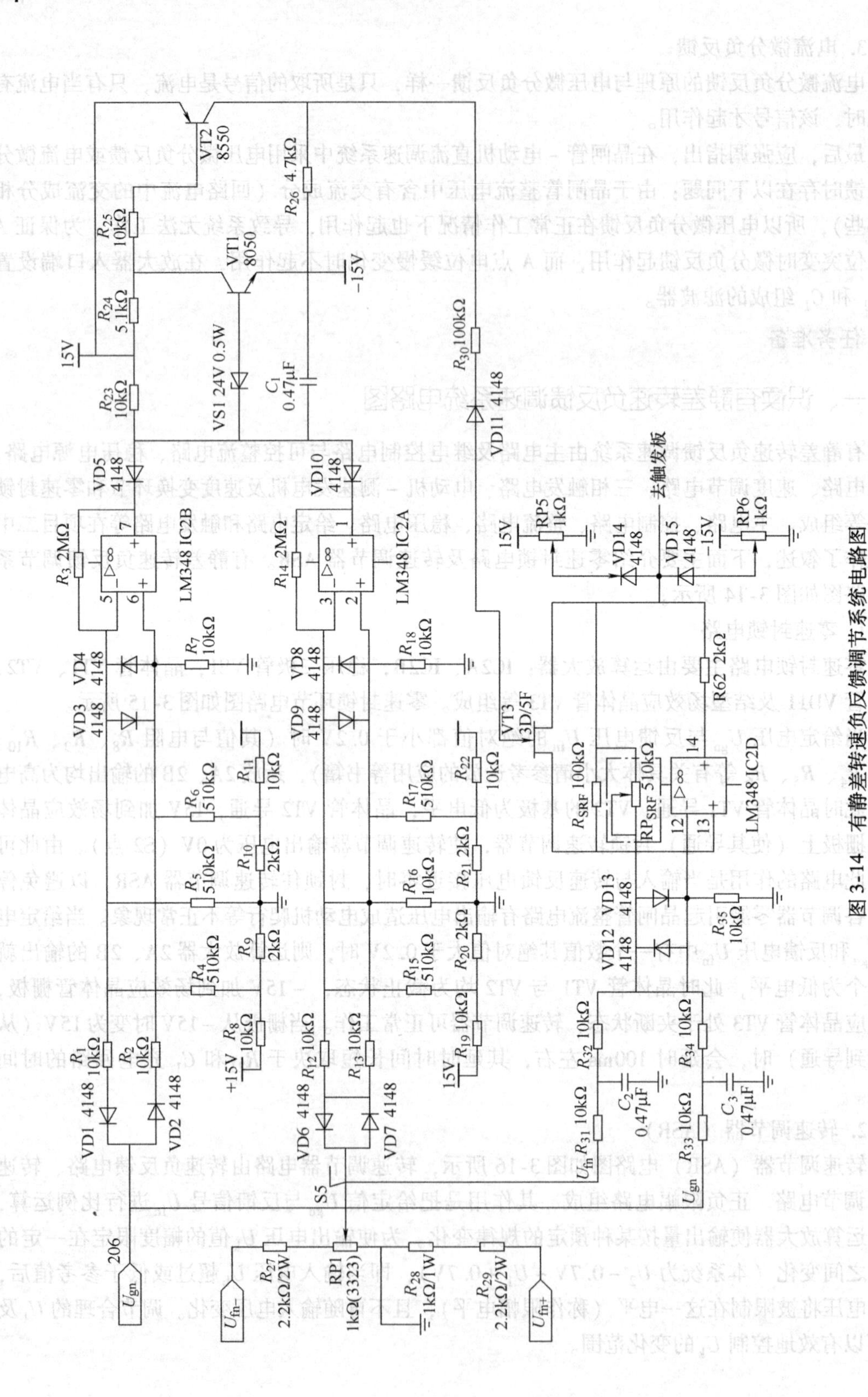

图 3-14 有静差转速负反馈调节系统电路图

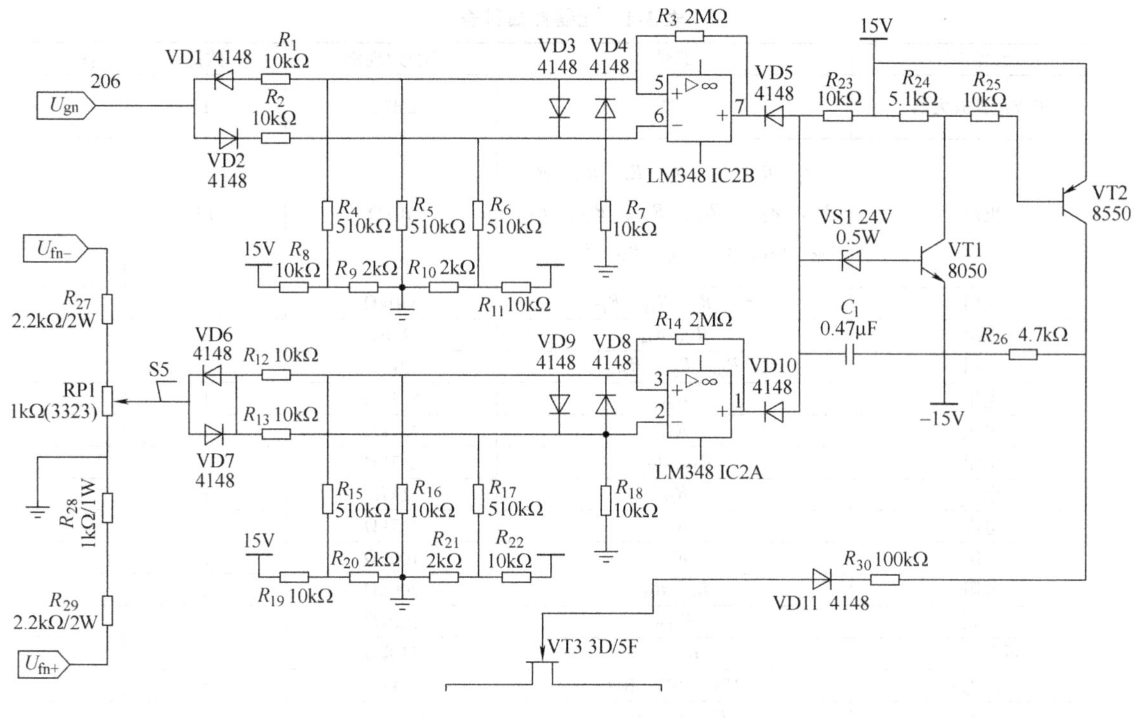

图 3-15 零速封锁环节电路图

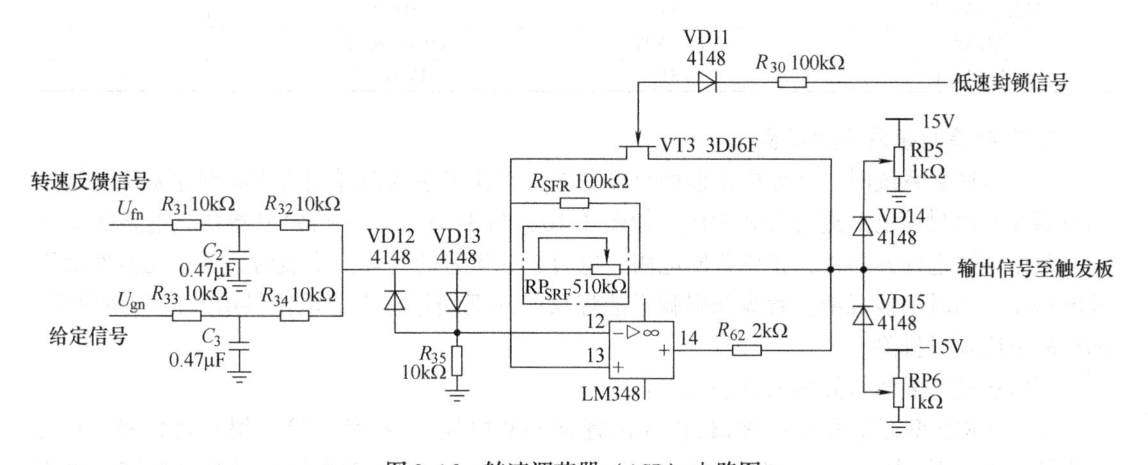

图 3-16 转速调节器（ASR）电路图

二、设备、工具和材料准备

电工工具一套，电烙铁一把，万用表一只，示波器一台，DSC－32 直流调速柜一台，有静差速度反馈调节系统电路图一套，焊锡及导线若干。

任务实施

一、晶闸管有静差单闭环速度反馈调节系统各电路的安装

1. 元器件细目表 元器件细目表见表 3-1。

表 3-1　元器件细目表

元器件	编号	型号/规格	数量	备注
集成运算放大器	IC2	LM348	1	
电阻	R_1、R_2、R_5、R_7、R_8、R_{11}、R_{12}、R_{13}、R_{16}、R_{18}、R_{19}、R_{22}、R_{23}、R_{25}、R_{31}、R_{32}、R_{33}、R_{34}、R_{35}	10kΩ	19	
电阻	R_4、R_6、R_{15}、R_{17}	510kΩ	4	
电阻	R_3、R_{14}	2MΩ	2	
电阻	R_9、R_{10}、R_{20}、R_{21}、R_{62}	2kΩ	5	
电阻	R_{24}	5. 1kΩ	1	
电阻	R_{26}	4. 7kΩ	1	
电阻	R_{27}、R_{29}	2. 2kΩ	2	
电阻	R_{28}	1kΩ	1	
电阻	R_{26}	4. 7kΩ	1	
电阻	R_{30}	100kΩ	1	
电阻	R_8、R_{49}	200kΩ	2	
电阻	R_{SRF}	100kΩ	1	
可调电阻	RP_{SRF}	510kΩ	1	
可调电阻	RP1、RP5、RP6	1kΩ	3	
电容	C_1、C_2、C_3	0. 47μF	3	
二极管	VD1 ~ VD15	4148	15	
场效应晶体管	VT3	3DJ6F	1	
晶体管	VT1、VT2	8050、8550	2	
稳压二极管	VS1	24V/0. 5W	1	

2. 有静差调速系统的安装

在安装这套系统时，其他模块前面已经完成，在这里主要对晶闸管直流调速系统的转速调节器及零速封锁电路进行安装调试。如图 3-16、图 3-15 所示，按照电器系统电路的安装要求及原理图选择元器件，正确判断电阻、电容、二极管的好坏。安装时，各个元器件及集成电路在使用时不能混淆，管脚和引脚不能焊反，并把编号标上，以便供给其他电路使用。如有故障应及时排除。

判断场效应晶体管好坏的方法如下：

先用 MF10 型万用表 $R\times100\text{k}\Omega$ 挡（内置有 15V 电池），把负表笔（黑）接栅极（G），正表笔（红）接源极（S）。给栅、源极之间充电，此时，万用表指针有轻微的偏转；再用该万用表 $R\times1\Omega$ 挡，将负表笔接漏极（D），正表笔接源极（S），万用表指示值若为几欧姆，则说明场效应晶体管是好的。

一般元器件的安装和焊接时的注意事项前面已经提到，下面介绍特殊器件——场效应晶体管的焊接。

MOS 场效应晶体管在使用时应注意分类，不能随意互换。MOS 场效应晶体管由于输入阻抗高（包括 MOS 集成）极易被静电击穿，使用时应注意以下规则：

① MOS 器件出厂时通常装在黑色的导电泡沫塑料袋中，切勿自行随便拿个塑料袋装；也可用细铜线把各个管脚连接在一起，或用锡纸包装。

② 取出的 MOS 器件不能在塑料板上滑动，应用金属盘来盛放待用器件。

③ 焊接用的电烙铁必须良好接地。

④ 在焊接前应把电路板的电源线和地线短接，在 MOS 器件焊接完成后再分开。

⑤ MOS 器件各引脚的焊接顺序是漏极、源极、栅极；拆机时顺序相反。

⑥ 电路板在装机之前，要用接地的线夹子去碰一下机器的各接线端子，再把电路板接上去。

⑦ MOS 场效应晶体管的栅极在允许条件下，最好接入保护二极管。在检修电路时应注意检查保护二极管是否损坏。

3. 对系统的静特性进行测试

安装好电路以后要对系统的静特性进行测试，缓慢增加给定电压 U_{gn}，调节发动机负载 R_L，使 $I_d = I_{ed}$，$n = n_{ed}$。改变发动机负载，在空载及额定范围内，取 8 ~ 10 个点，即可得到系统的静态特性曲线 $n = f(I_d)$；降低给定电压 U_{gn}，调节发电机负载，使 $I_d = I_{ed}$，分别测试 $n = 1000$r/min，500r/min 时的静态曲线，记录在表 3-2 中。

表 3-2 测试参数值

U_{gn}/V									
n/（r/min）									
I_d/A									
U_{gn}/V									
n/（r/min）									
I_d/A									
U_{gn}/V									
n/（r/min）									
I_d/A									

根据表中的数据在图 3-17 上作出静特性的图形。

分析在不同理想空载转速下该系统的调速范围及转差率。结合开环系统，分析在同样负载的情况下，系统的机械特性的硬度、转差率的情况，从而得出三点结论：

1）在同样负载下，闭环系统的静态速降比开环小，静特性较硬。

2）闭环系统的转差率较小。

3）系统的调速范围增加。

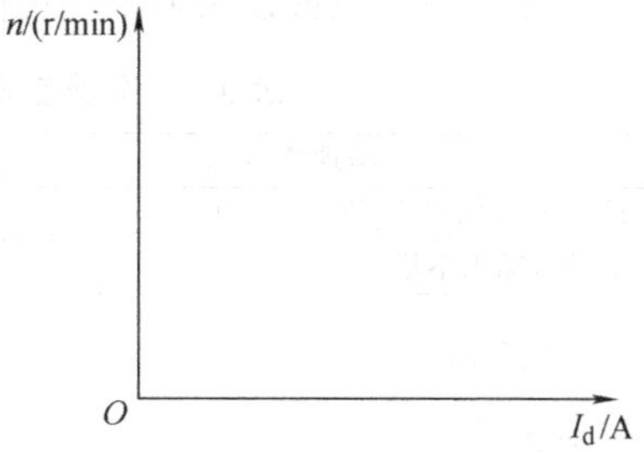

n/(r/min)

O

I_d/A

图 3-17 有静差调速系统的静特性曲线

当转速为某一定值时，突然增加或者减小发动机负载电阻，用慢扫描示波器记录下电动机速度的变化过程。电动机的速度在负载突然增加时，速度有所下降，然后渐渐地又接近原来的转速，比原来的速度略有下降。因为是有静差调速，因而，采用了速度负反馈后，不能完全消除静差。

二、有静差转速负反馈直流调速系统的调试

（1）继电控制电路的通电调试

取下各插接板，然后通电，检查继电器的工作状态和控制顺序等，用万用表查验电源是否通过变压器和控制触点送到了整流电路的输入端。

（2）系统调试

1）控制电源测试。插上电源板，用万用表校验送至其所供各处电源电压是否正确，电压值是否符合要求。

2）触发脉冲检测。插上触发板，调节斜率值，使其为6V左右。调节初相位角，在感性负载时，初始相位角在$\alpha=90°$位置调节U_p，使得U_d在给定最大时能达到300V，给定为0时，$U_d=0$。

3）调节板的测试。插上调节板，将调节板处于开环位置。

① ASR输出限幅值的调整。输出限幅值分别取决于$U_d=f(U_k)$和$U_{fi}=\beta I_d$，其中β是反馈系数。本系统中，ASR的限幅值由ASR的输出最大值与电流反馈环节特性$U_{fi}=\beta I_d$的最大值来权衡选取，应取两者中较小值，正限幅值为6V，负限幅值为−6V。

② 反馈极性的测定。从零逐渐增加给定电压，U_d应从0~300V变化，将U_d调节到额定电压220V，用万用表电压挡测量RP1电位器的中间点（对公共端），看其极性是否为正，如正则正确，将电压值调为最大。断开电源，将电动机励磁与电枢连接好，测速发电机接好，接通电源，接通主电路、给定电路，缓慢调节给定电位器，增加给定电压，电动机从零逐渐上升，调到某一转速，用万用表电压挡测量电位器RP1的中间点，看其值是否为负极性，将电压调到最大。

4）缓慢增加给定电压，由于设计原因，电动机转速不会达到额定值。此时，调节RP1电位器，减小转速反馈系数，使系统达到电动机额定转速（此时$U_d=220V$），转速环ASR即调好。

三、有静差转速负反馈调节系统电路的维修

1）查看故障现象，分析故障原因。

有静差转速负反馈调节系统可能出现的故障及原因，见表3-3。

表3-3　有静差转速负反馈调节系统可能出现的故障及原因

故障现象	故障区域（点）及故障原因分析
$U_{gn}=0$时仍有U_k值，$U_d>0$	正限幅的限幅电压接入电路，影响了U_k值
电动机输出不稳	转速负反馈环节断路
没有U_k输出	LM348损坏 给定、比例放大器均损坏，$U_k=0V$
U_d无输出	VT3击穿短路
电压在较低时不能调节	减小R_1阻值 封锁电压过高
U_d值偏高	RP1调整不当，反馈过弱，或R_{27}开路
U_d值偏低	减小R_{27}阻值 电压反馈强度过大

2）维修步骤：

① 分组进行，组与组之间互相设置故障。

② 先观察故障现象。

③ 根据故障现象进行分析。

④ 找出故障点。

⑤ 排除故障，填写故障分析表。

3）修复故障，通电调试运行。排除故障后，必须经过仔细的再次排查、分析，然后才能通电调试。

4）故障排除训练：分为四组两组一对，组与组之间互出故障练习。进行有静差转速负反馈调节系统电路故障排除练习。故障点的设置要求：在不损坏元器件和设备的前提下学生可根据自身的特点随机出故障。

5）填写有静差转速负反馈调节电路故障诊断表，见表3-4。

表3-4 有静差转速负反馈调节电路故障诊断表

序号	故障现象	故障点	故障原因	解决问题的办法
1				
2				
3				
4				
5				

注意事项：

1）在安装转速调节器时要注意MOS集成电路的安装。

2）在焊接MOS集成电路时，当电烙铁烧热后迅速拔去，对引脚进行焊接，同时电烙铁要接地。

3）速度反馈电压的极性与给定电压的极性相反。

4）在维修过程中要注意安全，要准确，避免扩大故障范围。

任务评价

任务评价见表3-5。

表3-5 任务评价

项 目	配分	评 分 标 准	扣分	得分
转速调节器（ASR）的安装	25	元器件安装错误，每处扣2分		
		虚焊、焊点毛糙，每处扣1分		
		LM348损坏，扣5分		
		连线错误，每处扣2分		
		输出电压限幅值不可调扣5分		
		运算放大及其他元器件损坏每个扣5分		
速度反馈装置连接	20	速度反馈信号极性接反扣10分		
		速度反馈信号为0扣5分		
		转速调节器与其他环节连接错误扣5分		
系统调试	25	转速调节器输出电压过高或过低扣10分		
		不能得到系统的特性扣20分		
系统维修	20	不能发现故障现象扣4分 发现故障不能处理扣2分 不能正确使用仪器仪表扣4分 扩大故障范围扣10分		
文明生产	10	违反操作规程，视情节扣5～10分		

巩固与提高

一、填空题

1. 系统为了稳定输出，通常引入________反馈，即给定输入信号与反馈信号的极性________。

2. 单闭环系统是在开环系统的基础上增加了________、________两个部分。

3. 比例调节器的输出电压与输入电压成________，极性________，增大反馈电阻 R_1 的值，比例放大系数变________。

4. 当负载发生变化时，经转速负反馈稳定后的转速将________原来的转速。

5. 增加转速负反馈后，闭环调速系统的转速减小为开环的________倍，转差率减小为开环的________倍，调速范围增大为开环的________倍，要获得以上三项优势，闭环系统必须设置________。

6. 单闭环调速系统的机械特性曲线比开环调速系统的机械特性曲线下降角度________，当负载发生变化时，转速波动相比开环时________得多。

二、选择题

1. 转速负反馈调速系统在稳定运行过程中，转速反馈线突然断开，电动机的转速会(　　)。

A. 升高　　B. 降低　　C. 不变　　D. 不确定

2. 在转速负反馈调速系统中，当开环放大倍数 K 增大时，转速降落 Δn 将（　　）。

A. 不变　　B. 不确定　　C. 增大　　D. 降低

3. 在转速负反馈单闭环直流调速系统中，当负载变化时，电动机的转速也跟着变化，其原因是（　　）。

A. 整流电压的变化　　B. 电枢回路电压降的变化

C. 触发延迟角的变化　　D. 温度的变化

4. 当晶闸管－直流电动机有静差调速系统稳定运行时，速度反馈电压的数值（　　）速度给定电压。

A. 小于　　B. 大于　　C. 等于　　D. 不确定

5. 在调试晶闸管－直流电动机转速负反馈调速系统时，若把转速反馈信号减小，这时直流电动机的转速将（　　）。

A. 降低　　B. 升高　　C. 不变　　D. 不确定

6. 晶闸管调速系统中，反馈检测元器件的精度对自动控制系统的精度（　　）。

A. 有影响但被闭环系统完全补偿了　　B. 有影响，但无法补偿

C. 有影响但被闭环系统部分补偿了　　D. 无影响

7. 转速负反馈单闭环直流调速系统中，当 u_{gn} 减小时，直流电动机转速 n 的变化为(　　)。

A. 减小　　B. 增大　　C. 不变　　D. 不确定

8. 转速负反馈单闭环直流调速系统中，转速检测环节采用（　　）。

A. 直流测速发电机　　B. 交流测速发电机

C. 旋转编码器　　D. 转速调节器

9. 在转速负反馈直流调速系统中，闭环系统的转速降减为开环系统转速降的（　　）。

A. $1+K$　　B. $1+2K$　　C. $1/(1+2K)$　　D. $1/(1+K)$

10. 在转速负反馈直流调速系统中，若要使开环和闭环系统的理想空载转速相同，则闭环时的给定电压要比开环时的给定电压相应提高（　　）倍。

A. $2+K$　　B. $1+K$　　C. $1/(2+K)$　　D. $1/(1+K)$

11. 转速负反馈调速系统对检测反馈元件和给定电压造成的转速降（　　）补偿能力。

A. 没有　　B. 有

C. 对前者有补偿能力，对后者无　　D. 对前者无补偿能力，对后者有

12. 下面有关闭环控制系统的说法，正确的是（　　）。

A. 闭环控制系统需用反馈元件组成反馈环节

B. 系统采用正反馈，可自动进行调节补偿

C. 其结构比开环控制系统简单

D. 其不能自动修正干扰产生的误差

三、判断题

1. 转速负反馈调速系统中，转速反馈电压的极性总是与转速给定电压的极性相反。(　　)

2. 采用了转速负反馈的闭环调速系统的转速降比开环系统转速降提高了（$1+K$）倍。(　　)

3. 调速系统开环放大倍数越大越好。(　　)

4. 在有静差调速系统中，扰动对输出量的影响只能得到部分的补偿。(　　)

5. 在转速负反馈调速系统中，允许测速发电机的额定转速小于电动机的额定转速。(　　)

6. 由于比例调节器是依靠输入偏差进行调节的，因此，比例调节系统必定存在静差。(　　)

7. 转速负反馈调速系统能够有效抑制被包围在负反馈环内的一切扰动作用。(　　)

8. 调速系统的静态速降是由电枢回路电阻压降引起的，转速负反馈之所以能提高系统的硬度特性，是因为它减少了电枢回路电阻引起的转速降。(　　)

9. 闭环调速系统采用负反馈控制是为了提高系统的机械特性硬度，扩大调速范围。(　　)

10. 闭环控制使系统的稳定性变差，甚至造成系统的不稳定。(　　)

四、简答题

1. 闭环系统与开环系统有哪些区别？闭环系统与开环系统相比有哪些优点？

2. 晶闸管供电的单闭环调速系统中，如果反馈信号断线会产生怎样的后果？为什么？

3. 闭环调速系统能抑制系统中由哪些原因引起的误差？

4. 转速单闭环调速系统有哪些特点？改变给定电压能否改变电动机的转速？为什么？如果给定电压不变，调节测速反馈电压的分压比是否能够改变转速？为什么？

5. 转速负反馈直流调速系统中，如果测速发电机励磁电压不稳定会产生怎样的影响？

6. 转速负反馈直流调速系统中，如果负反馈极性接反了会产生怎样的后果？为什么？

7. 转速调节器的输出限幅值的大小对电动机的转速有影响吗？为什么？

8. 在速度负反馈调速系统中，调节转速调节器的限幅值是调节 RP1 还是 RP2？

9. 系统振荡如何处理？

五、绘图题

1. 绘出由晶闸管供电的他励直流电动机带测速发电机的单闭环有静差调速系统原理图，试分析：

（1）当负载转矩减小时，单闭环调速系统的自动调节过程。

（2）若电网电压波动（设电压降低），开环系统会产生什么后果？若增加转速负反馈环节，试写出其自动调节过程。

2. 图 3-18 所示为转速负反馈调速原理图，请将反馈电压与给定电压按正确极性相接，并标出正负极性。

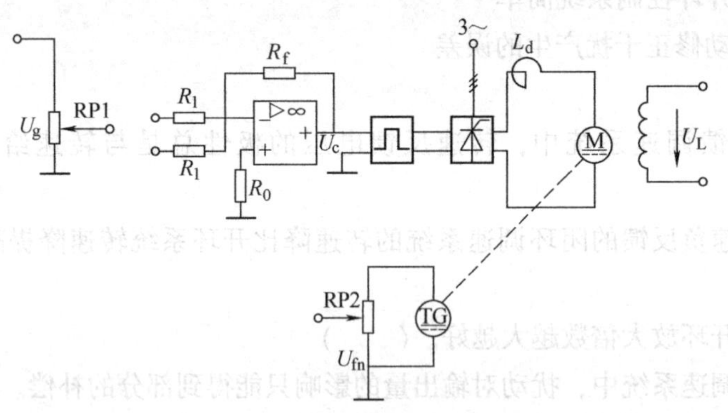

图 3-18　转速负反馈调速原理图

任务二　电压负反馈直流调速系统的装调与维修

知识目标： 1. 熟悉直流调速系统单闭环控制框图原理。
2. 掌握直流调速系统单闭环电压反馈控制原理及安装调试维修方法。

技能目标： 1. 掌握直流调速系统电压负反馈电路的安装方法及技能。
2. 掌握直流调速系统电压负反馈电路的调试、维修方法及技能。

任务描述

被调量的负反馈是闭环控制系统的基本反馈形式，对调速系统来说就是要用转速负反馈，再采用前面所述的控制与校正方法，以获得比较满意的静、动态性能。但是，要实现转速负反馈必须有转速检测装置，在模拟控制中多采用测速发电机。安装测速发电机时，必须使它的轴和主电动机的轴严格同心，使它们能平稳地同轴运转，比较麻烦，对于维护工作也带来了不少负担。此外，测速反馈信号中含有各种交流成分，还会给调试和运行带来麻烦。这不仅增加了系统的总投资，而且增加了系统的维护工作量，因此，人们自然会想到，对于调速指标要求不高的系统来说，能否考虑省掉测速发电机而代之以其他更方便的反馈方式。因此在调速性能指标要求不高的场合，常采用电压负反馈或带电流正反馈的电压负反馈直流调速系统。

DSC－32 型晶闸管直流调速系统装置，在增加了电压负反馈环节之后直流电动机的稳定性及调速品质得到了提升，可应用在精密车床、数控加工中心、城市电车等调速要求较高的场所。本节将根据项目要求对直流电动机进行闭环控制实施。

相关知识

一、电压负反馈直流调速单闭环控制系统的原理

电压负反馈直流调速单闭环控制系统的组成如图 3-19 所示。

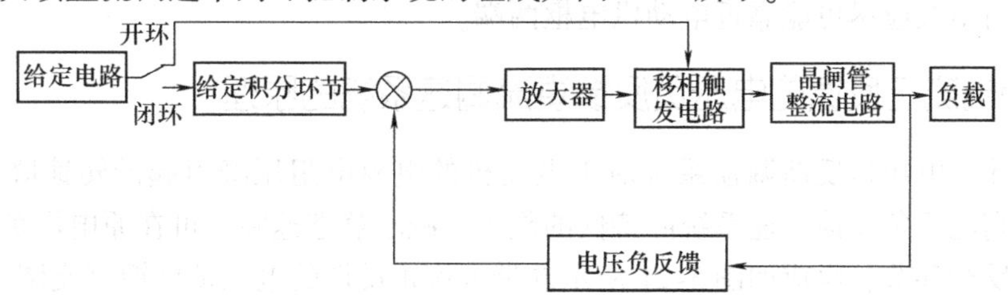

图 3-19　电压负反馈直流调速单闭环控制系统的组成

图 3-20 所示为电压负反馈直流调速系统的原理图。由并接在电动机电枢两端的电阻 R_3、R_6、电位器 RP 组成的分压器取出电压负反馈信号 U_{fu}，$U_{fu}=\dfrac{R_3+R_5}{R_3+R_4+R_5+R_6}U_d$。

U_{fu}与转速给定电压 U_{gn}相减，偏差电压 $\Delta U=U_{gn}-U_{fu}$送至电压调节器输入端。调节器输出电压作为触发器移相控制电压 U_c，从而控制晶闸管交流器的输出电压 U_d，以达到控制电动机转速的目的。

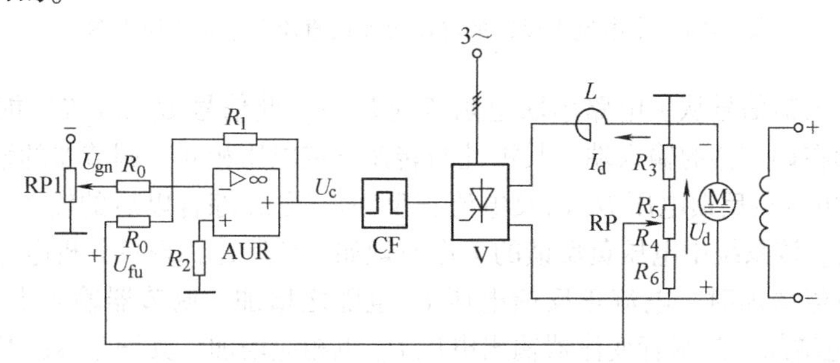

图 3-20　电压负反馈直流调速系统的原理图

设 U_{do}为晶闸管变流器的理想空载电压，U_d为电动机电枢电压，它们之间的关系为

$$U_d=U_{do}-I_dR_n$$

$$U_d=E+I_dR_d=C_e\Phi n+I_dR_d$$

式中　R_n——晶闸管变流器内阻（包括平波电抗器电阻）；

R_d——电动机电枢电阻。

由此可知，当电动机负载电流增加时，由于主电路中电阻 R_n的压降增加，使电动机电

枢电压 U_d 下降，转速 n 下降。但由于系统加入电压负反馈，电压负反馈电压 U_{fu} 减小，电压调节器输入偏差电压 $\Delta U = U_{gn} - U_{fu}$ 增加，电压调节器输出电压 U_c 增加，晶闸管变流器输出电压 U_{do} 增加，以补偿主电路中 R_n 的电阻压降，使电动机转速 n 自动回升一些。上述调节过程是 $I_d \uparrow \rightarrow I_d R_n \uparrow \rightarrow U_d \downarrow \rightarrow U_{fu} \downarrow \rightarrow \Delta U \uparrow \rightarrow U_{do} \uparrow \rightarrow U_d \uparrow \rightarrow n \uparrow$。

由以上分析可知，电压负反馈调速系统实际上是一个电压调节系统。当电流 I_d 变化时，能够维持电动机电枢电压 U_d 基本不变。电压负反馈能克服在主电路中 R_n 上电阻压降所引起的转速降，然而对主电路中电枢电阻 R_d 上产生的电阻压降所引起的转速降则无能为力。

同理，该系统对电动机励磁电流的扰动也无能为力。因此，电压负反馈调速系统的性能指标比转速复反馈调速系统差一些，但该系统不需测速发电机等转速检测装置，结构简单，所以在调速性能指标要求不高的场合，仍然获得应用。实际应用中为了尽量减小转速降，电压负反馈的引出线应尽可能靠近电动机电枢两端。

二、带电流正反馈的电压负反馈直流调速系统的原理

如上所述，电压负反馈调速系统对于电动机的电枢电阻压降引起的转速降无力进行补偿。为了提高电压负反馈调速系统静特性的硬度，减小静态速降，可在原电压负反馈系统中加入电流正反馈环节，组成如图 3-21 所示的带电流正反馈的电压负反馈直流调速系统。

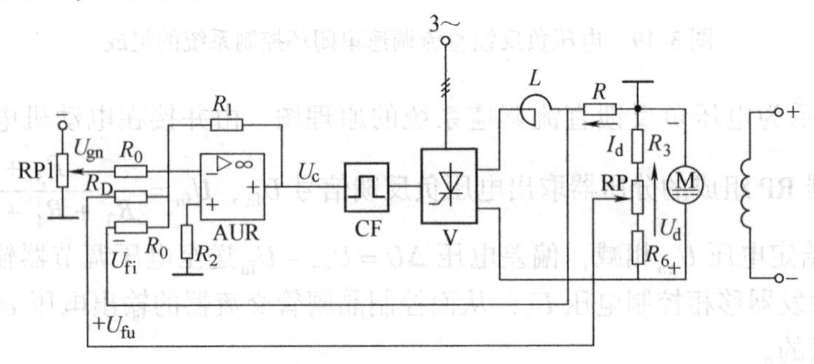

图 3-21　带电流正反馈的电压负反馈直流调速系统原理图

图中电流正反馈信号从主电路串联电阻 R 上取得，此信号 U_{fi}（$I_d R$）能反映主电路电流的大小。它加在调节器的输入端，其极性与转速给定电压相同。调节器的输入信号有转速给定电压 U_{gn}、电压负反馈电压 U_{fu} 以及电流正反馈电压 U_{fi} 综合以后的输入偏差电压为 $\Delta U = U_{gn} - U_{fu} + U_{fi}$。该系统中电压负反馈的工作原理如上节所述，现只分析电流正反馈的工作原理。当负载电流增加时，电流正反馈电压 U_{fi} 也随之增加，调节器输入电压 ΔU 也增加，其输出电压 U_c 也增加，晶闸管变流器输出电压 U_{do} 也相应增加，其增量 ΔU_d 用于补偿电动机电枢电阻引起的转速降，从而使系统的静特性硬度增加、静态速降减小。上述调节过程可以表示为：$I_{d\uparrow} \rightarrow I_d R \uparrow \rightarrow U_{fi} \uparrow \rightarrow \Delta U \uparrow \rightarrow U_c \uparrow \rightarrow U_{do} \uparrow \rightarrow U_d \rightarrow n \uparrow$。

这里需要特别指出，电流正反馈和电压负反馈是性质完全不用的两种控制作用，电压负反馈是被控量的负反馈，是反馈控制作用，而电流正反馈是扰动补偿控制作用，不是负反馈作用。

从理论上分析，可适当选择参数，使电流正反馈作用所产生的转速升高完全补偿主电路电压降所引起的转速降，但实际上是很难办到的。因为，在运行过程中电阻阻值会因发热而变化，有可能造成电流正反馈作用过强，形成过补偿状态，使系统的静特性上翘，引起系统的不稳定。因此，为了保证系统的稳定性，一般总是将电流正反馈调整得弱一些，使其处于

欠补偿状态。

转速负反馈调速系统、电压负反馈调速系统、带电流正反馈的电压负反馈调速系统的静特性比较如图 3-22 所示。

三、滤波型放大调节器原理分析

滤波型放大调节器由运放电路 LM324、二极管 VD7 和 VD8、电阻 R_{19}和 R_{20}、电容 C_9 和 C_{10}等元器件组成。滤波型放大调节器电路原理图如图 3-23 所示。

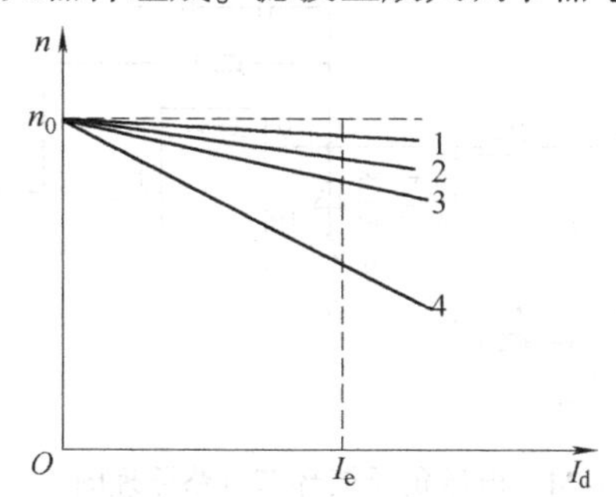

图 3-22　各种调速系统静特性比较

1—转速负反馈调速系统　2—带电流正反馈的电压负反馈调速系统　3—电压负反馈调速系统　4—开环系统机械特性

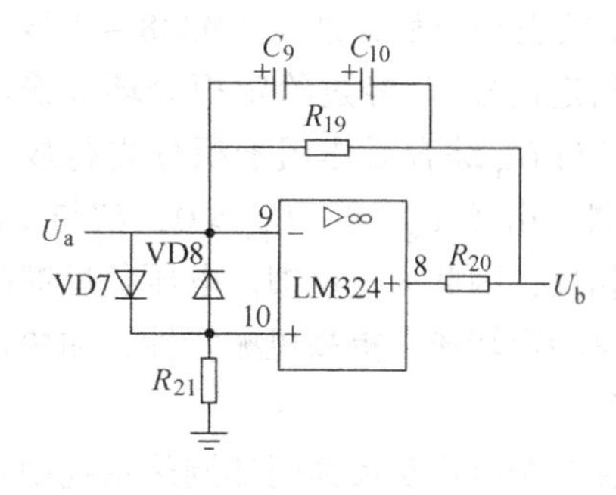

图 3-23　滤波型放大调节器电路原理图

C_9、C_{10}的反向串联使其电容值减小 1/2，而电压增大一倍，并且组成一无极性的电容，起减小转差率、提高稳定性的作用。R_{19}为反馈比例系数的产生电阻。给定积分器的输出信号 U_g'、低压低速封锁信号 U_f、电压反馈信号 U_{fu}、电流截止负反馈信号和过电流封锁信号综合以后的电压 U_a，加到运放的 9 号引脚作为输入。当通电的一瞬间，电容器两端的电压不能突变，电容器相当于短路，使运放输出端 8 号引脚的电位不能突变，只能随着电容器的充电逐渐上升，此时积分的效应明显（积分线性），电阻暂时不起作用；当电容器两端的电压达到一定值之后，两端电压稳定，不再发生充放电过程，电容器失去作用，相当于电容器开路，此时电阻发挥作用，放大器的输出最终值取决于 R_{19}与放大器的输入电阻之比。

该电路近似于积分调节器的惯性环节，可将信号成比例放大的同时，还具有减小转差率、提高稳定性的作用。放大倍数可靠放大，由于 C_9、C_{10}的作用，使输出信号不能突变，只能缓慢变化。

滤波型放大调节器又称为积分线性放大调节器。

任务准备

一、识读电压负反馈环节电路图

在自动控制中，被控量的负反馈可以用转速负反馈或电压负反馈等形式。要实现转速负反馈，必须有转速检测装置，如测速发电机、数字测速的光电编码盘、电磁脉冲测速器等，其安装维护都比较麻烦。在调速指标要求不高的系统中，可采用更简单的电压负反馈来代替测速反馈。这是由于在电动机转速较高时，电动机转速近似与电枢端电压成正比，而检测电压显然比检测转速方便得多。系统框图如图 3-1 所示。

1. 信号取出

DSC－32 型直流调压柜采取的是电压并联负反馈，采样电压信号由主电路的直流电压输出端经采样电路，在电阻 R_{108} 上通过44号和45号线取出。信号送入隔离板由直流电压隔离变换器进行变换隔离后，经隔离板电压反馈值调整电位器RP1的中心点输出给调节板的207号端口作为电压反馈信号 U_{fu}。隔离板的作用就是将主电路与控制电路之间安全隔离以防主电路的强电压大电流损坏控制电路元件。

2. 电压负反馈环节电路原理

电压负反馈环节电路原理图如图3-24所示。

电压反馈信号 U_{fu}（大于零的正值），经RC校正环节后，加至LM348－9号引脚。给定信号 U_g 经过给定积分环节输出 U'_g，U'_g 与 U_{fu} 综合后作用于积分先行放大调节器。由于 $U'_g<0$，$U_{fu}>0$，U'_g 与 U_{fu} 极性相反，因此为负反馈。电压负反馈的作用是稳定转速，提高机械特性，加快过渡过程。

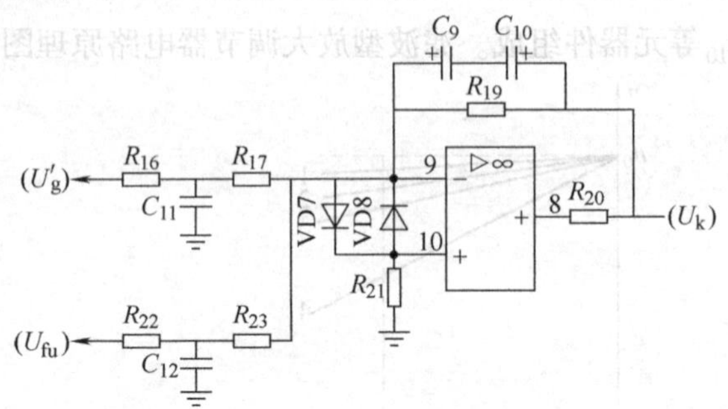

图3-24　电压负反馈环节电路原理图

在整个电压负反馈闭环调速系统中运用了积分调节放大控制环节，有了电压负反馈环节控制，大大改善了系统的稳定性，从调节板输出信号送给触发板作为控制信号。其他均与开环控制相同。

$$U_k=-\left(U'_g\times\frac{R_{19}}{R_{16}+R_{17}}+U_{fu}\times\frac{R_{19}}{R_{22}+R_{23}}\right)$$

3. 正负限幅电路原理

限幅电路原理图如图3-25所示，工作原理分析如下。

（1）正限幅

调节RP1中心插头的位置，可使 U_1 为一需要电压。当 U_b 值小于 U_1 时，$U_k=U_1-0.7\text{V}$，当 U_b 值小于 $U_2+0.7\text{V}$ 时，$U_k=U_b$。当 $U_b>U_1+0.7\text{V}$ 时，$U_k=U_1+0.7\text{V}$ 不变，VD9导通，使 U_k 在 $U_2+0.7\text{V}$ 以下变化。

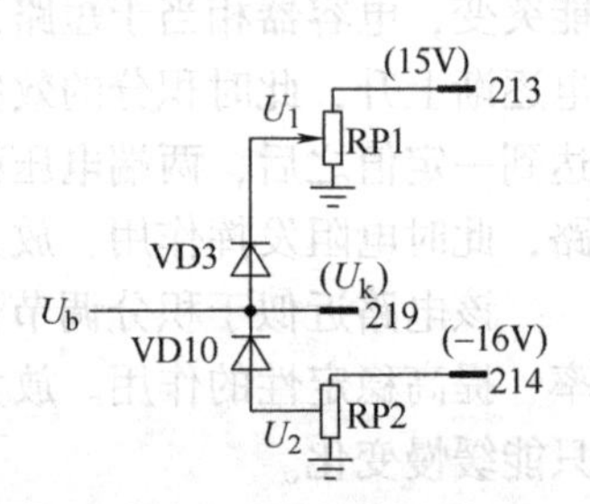

图3-25　限幅电路原理图

（2）负限幅

调节RP2中心插头的位置，可使 U_2 为一固定电压值（小于零）。当 U_b 值大于 U_2 时，$U_k=U_b$，当 U_b 值小于 $U_2-0.7\text{V}$ 时，$U_k=U_2-0.7\text{V}$，VD10导通，使 U_k 在 $U_2-0.7\text{V}$ 以上变化。

（3）限幅电路的作用

控制 U_k 值在 $U_2-0.7\text{V}\sim U_1+0.7\text{V}$ 范围变化，调节合理的 U_1 及 U_2 可以有效地控制 U_k 的变化范围，从而控制 α_{min} 及 β_{min} 的大小。

4. 零速封锁保护电路原理

1）零速的含义、原因及危害。

零速是指电动机以极低的速度运转，工程中通常称为“爬行”，换言之，我们要求电动机停止运转（停车），但电动机仍然以极低的速度运转。

造成这种现象的原因有二：一是因为给定值太小，但又不为零，导致电动机“爬行”，应该视为操作有误；二是给定值虽然为零或无给定，但因调节板控制电路不能很好地抑制零漂或是受到电源的噪声的干扰，使得控制电路产生输出，从而控制晶闸管产生很小的电压输出，驱动电动机以极低速运转。

“爬行”的危害主要表现在两个方面：一是当电动机带有较重负载时，很容易出现“堵转”的现象，会造成电枢电流增加而烧毁；二是电动机负载由运行到停止不能准确定位。因此必须在电路中采取措施即“零速封锁”，防止“爬行”的发生。

2）零速封锁的基本控制原理：在给定电路没接通的无给定情况下，给调节控制电路施加一个负电平，以抑制调节电路的波动，输出为零；在有给定量的情况，增加一个比较电平，使很小的给定值不产生输出。

3）封锁电路原理图和线路板分别如图 3-26 和图 3-27 所示。

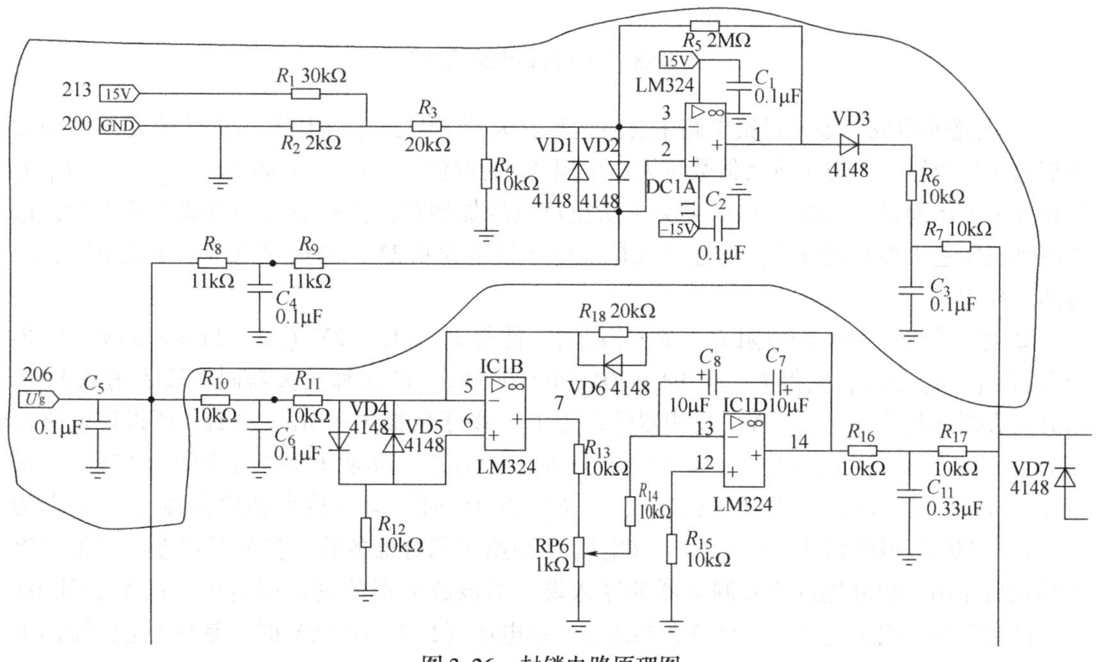

图 3-26　封锁电路原理图

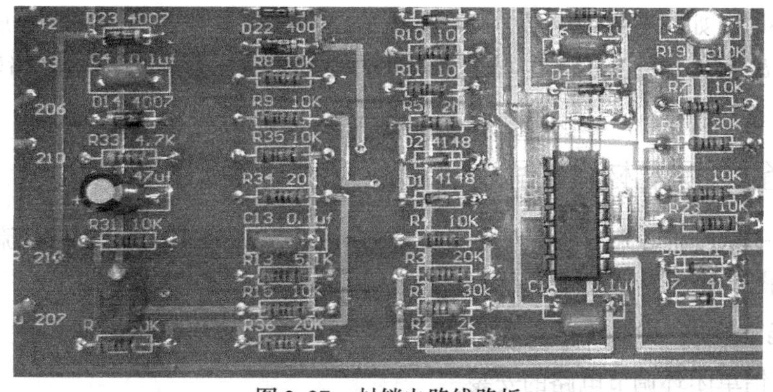

图 3-27　封锁电路线路板

4）零速封锁电路具体分析。

为了防止系统电动机在给定信号很小时出现爬行现象，在设计时应考虑保护电路，零速封锁电路就能防止此现象的发生。零速封锁电路原理图如图3-28所示。

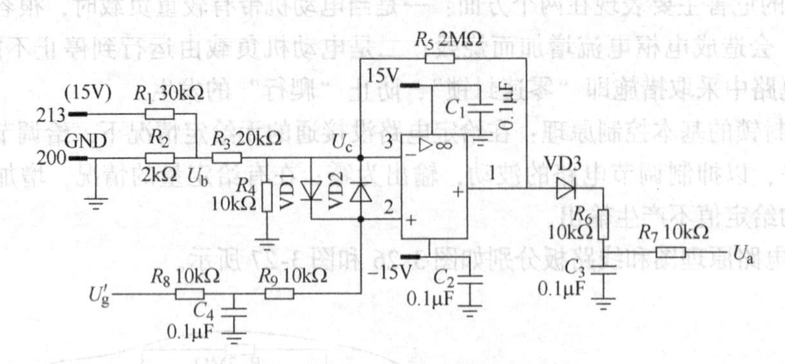

图3-28　零速封锁电路原理图

① 电路的组成。零速封锁电路主要由运算放大器LM324及电阻和二极管等元器件构成近似电压比较器。为防止放大倍数过大，电阻 R_5 的取值为2MΩ，电阻 R_1、R_2、R_3、R_4 为取得标准电压而设，二极管VD3是为了防止负电压加到积分先行放大调节器的输入端，造成电动机转速失控而设计的。低速时的标准电压设定为0.3V，当给定电压小于此值时，该电路起作用。

② 原理分析。15V经电阻 R_1、R_2 分压后，使得 $U_b = 15 \times 2V/(30+2) = 0.94V$。$U_b$ 再经电阻 R_3、R_4 分压，使得 $U_c = 0.94 \times 10V/30 \approx 0.31V$，即运算放大器同相输入为0.31V。运算放大器同相输入为0.31V，反相器输入为 U_g'，由于反馈电阻 $R_5 = 2M\Omega$，所以该电路近似为电压比较器。当 $U_c > U_g'$ 时，即 $U_g' < 0.3V$ 时，运算放大器输出端1号引脚为15V，二极管VD3导通，$U_a = 15V$。当 $U_c < U_g'$ 时，即 $U_g' > 0.3V$ 时，运算放大器输出端1号引脚为 $-15V$，二极管VD3截止，$U_a = 0V$。该电压 U_a 与给定积分器的输出信号及反馈电压信号综合叠加后作用于积分先行放大调节器的输入端。当该放大器的输出端电压（U_k）大于0V时，晶闸管电路输出电压，当该放大器的输出端电压（U_k）小于0V时，晶闸管电路输出电压 $U_d = 0V$。当 $0 < U_g' < 0.3V$ 时，运算放大器输出端1号引脚为15V，二极管VD3导通，$U_a = 15V$，放大器的输出端电压（U_k）小于0V，晶闸管电路输出电压 $U_d = 0$。

当 U_g 较小时，如没有封锁电路，则产生积分线性放大调节器的输出端电压（U_k）大于0V，但很小，U_d 有一定的数值，也很小，若此时电动机有负载则容易出现堵转现象，导致电动机损坏。

二、设备、工具和材料准备

电工工具一套，电烙铁一把，万用表一只，示波器一台，DSC-32型直流调速柜一台，调节反馈电路图一套，焊锡及导线若干。

任务实施

1. 电压反馈单闭环调节电路的安装

1）元器件细目表见表3-6。

表 3-6 元器件细目表

元器件	编号	型号/规格	数量	备注
电阻	R_1	30kΩ	1	
电阻	R_3、R_{18}	20kΩ	2	
电阻	R_5	2MΩ	1	
电阻	R_8、R_9、R_{22}、R_{23}	11kΩ	4	
电阻	R_{13}	51kΩ	1	
电阻	R_4、R_6、R_7、R_{10} ~ R_{12}、R_{14} ~ R_{17}、R_{21}	10kΩ	11	
电阻	R_{19}	510kΩ	1	
电阻	R_2、R_{20}	2kΩ	2	
电位器	RP1、RP2、RP6	1kΩ	3	
电容	C_1 ~ C_6、C_{12}	0.1μF/63V	7	
电容	C_7、C_8	10μF	2	
电容	C_9、C_{10}	100μF	2	
电容	C_{11}	0.33μF/63V	1	
二极管	VD1 ~ VD10	1N4148	10	
集成运算放大器	IC1	LM324	1	也可用 LM348

2）电路的安装。按照如图 3-29 所示，正确选择元器件，按照电子电路的安装要求进行安装，IC1 为集成运算放大器 LM324，在安装焊接时不能短路，电容 C_7、C_8、C_9、C_{10} 为电解电容，为有极性电容，在安装时要注意极性，否则，会造成电容的击穿而损坏。给定电

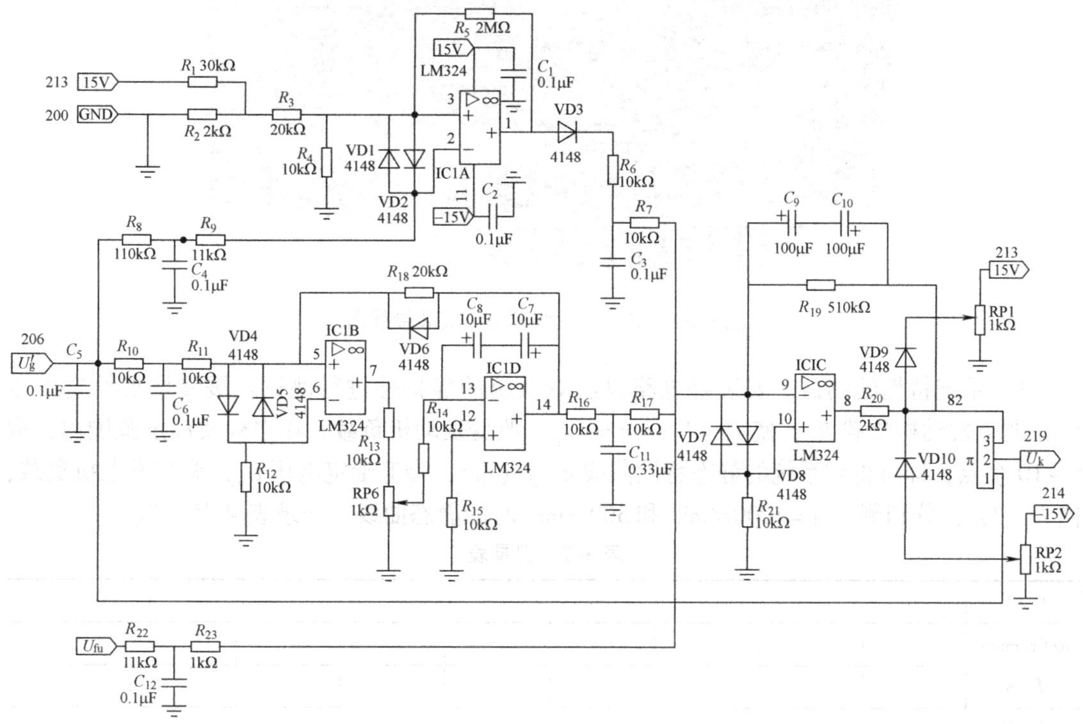

图 3-29 电压反馈调节电路原理图

压和反馈电压及输出电压的编号应标上，以便供给其他电路使用。为方便调试，此线路安装成开环和闭环选择电路，通过短路环 1、2、3 进行选择：1、2 短接为开环；2、3 短接为闭环。安装后的线路板如图 3-30 所示。其他环节在前面已经进行了安装调试，在这里主要对零速封锁、积分放大、电压反馈及限幅电路进行安装调试。在电压负反馈电路开路的情况下，增加给定电压，使转速 $n=n_{Nd}$，对照转速负反馈电压的大小，适当调整 RP1 的位置，用万用表测量反馈电压，使得反馈电压 $U_u=6V$，同时应保证反馈电压与给定电压极性相反。

图 3-30　电压反馈调节电路安装接线图

3）系统特性的测试。安装好电路以后对系统的静特性进行测试：缓慢增加给定电压 U_g，调节发动机负载 R_L，使 $I_d=I_{Nd}$，$n=n_{Nd}$。改变发动机负载，在空载及额定范围内，取 8～10 个点，即可得到系统的静态特性曲线 $n=f(I_d)$；降低给定电压 U_g，调节发电机负载，使 $I_d=I_{Nd}$，分别测试 $n=1000$r/min 和 500r/min 时的静态曲线。记录表见表 3-7。

表 3-7　记录表

U_g/V									
n/(r/min)									
I_d/A									
U_g/V									

（续）

$n/(\mathrm{r/min})$									
I_d/A									
U_g/V									
$n/(\mathrm{r/min})$									
I_d/A									

在图3-31中作出静态特性曲线。

观察系统的静态特性曲线，分析电压反馈系统的特性。电压负反馈系统的静态速降比转速负反馈的要大，对于有些扰动，系统是无法克服的。

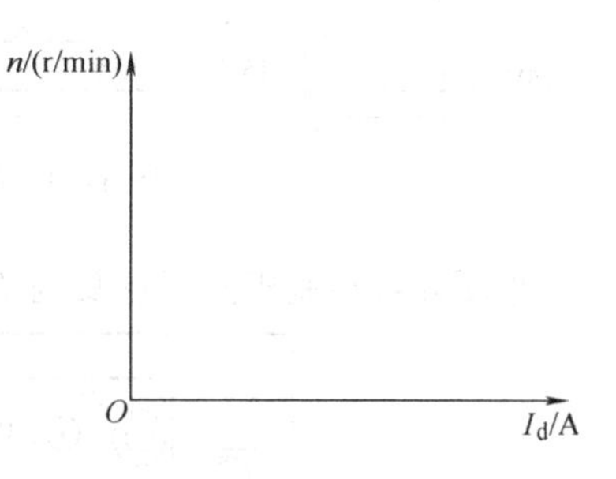

图3-31　电压负反馈系统的静态特性曲线

需要指出的是：由于反馈电压取自于电枢上，虽然方式简单，却把主电路的高电压和控制电流的低电压串在了一起，从安全角度上考虑，是不合适的。对于小容量的调速系统还是可以的，但是对于电压较高、容量较大的系统通常在反馈回路中加入电压隔离变换环节，使主电路和控制电路没有直接的电的联系。DSC－32型电压反馈单闭环调节系统就加入了隔离变换环节，反馈电压取自隔离板输出，从而使主电路和控制电路有效隔离，保护了系统，提高了安全性能。此隔离板在保护环节将重点叙述。

2. 电压负反馈单闭环直流调速系统调试

电压负反馈单闭环直流调速系统的调试应遵循先开环、后闭环，先轻载、后重载的原则进行调试。

单闭环系统各部分连接图如图3-32所示。

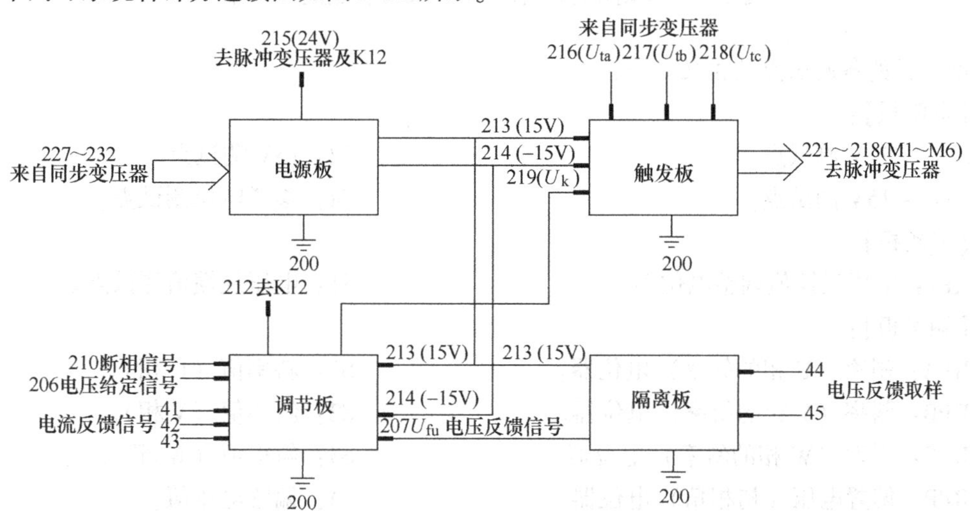

图3-32　单闭环系统各部分连接图

单闭环系统各部分电源信号接口布局图如图3-33所示。

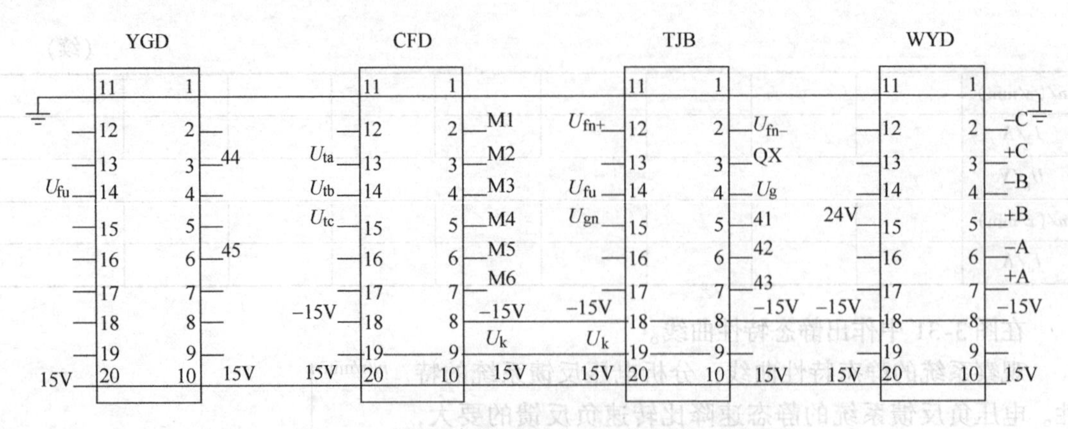

图 3-33　单闭环系统各部分电源信号接口布局图

单闭环各控制板测试点及调整旋钮安装位置如图 3-34 所示。

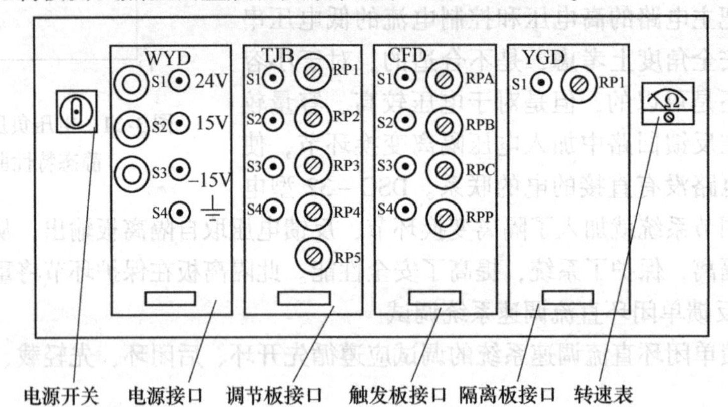

图 3-34　单闭环各控制板测试点及调整旋钮安装位置

前面板的各测试点的含义如下：

【电源板】：

S1：　24V 测试点。　　S2：15V 测试点。

S3：－15V 测试点。　　S4：参考电位测试点。

【隔离板】：

RP1：电压反馈值调整电位器。　　S1：电压反馈值测试点。

【触发板】：

RPA：斜率（U 相的斜率）电位器。　　S1：斜率值（U 相）。

RPB：斜率（V 相的斜率）电位器。　　S2：斜率值（V 相）。

RPC：斜率（W 相的斜率）电位器。　　S3：斜率值（W 相）。

RPP：偏置电压（初相角）电位器。　　S4：偏置电压值。

【调节板】：

RP1：正限幅电位器，其整定值为最小整流角。　　S1：电压给定值测试点。

RP2：负限幅电位器，其整定值为最小逆变角。　　S2：PI 调节器输出值测试点。

RP3：截流值大小调整电位器。　　S3：过电流值测试点。

RP4：过电流值大小调整电位器。　　　　　　　S4：截流值测试点。

RP5：过电流值设定电位器。

RP6：给定积分值调整电位器（在电路板上）。

（1）调试前的检查

根据电气图样，检查主电路各部件及控制电路各部件间的连线是否正确，线头标号是否符合图样要求，连接点是否牢固，焊接点是否有虚焊，连接导线规格是否符合要求，接插件的接触是否良好等。

（2）继电控制电路的通电调试

取下各插接板，然后通电，检查继电器的工作状态和控制顺序等，用万用表查验电源是否通过变压器和控制触点送到了整流电路的输入端。

（3）调节板上电参数的测量

目的是检查各输入量是否正常。将调节板中的跳线选择为开环控制方式，调整电位器RP5为中间位置，电位器RP4为最小位置，将四块控制板插到DSC－32型直流调压柜对应位置上。按顺序起动控制电路接通继电器KM2、主电路接通继电器KM1和给定电路接通继电器KA，用万用表检查相应端口对200号线的电压。

注意：在电源板正常的情况下才允许插入其他控制板。

1）214号线对200号线，直流－15V。

2）调节给定电位器，206号线对200号线，直流0~10V。

3）U_{fu}对200号线，直流0~10V。

4）210号线对200号线，直流0V或直流30V。

5）213号线对200号线，直流15V。

6）调节给定电位器，触发板上U_k：直流0~10V。

（4）系统开环调试

1）初始相位角的调整。将四块功能板安装好，将调节板置于开环状态，给定调节电位器调至最小，并接通控制电路、主电路和给定电路，调节给定调节电位器使$U_g=0V$，调整触发板的RPP电位器，使$U_d=0V$，初始相位角调整结束。

2）调节给定调节电位器，逐渐加大给定电压至最大值，观察电压表的变化，电压指示应连续增加至300V，且线性可调。

3）确定反馈量极性，以确定其极性正确、幅值足够并且连续可调。调节给定电位器，使主电路有直流输出，测量各反馈量极性是否正确，$U_{fu}=0\sim10V$。

至此系统开环状态已调整好。其正常状态为：$U_{RPA}=6V$、$U_{RPB}=6V$、$U_{RPC}=6V$、$U_{RPP}=-6V$；$U_{RPP}=-6V$；$U_g=0\sim10V$，$U_d=0\sim300V$，且连续可调；负载电流表有一定的电流值。注：参数为参考电压值，不同负载可能参数整定有偏差。

（5）电压反馈系统闭环调试

DSC－32型晶闸管直流调压柜开环调试完成之后，就可以进行闭环调试。实际上，开环调试完成了主电路、继电控制电路、电源板（RPYD）和触发板（CFD）的调试工作，在进行闭环调试时，以上这些电路部分已经不再需要调试，所以在闭环调试时，不要对触发板（CFD）上的电位器再进行调整，否则可能会打乱系统的正常应用。闭环调试时重点应该是调节板（TJB）和隔离板（YGD）。

将隔离板电压反馈电位器 RP1（逆时针）调整到最大（取消反馈电压）；将调节板上的限幅电位器 RP1 调至限幅值为 5V 左右；调节给定电位器，逐渐加大给定电压使给定值达到最大，输出电压应为最大即 $U_d=300V$；调节调节板上的限幅电位器 RP1，使输出电压 $U_d=270V$；逐渐加大隔离板上的电位器 RP1（顺时针），使输出电压 $U_d=220V$，此时闭环调整结束。其正常状态为：$U_{RPA}=6V$、$U_{RPB}=6V$、$U_{RPC}=6V$、$U_{RPP}=-6V$；限幅值为 5V 左右；$U_g=0\sim10V$，$U_d=0\sim220V$，且连续可调；负载电流表有一定的电流值。

（6）调整系统的给定积分时间

方法是调整电位器 RP6，然后突加给定，观察系统输出电压的上升情况，直到达到理想的电压上升速度。

3. 电压负反馈环节电路维修

1）查看故障现象，分析故障原因。

电压反馈环节电路可能出现的故障及原因，见表 3-8。

表 3-8　电压反馈环节电路可能出现的故障及原因

故障现象	故障区域（点）及故障原因分析
U_d值偏低	1）R_{22}或R_{23}处断线或阻值偏大 2）隔离板电压反馈电位器 RP1 调整反馈强
U_d值偏高	1）R_{22}或R_{23}阻值小或短路 2）隔离板电压反馈电位器 RP1 调整反馈弱
电动机输出不稳	1）电压负反馈环节断路；电容器C_{12}被击穿 2）隔离板出现问题
U_k无输出	1）运放 LM324 失效 2）电阻R_{20}断路
没有输出电压，$U_d=0V$	断开负载，晶闸管不能导通，电流 I_d 没能达到 I_h，晶闸管不能导通

2）维修步骤：

① 分组进行，组与组之间互相设置故障。

② 先观察故障现象。

③ 根据故障现象进行分析。

④ 找出故障点。

⑤ 排除故障，填写故障分析表。

3）修复故障，通电调试运行。

排除故障后，必须经过仔细的再次排查、分析，然后才能通电调试。

4）故障排除训练：分为四组两组一对，组与组之间互出故障练习。进行反馈环节故障排除练习。

① 故障点：短路 C_{12}。

② 故障点：电阻 R_{23} 短路。

③ 故障点：电阻 R_{20} 断路。

④ 故障点：反馈调整电位器 RP1 断路。

⑤ 故障点：LM324 损坏。

5）填写反馈环节电路故障诊断表，见表 3-9。

表 3-9 反馈环节电路故障诊断表

序号	故障现象	故障点	故障原因	解决问题的办法
1				
2				
3				
4				
5				

注：电压负反馈直流调速系统与开环直流调速系统所用设备型号相同，均是 DSC－32 型直流调速系统；所以电压负反馈直流调速系统的电源环节、触发环节和整流环节与前一节开环直流调速系统相同，在此不再叙述。

注意事项：

1）调试过程中，应遵循先开环后闭环的原则进行调试。

2）调试过程中要注意反馈极性的正确。

3）焊接时注意集成块不要短路。

4）用示波器进行相序测量过程中注意高电压对人身的安全。

5）维修过程中要注意安全，要准确，避免扩大故障范围。

任务评价

任务评价见表 3-10。

表 3-10 任务评价

项 目	配分	评 分 标 准	扣分	得分
电压反馈单闭环调节电路的安装	30	损坏元器件每个扣 2 分		
		虚焊每处扣 1 分		
		元器件安装错误每处扣 2 分		
		元器件不会判断和选择扣 15 分		
		接线错误每处扣 4 分		
电压反馈单闭环调节电路的调试	20	增加给定 U_g 值 U_k 不变扣 6 分		
		改变反馈 U_k 值不变扣 6 分		
		改变 U_g 值 U_k 可变但不线性扣 4 分		
单闭环直流调速系统的调试	20	各环节之间连线不正确每处扣 5 分		
		调节给定值，转速为 0 或不变扣 5 分		
		调节电动机负载，转速变化扣 5 分		
		系统的静态特性不正确扣 5 分		
		调试步骤不正确扣 5 分		
单闭环直流调速系统的维修	20	不能发现故障现象，不能分析故障原因的扣 4 分		
		扩大故障范围扣 10 分		
		发现故障，不能处理的扣 2 分		
文 明 生 产	10	违反操作规程视情节扣 5～20 分		

巩固与提高

一、填空题

1. 在系统精度要求不高的场合，可以省掉测速发电机，去检测________，构成电压负反馈单闭环直流调速系统。

2. 在电压负反馈直流调速系统中，当给定电压 U_g 减小时，直流电动机的转速________。

3. 在电压负反馈直流调速系统中，保持给定电压 U_g 不变，当负载转矩增加时，直流电动机的转速________。

4. 带电流正反馈的电压负反馈直流调速系统，引入电流正反馈的实质是________。

5. 根据电流反馈系数的大小，可以决定补偿的强弱，分为________、________和________三种。系统设计时，常采用________。

二、选择题

1. 电压负反馈主要补偿（　　）上电压的损耗。

A. 电枢回路电阻　　B. 电源内阻

C. 电枢电阻　　D. 电抗器电阻

2. 电压负反馈直流调速系统通过稳定直流电动机电枢电压来达到稳定转速的目的，其原理是电枢电压的变化与转速的变化（　　）。

A. 成正比　　B. 成反比

C. 的二次方成正比　　D. 的二次方成反比

3. 电流正反馈主要补偿（　　）上电压的损耗。

A. 电枢回路电阻　　B. 电源内阻

C. 电枢电阻　　D. 电抗器电阻

4. 电压负反馈自动调速系统的性能（　　）于转速负反馈自动调速系统。

A. 优　　B. 劣　　C. 相同　　D. 不同

5. 在电压负反馈加电流正反馈的直流调速系统中，电压反馈检测元件电位器和电流反馈的取样电阻，在电路中的正确接法是（　）。

A. 前者串联在电枢回路中，后者并联在电枢两端

B. 前者并联在电枢两端，后者串联在电枢回路中

C. 两者都并联在电枢两端

D. 两者都串联在电枢回路中

6. 电压负反馈加电流正反馈的直流调速系统中，电流正反馈环节（　　）补偿环节，（　　）反馈环节。

A. 是　也是　　B. 不是　而是

C. 是　而不是　　D. 不是　也不是

7. 一般情况下，电压负反馈直流调速系统的调速范围 D 应为（　　）。

A. $D<10$　　B. $D>10$

C. $10<D<20$　　D. $20<D<30$

8. 一般情况下，电压负反馈直流调速系统的转差率范围为（　　）。

A. $s<15\%$　　B. $10\%<s<15\%$

C. $s>15\%$　　D. $s<10\%$

9. 电压负反馈自动调速系统中，当负载增加时，电动机转速下降，从而引起电枢回路（ ）。

A. 端电压增加　　B. 端电压不变

C. 电流增加　　D. 电流减小

10. （ ）反馈直流调速系统可在一定程度上起到自动稳速的作用。

A. 电压负　　B. 电压正

C. 电流正　　D. 电流负

11. 为了进一步减少由于电枢压降造成的转速降落，在电压负反馈的基础上，增加了（ ）环节。

A. 电压正反馈　　B. 电流截止负反馈

C. 电流负反馈　　D. 电流正反馈

12. 在负载增加时，电流正反馈引起的转速补偿其实是转速上升，而非转速量应（ ）。

A. 上升　　B. 下降

C. 上升一段时间然后下降　　D. 下降一段时间然后上升

13. 关于电流正反馈在电压负反馈调速系统中的作用，下面叙述不正确的是（ ）。

A. 可以独立进行速度调节

B. 用以补偿电枢电阻上的电压降

C. 通过电流反馈信号调节电压来调节电动机转速

D. 它是调速系统中的补偿环节

14. 在电压负反馈直流调速系统中，电压负反馈将被反馈环包围的整流装置的内阻等引起的静态速降减小为原来的（ ）。

A. K　　B. $1/K$

C. $1/(1+K)$　　D. $1+K$

15. （ ）的作用是在闭环系统中把反馈信号与给定信号进行叠加，把叠加后的微小信号送到放大环节进行放大。

A. 比较环节　　B. 放大环节

C. 执行环节　　D. 反馈环节

16. 转速负反馈直流调速系统的机械特性硬度与电压负反馈直流调速系统的机械特性硬度相比（ ）。

A. 更硬　　B. 更软

C. 两者一样　　D. 保持不变

三、判断题

1. 电压负反馈调速系统在低速运行时容易发生停转现象，主要原因是电压负反馈太强。（ ）

2. 电流正反馈是一种对系统扰动量进行补偿控制的调节方法。（　　）

3. 电压负反馈调速系统结构比转速负反馈调速简单很多，性能也比后者优越。（　　）

4. 电压负反馈自动调速线路中的被调量是电枢电压。（　　）

5. 电压负反馈加电流正反馈自动调速系统是为了进一步增加静态速度，提高静特性硬度。（　　）

6. 为了使调速效果更好，减少静态速降，在电压负反馈调速系统中，电压反馈的两根引出线应尽量靠近电动机电枢两端。（　　）

7. 反馈控制只能尽量减小静差，补偿控制却能完全消除静差，所以补偿控制优于反馈控制。（　　）

8. 带电流正反馈的电压反馈调速系统中，电流正反馈对负载扰动和电压波动都能予以补偿。（　　）

9. 电压负反馈调速系统静特性优于同等放大倍数的转速负反馈调速系统。（　　）

10. 调速系统中的电流正反馈，实质上是一种负载转矩扰动前馈补偿校正，属于补偿控制，而不是反馈控制。（　　）

11. 电压负反馈调速系统对直流电动机电枢电阻、励磁电流变化带来的转速变化无法进行调节。（　　）

12. 电压负反馈调速系统的静态速降比转速负反馈调速系统的要大一些，稳定性差一些。（　　）

四、简答题

1. 试比较电压负反馈单闭环直流调速系统与转速负反馈单闭环直流调速系统的特点有何不同。

2. 在闭环系统中为什么要加入电流正反馈环节？调速系统只用电流正反馈环节能否实现自动调速？

3. 在闭环调速系统中，反馈控制与补偿控制有哪些区别？

4. 简述电压负反馈直流调速系统与开环直流调速系统在调速性能上的不同。

5. 比较分析电压负反馈在应用电流补偿前后对系统静态特性的影响，为什么在补偿以后系统的静态特性会变硬？当负载发生变化时，电流补偿能否起作用？

6. 在电压负反馈有静差调速系统中，当下列参数发生变化时，系统是否有调节作用？为什么？

（1）放大器的放大系数 K。

（2）供电电网电压。

（3）电枢电阻 R_a。

（4）电动机的励磁电流。

7. 现有一电压负反馈直流调速系统，接通电源后，稍加给定，转速便迅速上升为最高转速，试分析其故障原因。

8. 在电压负反馈直流调速系统中，为什么要将主电路与控制电路进行隔离？常用的隔离方式有哪几种？

9. 在单闭环直流调速系统中，直流电动机停车后，电动机仍时有振动，试分析产生此故障现象的原因。

五、绘图题

绘出由晶闸管供电的他励直流电动机带电流正反馈的电压负反馈直流调速系统原理图；并分析当负载转矩减小时，系统的自动调节过程。

任务三 带电流截止负反馈的电压负反馈调速系统的装调与维修

知识目标：	1. 熟悉带电流截止负反馈的电压负反馈调速系统的组成及原理。 2. 掌握带电流截止负反馈的电压负反馈调速系统的工作原理。
技能目标：	1. 掌握电流截止负反馈环节的安装与调试。 2. 掌握带电流截止负反馈的电压负反馈调速系统的安装与调试。

任务描述

在生产中可能会出现直流电动机全压起动的情况。如果没有限流措施，就会产生很大的冲击电流。这不仅对电动机的换向不利，对过载能力较差的晶闸管来说更是不允许的，可能会由于流过晶闸管的电流过大而被击穿。DSC－32 型晶闸管直流调速系统在引入了电压负反馈之后，拖动直流电动机时其稳定性及调速范围都得到了很大的提升。但是为了解决闭环控制系统中起动和堵转时电流过大的问题，根据反馈控制原理要维持某一个物理量基本不变，就引入那个物理量的负反馈信号。在晶闸管直流调速系统中为了保持起动和堵转时电流基本不变，增加了限制电枢电流的环节。但是这种环节只有在起动和堵转时存在，在正常运行时电流随负载自由增减。像这种当电流大到一定程度时才出现的电流负反馈叫做电流截止负反馈，简称截流反馈。它可以应用于调速要求较高的场所。例如：数控加工中心、数控车床、城市电车等。

相关知识

一、带电流截止负反馈的电压负反馈控制系统的组成和原理

带电流截止负反馈的电压负反馈控制系统框图如图 3-35 所示。该系统主要由给定电路、给定积分环节、放大器、移相触发电路、晶闸管整流电路、负载以及电压负反馈和电流截止负反馈等环节组成。

在晶闸管直流调速系统中电流截止负反馈只能作用在直流电动机负载控制当中。它可以使直流电动机获得电流截止负反馈特性。即当负载电流 $I<1.2I_N$时，电流截止负反馈不影响电路。此时电路中只有电压负反馈起作用，系统获得较硬的机械特性；当负载电流 $I>1.2I_N$ 时，由于电流截止负反馈的作用使直流电动机电枢两端电压下降有效地进行过载保护。当负载减小后还可以自动恢复正常运行。从机械特性曲线上来看，当电流截止负反馈起作用时，曲线有明显的下垂特点。这种特性在实际应用中比较典型的是挖土机。当负载较大时电动机

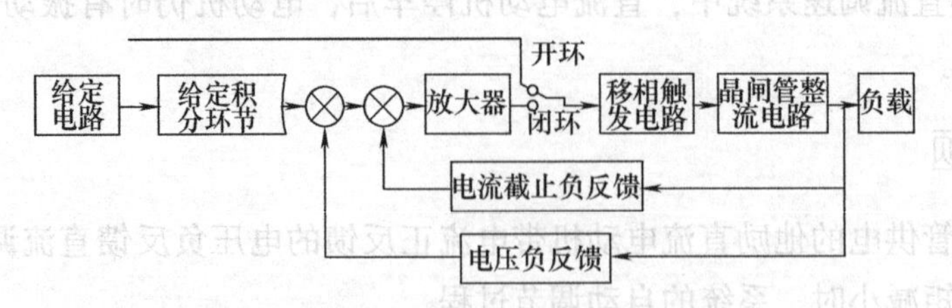

图 3-35　带电流截止负反馈的电压负反馈控制系统框图

发生堵转，输出功率被限定电动机不被烧毁。当负载变小时电动机又可以重新起动工作。实际上电流截止负反馈是一种保护性控制措施，属于保护的一种。

二、集成运算放大器 LM324 简介

LM324 是四运放集成电路，它采用 14 脚双列直插塑料封装，LM324 原理图如图 3-36 所示。它的内部包含四组形式完全相同的运算放大器，除电源共用外，四组运放相互独立。每一组运算放大器可用图 3-36 所示的符号来表示。它有 5 个引出脚，其中“+”、“-”为两个信号输入端。“U_+”、“U_-”为正、负电源端。“U_o”为输出端。两个信号输入端中 U_{i-} 为反相输入端，表示运放输出端 U_o 的信号与该输入端的相位相反。U_{i+} 为同相输入端，表示运放输出端 U_o 的信号与该输入端的相位相同。LM324 引脚连接图如图 3-37 所示，由于 LM324 为四运放电路，因此具有电源电压范围宽、静态功耗小、可单电源使用、价格低廉等优点，因此被广泛应用在各种电路中。

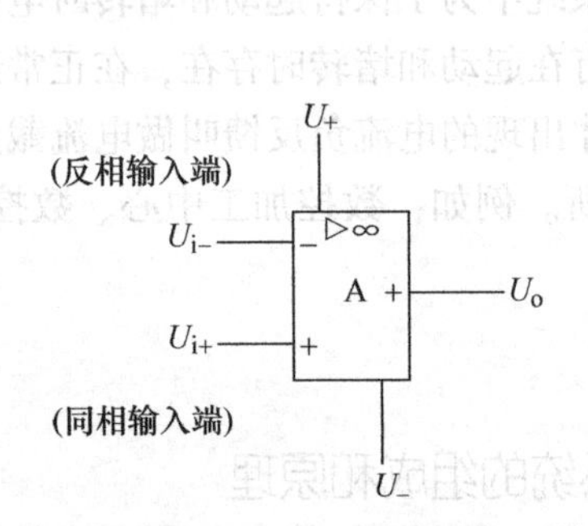

图 3-36　LM324 原理图

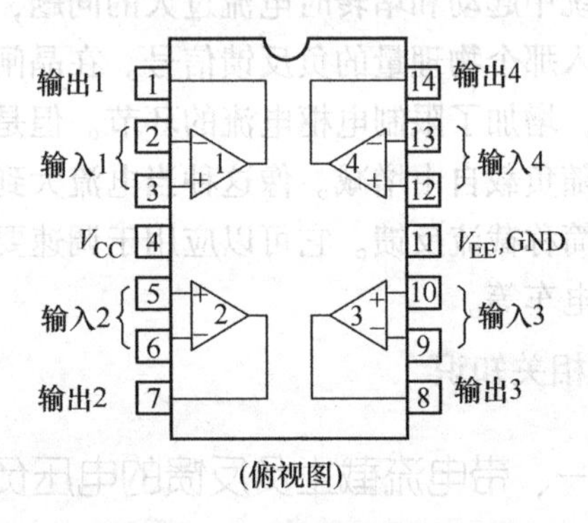

图 3-37　LM324 引脚连接图

任务准备

一、识读带电流截止负反馈的电压负反馈电路图

1. 电流截止负反馈信号取样电路

电流截止负反馈信号取样电路如图 3-38 所示，实际接线图如图 3-39 所示。在直流调速系统主电路的交流侧，通过交流互感器将信号经 41 号、42 号、43 号线取出，分别送到三相桥式整流电路中进行整流。桥式整流输出的直流电压通过电容 C_{18}、C_{19} 进行滤波后利用电阻 R_{38}、R_{39} 进行分压将中心点接到零位，获得 U_{fi} 和 $-U_{fi}$ 两个信号。U_{fi} 作为电流截止负反馈信

号，$-U_{fi}$作为系统过电流保护信号。

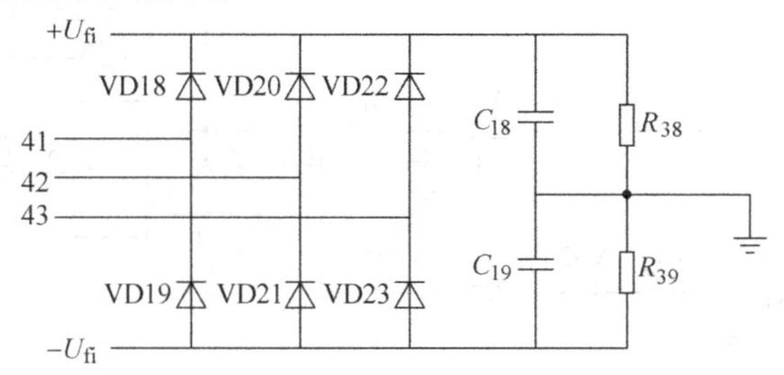

图 3-38　电流截止负反馈信号取样电路

图 3-39　信号取样电路实际接线图

2. 电流截止负反馈电路的原理分析

将从信号取样电路中取出的电压信号 U_{fi}加到图 3-40 截流整定电位器 RP3 上。从电压信号 U_{fi}中获得与主电路电流成正比关系的电流反馈信号。当调节截流整定电位器 RP3 的中心抽头使主电路正常工作时，RP3 的中心抽头电压 U_i小于 VS2 的稳压值与 VD11 的管压降之和，此时稳压管不会被击穿，电流反馈信号的电压值对电路没有任何影响。当主电路电流增加时（一般设定为 $1.2I_N$），截流整定电位器 RP3 的中心抽头电压 U_i大于 VS2 的稳压值与 VD11 的管压降之和时，此时稳压二极管被击穿导通，截流整定电位器 RP3 的中心抽头电压 U_i与 VS2 的稳压值相减再通过电阻 R_{30}。此信号与给定积分器的输出信号和低速封锁电路的输出信号在积分先行电路的输入端进行叠加。从而使积分输出信号 U_k值减小，输出电压变低，负载电流不再上升，有效地控制了负载运行的稳定性。在电路中，电阻 R_{30}的阻值大小决定了对输出电压降低的程度。

U_k计算公式为

$$U_k = -\left[U'_g\frac{R_{19}}{R_{16}+R_{17}} + (U_{fi} - U_{WD2} - 0.7V)\times\frac{R_{19}}{R_{30}}\right]$$

由以上分析可知，电流截止负反馈电路在晶闸管直流调速系统中可以使直流电动机获得

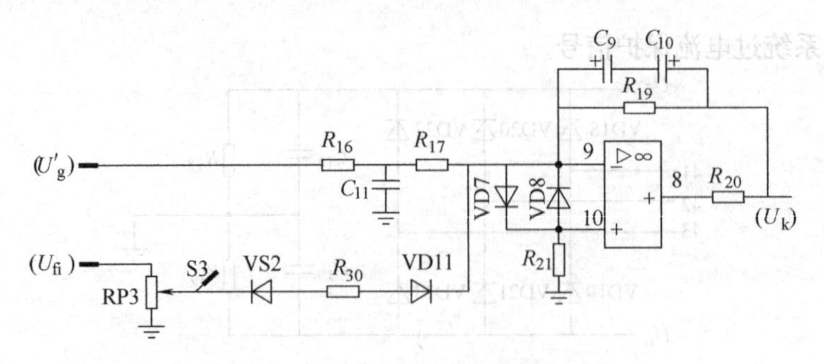

图 3-40　电流截止负反馈电路原理图

挖土机特性。即当电动机拖动负载的电流 $I<1.25I_N$ 时，电流截止负反馈不影响整个电路的工作。当电动机拖动负载的电流 $I>1.25I_N$ 时，由于反馈的作用使电动机电枢两端电压下降，有效地对电路进行过载保护。当电动机拖动的负载减小后还可以自动恢复正常进行。

3. 电压负反馈环节电路原理图

图 3-41 所示为电压负反馈环节电路原理图，其电路的工作原理请查阅任务二电压负反馈直流调速系统的单闭环控制章节中的电路原理分析。

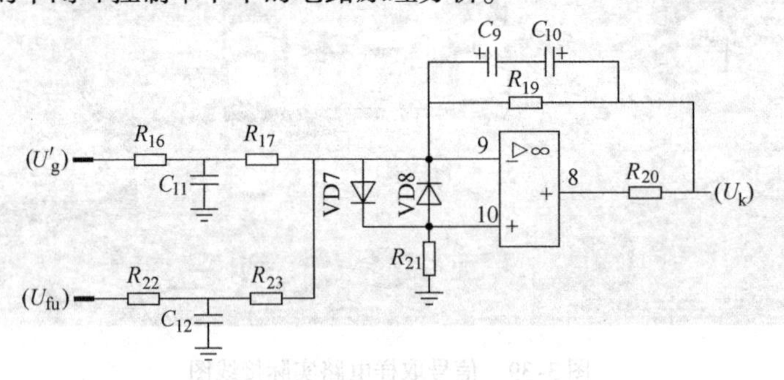

图 3-41　电压负反馈环节电路原理图

4. 积分线性放大调节器电路原理图

积分线性放大调节器电路原理图及其电路的工作原理请查阅任务二电压负反馈直流调速系统的单闭环控制章节中的电路原理分析。

5. 带电流截止负反馈的电压负反馈电路的原理分析

图 3-42 所示为带电流截止负反馈的电压负反馈实际电路。U'_g信号为给定积分器的输出信号。该信号经过电阻 R_{16}、C_{11}、R_{17} 进行 RC 校正以后加到 LM324 的 9 号引脚上。U_{fu} 信号为电压负反馈信号。该信号取自于主电路的 44 号、45 号线两端，然后送到隔离板电路中的隔离环节。通过隔离环节中的隔离变压器 T2 输出至可调电位器 RP1 上，再由 207 号线输出送到电压负反馈环节电路中。电压反馈信号 U_{fu} 经过电阻 R_{22}、C_{12}、R_{23} 进行 RC 校正后加到 LM324 的 9 号引脚上。U_{fi} 信号为电流截止负反馈信号。该信号取自于直流调速系统主电路的交流侧，通过交流互感器将信号经 41 号、42 号、43 号线取出。经过桥式整流获得 U_{fi} 信号加到截流整定电位器 RP3 上。当 U_{fi} 信号电流增加时截流整定电位器 RP3 的中心抽头电压 U_i 大于 VS2 的稳压值与 VD11 的管压降之和。此时稳压二极管被击穿导通，截流整定电位器 RP3 的中心抽头电压 U_i 与 VS2 稳压值相减通过电阻 R_{30} 后加到 LM324 的 9 号引脚上。三个信

号叠加以后作为积分线性电路的输入信号，从而控制积分输出信号 U_k 值的大小。当 U_k 值减小时输出电压变低，负载电流不再上升，从而有效地控制了负载运行的稳定性。

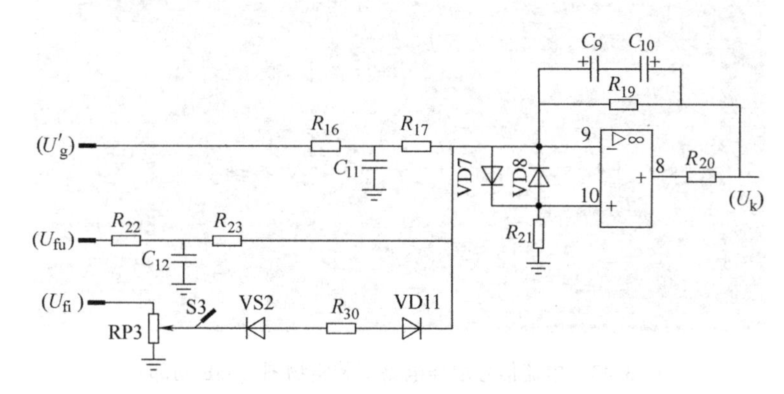

图 3-42　带电流截止负反馈的电压负反馈电路

二、设备、工具和材料准备

电工工具一套，电烙铁一把，万用表一只，示波器一台，DSC－32 直流调速柜一台，调节反馈电路图一套，焊锡及导线若干。

任务实施

一、各种电路的安装

1. 电流截止负反馈信号取样电路的安装

1）信号取样电路元器件明细表见表 3-11。

表 3-11　信号取样电路元器件明细表

元器件	编号	规格	数量	备注
二极管	VD18、VD19	1N4007	2	
二极管	VD20、VD21	1N4007	2	
二极管	VD22、VD23	1N4007	2	
电容	C_{18}、C_{19}	0.1μF	2	
电阻	R_{38}、R_{39}	0.1μF	2	

2）电路的安装。根据如图 3-38 所示的电流截止负反馈取样电路原理图，在安装前首先正确选择元器件，然后对电子元器件进行测量。二极管要进行质量与极性的判别。对电阻进行阻值的测量，对电容进行好坏测量。在安装时要结合电路原理正确焊接电路，特别注意在焊接时不能有虚焊、夹生焊等现象发生。二极管在安装时注意管脚的方向连接。电流信号取样电路安装实物图如图 3-43 所示。

2. 电流截止负反馈电路的安装

1）电流截止负反馈电路元器件明细表见表 3-12。

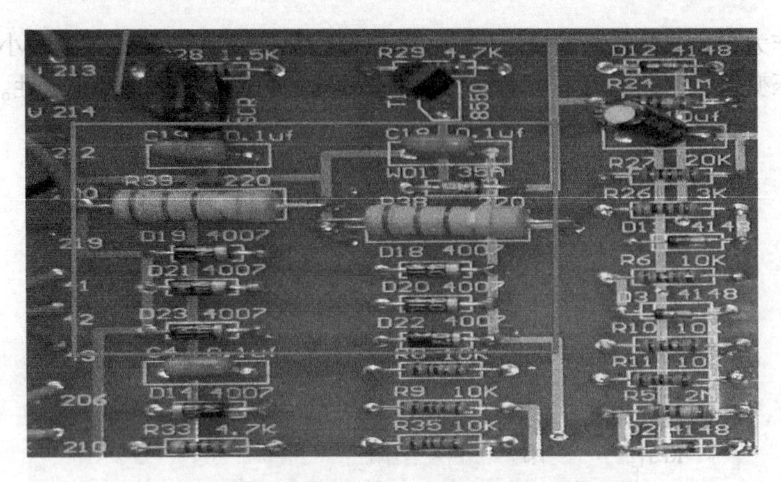

图 3-43　电流信号取样电路安装实物图（TJB 局部）

表 3-12　电流截止负反馈电路元器件明细表

元器件	编号	规格	数量	备注
二极管	VD7、VD8、VD11	1N4007	3	
稳压二极管	VS2	1N4735	1	
电解电容	C_9、C_{10}	100μF	2	
电容	C_{11}	0.33μF	1	
电阻	R_{16}、R_{17}	10kΩ	2	
电阻	R_{19}、R_{20}	510kΩ、2kΩ	2	
电阻	R_{21}、R_{30}	10kΩ、3kΩ	2	
可调电位器	RP3	1kΩ	1	
运算放大器	IC1C	LM324	1	

2）电路的安装。如图 3-40 电路原理图所示，在安装时首先正确选择元器件，然后对电子元器件进行测量。二极管要进行质量与极性的判别。对电阻进行阻值的测量，对电容进行好坏测量以及极性的判别。安装时要结合电路原理正确焊接电路，特别注意在焊接时不能有虚焊、夹生焊等现象发生。二极管、稳压二极管在安装时要注意引脚的方向连接。电流截止负反馈电路安装实物图如图 3-44 所示。

图 3-44　电流截止负反馈电路安装实物图（TJB 局部）

3. 带电流截止负反馈的电压负反馈单闭环电路的安装

1）带电流截止负反馈的电压负反馈单闭环电路元器件明细表见表3-13。

表3-13　带电流截止负反馈的电压负反馈单闭环电路元器件明细表

元器件	编号	型号/规格	数量	备注
电阻	R_1	30kΩ	1	
电阻	R_3、R_{18}	20kΩ	2	
电阻	R_5	2MΩ	1	
电阻	R_8、R_9、R_{22}、R_{23}	11kΩ	4	
电阻	R_{13}	51kΩ	1	
电阻	R_4、R_6、R_7、R_{10} ~ R_{12}、R_{14} ~ R_{17}、R_{21}	10kΩ	11	
电阻	R_{19}	510kΩ	1	
电阻	R_2、R_{20}	2kΩ	2	
电阻	R_3	3kΩ	1	
电位器	RP1、RP2、RP3、RP6	1kΩ	4	
电容	C_1 ~ C_6、C_{12}	0.1μF/63V	7	
电容	C_7、C_8	10μF	2	
电容	C_9、C_{10}	100μF	2	
电容	C_{11}	0.33μF/63V	1	
二极管	VD1 ~ VD11	1N4148	11	
稳压管	VS2	2P4M	1	
集成运算放大器	IC1	LM324	1	也可用LM348

2）电路的安装。根据图3-45所示带电流截止负反馈的电压负反馈调节系统原理图，在安装前首先正确选择元器件，然后对电子元器件进行测量。二极管要进行质量与极性的判别。对电阻进行阻值的测量，对电容进行好坏测量以及极性的判别。安装时要结合电路原理正确焊接电路，特别注意在焊接时不能有虚焊、夹生焊等现象发生。二极管、稳压二极管在安装时要注意引脚的方向连接。带电流截止负反馈的电压负反馈单闭环电路安装实物图如图3-46所示。

二、反馈电路的调试

1. 电流截止负反馈电路的调试（带模拟负载时）

将调节板上的电流截止负反馈电位器RP3顺时针调到最大，闭合各电路，调节给定电位器，使输出电压达到220V；增加负载（调节电阻箱的阻值），负载电流增加，当电流表

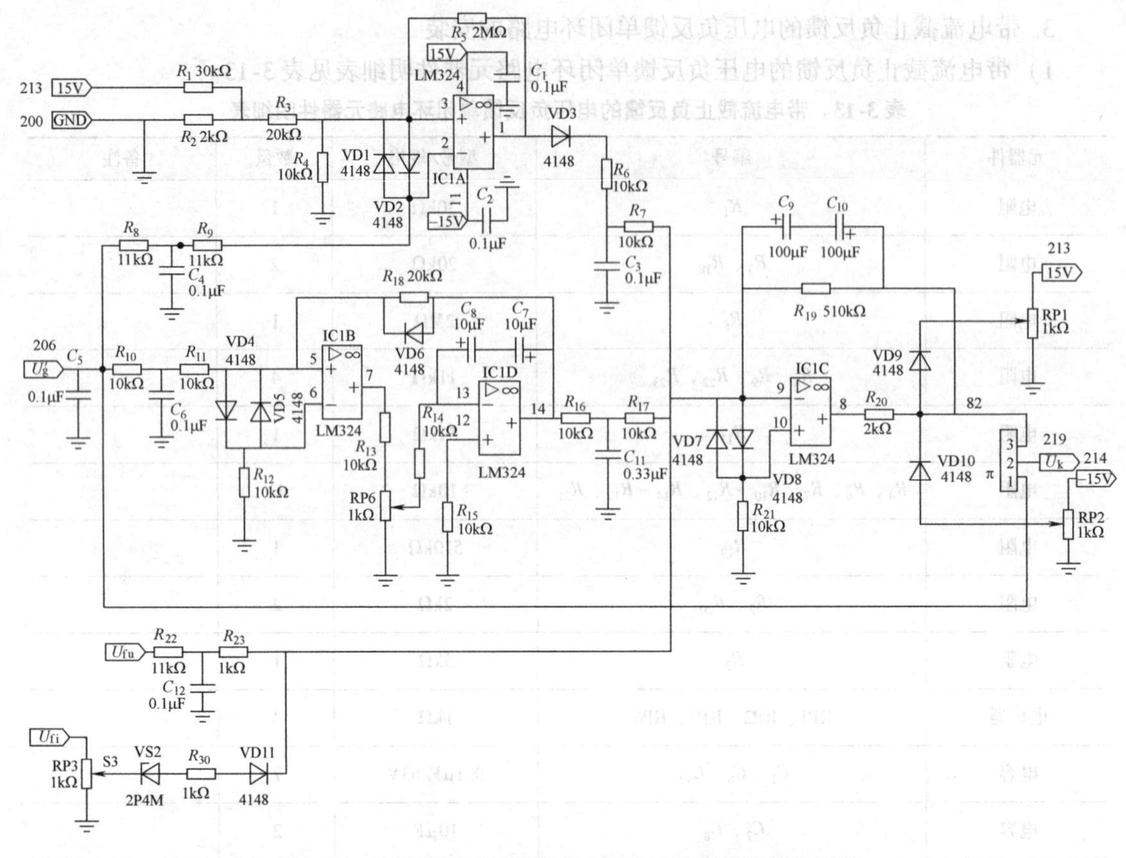

图 3-45　带电流截止负反馈的电压负反馈调节系统原理图

指示电流值达到电枢额定电流值的 1.5 倍时（$I_d = 1.5I_N$），停止增加负载；调整调节板上的电流截止负反馈电位器 RP3（逆时针），当电压表数值开始减小时，停止调节电流截止负反馈电位器 RP3，再增加负载，此时负载电流基本保持不变，而输出电压却在下降。截流值整定调试完毕。

2. 带电流截止负反馈的电压负反馈电路调试

在晶闸管直流调速系统中对带电流截止负反馈的电压负反馈电路进行调试时，要先对电压负反馈电路进行调试，然后再对电流截止负反馈电路进行调试。对电压负反馈电路的调试步骤要根据任务二电压负反馈直流调速系统的单闭环控制章节中（电压负反馈直流调速系统调试）的调试步骤进行调试，而电流截止负反馈电路的调试，则着重介绍闭环运行形式下的调整。具体的调试方法如下：

（1）最小整流角的调整

原则是当给定电压 U_g 达到最大值 U_{gmax} 时系统中的晶闸管触发延迟角 α 应该接近 0°。此时系统的输出直流电压达到最大值 U_{domax}。调试时首先将调节板上的跨接线设置为闭环调试方式，然后将所有的控制板都插入对应位置将给定电位器调节到最大值。此时因为系统原来的 RP1 已经被限定在 5V 左右，输出直流电压是达不到最大输出值的。也就是晶闸管触发延迟角 α 根本达不到 0°，所以需要调整调节板（TJB）上的 RP1 电位器使输出电压升高，直到输出电压达到最大输出电压值为止（对于本系统来说 U_{dmax} 约为 300V）。用示波器观测系

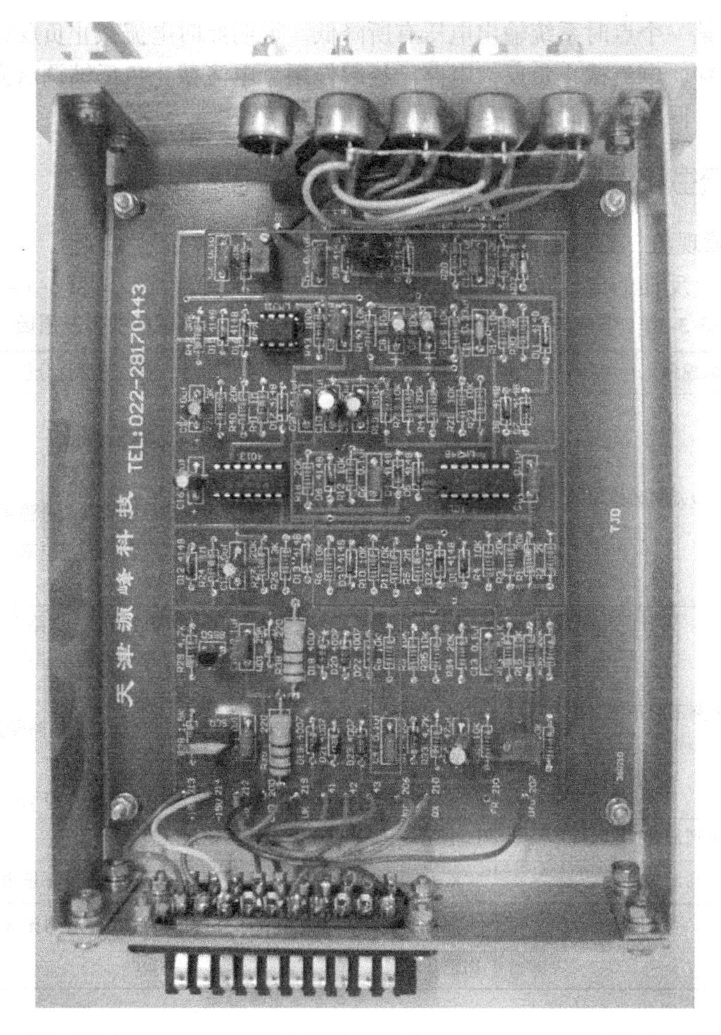

图3-46　带电流截止负反馈的电压负反馈单闭环电路安装实物图（TJB局部）

统负载两端的直流输出电压波形，观察其能否调整到$\alpha=0°$。

（2）电压负反馈深度的调整

原则是当给定电压U_g达到最大值U_{gmax}时系统中的输出直流电压达到负载需要的额定电压值U_N。调试时先将给定电位器调节到最大值，此时因为系统没有电压负反馈作用，输出直流电压是最大输出值U_{domax}。而负载需要的电压值一般是低于这个电压值的。所以需要调节电压隔离板（YGD）上的RP1电位器使输出电压降低，直到输出电压降低到负载需要的额定电压值为止（对于本系统来说U_N约为220V）。对电压负反馈电路调试完毕以后再根据电流截止负反馈电路的调试步骤对电流截止负反馈电路进行调试。

（3）截流值的调整

原则是当调压柜的负载电流超过负载额定电流的一定倍数（对于本系统，负载电流为额定电流的1.2倍，即12A）时使系统的电流截止负反馈电路起作用，形成挖土机特性。调试时先将输出电压调节到最大输出电压值。然后缓慢增加负载，使系统的输出电流上升到12A以后再缓慢调整调节板（TJB）上的可调电位器RP3。在开始调整时输出电压应该保持不变，当调节到某一个点时系统输出电压有所降低。说明此时电流截止负反馈电路中的稳压二极管已经被击穿，电流截止负反馈电路已经起作用。电流截止负反馈调试完成。本调试要在高电压下进行，同时调整时间要尽量地短。

三、带电流截止负反馈的电压负反馈单闭环电路的维修

1）查看故障现象，分析故障原因。

带电流截止负反馈的电压负反馈电路可能出现的故障及原因，见表3-14。

表3-14 带电流截止负反馈的电压负反馈电路可能出现的故障及原因

故障现象	故障区域（点）及故障原因分析
单闭环调节系统中电动机始终振荡	（1）反馈环节出现问题，无电压负反馈环节 （2）设备外部干扰造成 （3）C_9、C_{10}电容值过小，积分线性放大器积分强度小导致静差过大 （4）R_{19}电阻值过大，放大器增益过大导致系统不稳定
电流截止负反馈电路不能正常工作	（1）电流截止负反馈取样电路整流管击穿，电路中混入交流成分 （2）电流截止负反馈取样电路41号～43号端口断开，41号～43号端口虚焊漏焊或烧毁，无电流截止负反馈信号 （3）电流截止负反馈电路任意元器件烧毁，电路断路无电流截止负反馈信号 （4）电位器RP3反馈系数调节过小，无法击穿VS2
U_d电压值偏低达不到最大值	电阻R_{23}阻值过小，电压反馈强度过大
U_k电压值偏低达不到最大值	$K=R_{19}/R_{17}$；电阻R_{19}阻值过小，其比例系数不够大导致U_k偏低
U_k电压值没有输出	LM324损坏，给定积分环节、比例放大环节均无效，所以U_k没有输出值

2）维修步骤：

① 分组进行，组与组之间相互设置故障。

② 先观察故障现象。

③ 根据故障现象进行分析。

④ 找出故障点。

⑤ 排除故障，填写故障分析表。

3）修复故障、通电调试运行：排除故障后，必须经过仔细的再次排查、分析，然后才能通电调试。

4）故障排除训练：分为四组两组一对，组与组之间互出故障练习。进行故障排除练习。

① 故障点：减小C_9、C_{10}的电容值。

② 故障点：增加R_{19}的电阻阻值。

③ 故障点：减小电位器RP3的反馈系数。

④ 故障点：减小R_{23}电阻阻值。

⑤ 故障点：减小R_{19}电阻阻值。

⑥ 故障点：41 号 ~43 号端口断开。

⑦ 故障点：更换整流二极管。

5）填写带电流截止负反馈的电压负反馈电路故障诊断表，见表 3-15。

表 3-15 带电流截止负反馈的电压负反馈电路故障诊断表

序号	故障现象	故障点	故障原因	解决问题的办法
1				
2				
3				
4				
5				

注：带电流截止负反馈的电压负反馈直流调速系统与电压负反馈直流调速系统的单闭环控制所用设备型号相同，均是 DSC－32 型直流调速系统；所以带电流截止的电压负反馈直流调速系统的电压负反馈环节与任务二电压负反馈直流调速系统相同在此不再叙述。

注意事项：

1）在操作过程中双踪示波器的两个探头应保证两个地线电位相同。

2）在故障检修时要按照开、闭环调节步骤进行操作不断确定故障范围。

3）只有在电源板电压正常的情况下，才可以对隔离板进行调试。

4）在焊接时注意电烙铁使用的技巧与安全。

5）在对调节板调试和测试时，注意保证电源、隔离板、触发板运行正常。

6）在维修过程中要注意安全，分析要准确，避免扩大故障范围。

任务评价

任务评价见表 3-16。

表 3-16 任务评价

<table>
<tr><th colspan="2">项　目</th><th>配分</th><th>评 分 标 准</th><th>扣分</th><th>得分</th></tr>
<tr><td rowspan="15">电路的安装</td><td rowspan="5">电流信号取样电路的安装</td><td rowspan="5">7</td><td>元器件选择错误每处扣 2 分</td><td></td><td></td></tr>
<tr><td>虚焊每处扣 1 分</td><td></td><td></td></tr>
<tr><td>元器件损坏每个扣 2 分</td><td></td><td></td></tr>
<tr><td>元器件判别错误每处扣 2 分</td><td></td><td></td></tr>
<tr><td>接线错误每处扣 2 分</td><td></td><td></td></tr>
<tr><td rowspan="5">电流截止负反馈电路的安装</td><td rowspan="5">8</td><td>元器件选择错误每处扣 2 分</td><td></td><td></td></tr>
<tr><td>虚焊每处扣 1 分</td><td></td><td></td></tr>
<tr><td>元器件损坏每个扣 2 分</td><td></td><td></td></tr>
<tr><td>元器件判别错误每处扣 2 分</td><td></td><td></td></tr>
<tr><td>接线错误每处扣 2 分</td><td></td><td></td></tr>
<tr><td rowspan="5">带电流截止的电压负反馈电路的安装</td><td rowspan="5">10</td><td>元器件选择错误每处扣 2 分</td><td></td><td></td></tr>
<tr><td>虚焊每处扣 1 分</td><td></td><td></td></tr>
<tr><td>元器件损坏每个扣 2 分</td><td></td><td></td></tr>
<tr><td>元器件判别错误每处扣 2 分</td><td></td><td></td></tr>
<tr><td>接线错误每处扣 2 分</td><td></td><td></td></tr>
</table>

（续）

项　目		配分	评 分 标 准	扣分	得分
电路的调试	电流信号取样电路的调试	12	无取样输入信号每处扣3分		
			不能够对电路参数进行测量每处扣2分		
			取样输出信号调试不正确每处扣3分		
	电流截止负反馈电路的调试	8	无电流反馈信号扣3分		
			不能够有效地调节电流反馈信号扣5分		
	带电流截止的电压负反馈电路的调试	15	无电流反馈信号扣3分		
			无电压反馈信号扣3分		
			不能够有效地调节电流反馈信号扣5分		
			不能够有效地调节电压反馈信号扣5分		
带电流截止的电压负反馈电路的维修		30	不能发现故障现象扣4分		
			发现故障不能处理扣2分		
			不能分析故障现象扣4分		
			不能正确使用仪器仪表扣4分		
			扩大故障范围扣10分		
文明生产		10	违反操作规程视情节扣5～10分		

巩固与提高

一、填空题

1. 直流电动机在______、______或______时，会产生很大的电流，需要让电流截止负反馈起作用。

2. 在单闭环直流调速系统的基础上，增加______保护环节，可使系统具有______功能，提高系统运行的可靠性，完善系统的功能。

3. 某一直流电动机，其额定电流 $I_N=1.1A$，则电动机的堵转电流 I_D 一般取______，电流截止负反馈环节的临界截止电流一般取______。

4. 电流截止负反馈的方法是：当电流未达到______值时，该环节在系统中不起作用，一旦电流达到或超过______值，该环节立刻起作用。

5. 当系统电流截止负反馈起作用时，将限制______的增加，并使______急剧下降，其特性曲线______，称为______。

二、选择题

1. 带有电流截止负反馈环节的调速系统，为了使电流截止负反馈参与调节后机械特性曲线下垂段更陡一些，应选择阻值（　　）的反馈取样电阻。

A. 大一些　　B. 小一些　　C. 接近无穷大　　D. 等于零

2. 调速系统中，当电流截止负反馈参与系统调节时，说明调速系统主电路电流（ ）。

A. 过大　B. 过小　C. 正常　D. 发生了变化

3. 电流截止负反馈的截止方法不仅可以用电压比较方法，而且也可以在反馈回路中串接（ ）来实现。

A. 单结晶体管　B. 稳压二极管　C. 晶体管　D. 晶闸管

4. 在直流调速系统中，限制电流过大的保护环节，可以采用（ ）。

A. 电流截止负反馈　B. 电流正反馈　C. 转速负反馈　D. 电压负反馈

5. 起动电动机组后工作台高速冲出不受控，产生这种故障的原因是（ ）。

A. 电压负反馈接反了　B. 电流负反馈接反了

C. 电流截止负反馈接反了　D. 桥型稳定环节接反了

6. 在单闭环电压负反馈直流调速系统中，为了解决在“起动”和“堵转”时电流过大的问题，在系统中引入了（ ）。

A. 转速负反馈　B. 电流正反馈

C. 电流补偿　D. 电流截止负反馈

7. 为了保护小容量调速系统晶闸管不受冲击电流的损坏，在系统中应采用（ ）。

A. 电压反馈　B. 电流正反馈

C. 转速负反馈　D. 电流截止负反馈

8. 图 3-47 所示为利用独立直流电源作比较电压的电流截止负反馈电路，当电流负反馈起作用时，电路中取样电阻 R_c 上的电压 I_dR_c 与比较电压 U_{bf} 之间的关系，以及两者之间的二极管的状态，正确的情形是（ ）。

A. $I_dR_c < U_{bf}$，二极管导通

B. $I_dR_c < U_{bf}$，二极管截止

C. $I_dR_c > U_{bf}$，二极管导通

D. $I_dR_c > U_{bf}$，二极管截止

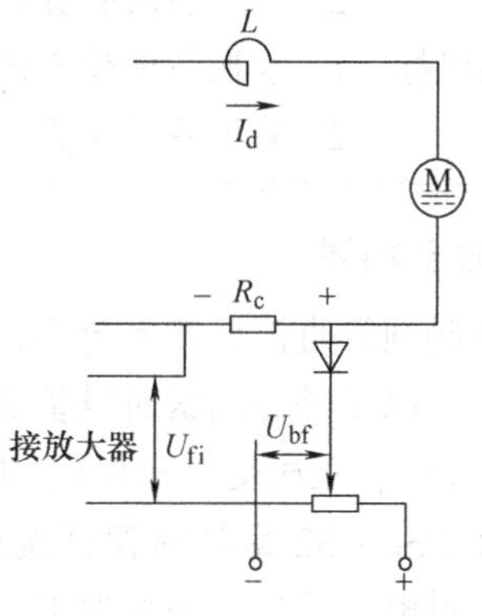

图 3-47　电流截止负反馈电路

三、判断题

1. 电流截止负反馈环节在电动机负载发生波动时起调节作用。（ ）

2. 引入电流截止负反馈环节后，在参数整定时，要求熔断器熔丝额定电流 > 过电流继电器动作电流 > 堵转电流。（ ）

3. 调速系统中，电流截止负反馈是一种只在调速系统主电路过电流情况下起负反馈调节作用的环节，用来限制主电路过电流，因此，它属于保护环节。（ ）

4. 电流截止负反馈起作用，限制电流的增加并使转速不变，从而使其特性曲线下垂成为很软的特性。（ ）

5. 电流截止负反馈信号一般取自并联在电动机电枢回路上的较大阻值的取样电阻。（ ）

6. 电流截止负反馈在系统中始终起调节电流的作用。（ ）

7. 开环系统可以由电流截止负反馈构成单闭环直流调速系统，从而提高转速的控制精度。（ ）

四、简答题

1. 什么是调速系统的“挖土机”特性？理想的“挖土机”特性是怎样的？采用什么环节可以实现较好的“挖土机”特性？

2. 电流截止负反馈在单闭环负反馈调速系统中的作用是什么？它是怎样发挥作用的？

3. 简述电流截止负反馈环节的调试步骤。

4. 在单闭环直流调速系统运行过程中，突然出现电动机转速波动现象，你知道产生此故障现象的原因吗？

5. 简述电流信号取样电路的工作原理及各元器件的作用。

6. 请描述电流截止负反馈环节电路的元器件作用及特点。

7. 如何测定电压负反馈信号 U_{fu} 的极性？

8. 请描述带电流截止负反馈的电压负反馈环节电路的元器件作用及特点。

9. 简述带电流截止的电压负反馈环节电路的工作原理。

任务四 直流调速系统保护环节的装调与维修

知识目标： 1. 熟悉晶闸管直流调速系统保护电路的组成。
2. 掌握晶闸管直流调速系统保护电路的工作原理。

技能目标： 1. 掌握晶闸管直流调速系统保护电路的安装、调试方法和技能。
2. 掌握晶闸管直流调速系统保护电路的检修方法和技能。

任务描述

在晶闸管直流调速系统中，因工作人员误操作或操作不当，电动机或负载不匹配出现异常情况，以及外部因素对设备的运行造成影响，导致系统故障甚至损毁。如雷击、电源异常（电压波动、三相交流断相）、电源尖峰干扰等。

在 DSC－32 型晶闸管直流调速系统中，为了防止系统故障扩大、保证系统正常工作，设置了过电流保护、断相保护、过热保护、隔离振荡保护，有效地保证了系统的正常运行。本任务就是对几种主要的保护电路进行安装调试与维修。

相关知识

直流调速系统保护环节电路的作用是指当系统内部、外部出现异常或者故障时，保护电路能及时地进行缓冲或动作，以避免器件的损坏和故障的扩大，最终达到保护系统内、外部设备安全的目的。

一、系统内、外部异常或故障的主要表现形式

1. 过电压

过电压通常是指超过正常工作时晶闸管所能承受的最大峰值电压，或者是超过系统各部分所设计的额定电压。

2. 过电流

过电流通常是指超过正常工作时流过晶闸管的电流，或者是指超过系统设计的最大输出

电流和设定电流。

3. 电压与电流上升率（du/dt，di/dt）较大

这是专门针对晶闸管提出的概念，是与晶闸管的相关参数直接对应的，其表现为晶闸管的误导通和性能下降甚至损毁。

二、保护装置的动作及结果

依据异常及故障的严重性，保护装置的动作主要有以下三种：

1）异常情况出现时没有可见的动作，但只要保护电路及元器件不损坏，就能在一定范围内为系统和晶闸管提供保护，而且，保护动作持续存在。比如，对电源尖峰电压的吸收，对晶闸管通断转换的缓冲等。

2）以电路控制或调节的方式应对异常情况和较轻故障，一旦异常和故障消失，系统自行恢复到正常运行状态，或重新启动系统后恢复到正常运行状态。比如过电流保护中的“电流截止型保护、电动机零速封锁保护、断相保护等。

3）当出现极端的异常情况或设备严重故障时，特别是当其他保护措施失效时，则应采取不能自行恢复的、迅速的保护动作。出现这种保护动作后，设备需经修复后方能正常运行。比如“快速熔断器保护”，这类保护通常作为设备保护的最后一道防线，其特点是迅速、简单、可靠，以此防止故障的扩大和危及人身安全。

总之，针对不同等级的故障通常采用不同的保护动作，并且会在一个系统中联合使用多种、多重的保护，最终达到使系统高效、安全、可靠工作的目的。

任务准备

一、识读保护电路实际电路图

1. 过电流保护电路

晶闸管直流调速系统在运行中为了防止晶闸管和电动机的损坏以及使电动机在正常运行中能够获得挖土机特性，在调节板电路中设置了限流值设定电路和限流值整定电路以及滞环比较器电路，从而使电路在运行中实现过电流保护。

（1）限流值设定电路与整定电路

限流值设定电路将15V直流电源，经调节限流设定电位器RP5可以获得一个合适的基准比较电压 U_1，且 $U_1 \approx 3\text{V}$。限流值整定电路将电流反馈信号 $-U_{fi}$通过可调电位器RP4的调节得到反馈信号 U_2，且 $U_2<0$。此信号与基准比较电压信号在LM311的正相输入端叠加，两信号比较使滞环比较器输出翻转，起到保护电路的作用。限流值设定电路与整定电路如图3-48、图3-49所示。

（2）滞环比较器电路

滞环比较器电路将基准比较电压 U_1、反馈电压 U_2与三相断相监测信号 U_x经调节后的电压 U_3叠加到一起。当 $U_1+U_2+U_3>0$，即 $U_1>-(U_2+U_3)$时，LM311－7号线输出为－15V，VD17截止、$U_5=0\text{V}$。当 $U_1+U_2+U_3<0$，即 $U_1<-(U_2+U_3)$时，LM311－7号线输出为15V，VD17导通、$U_5=14.3\text{V}$。所以说迟滞环的作用是抗干扰的，此电路环宽仅为0.3V左右。U_2+U_3为过电流或断相。当$(U_2+U_3)>1\text{V}$时，电路中的保护电路工作。滞环

比较器电路如图3-50所示。

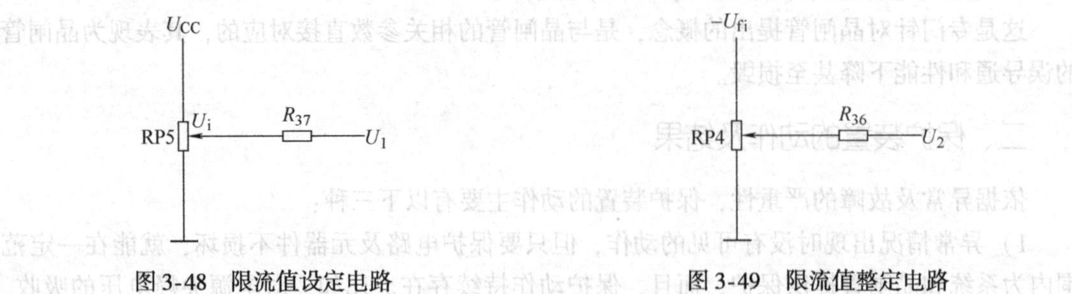

图3-48　限流值设定电路　　　　图3-49　限流值整定电路

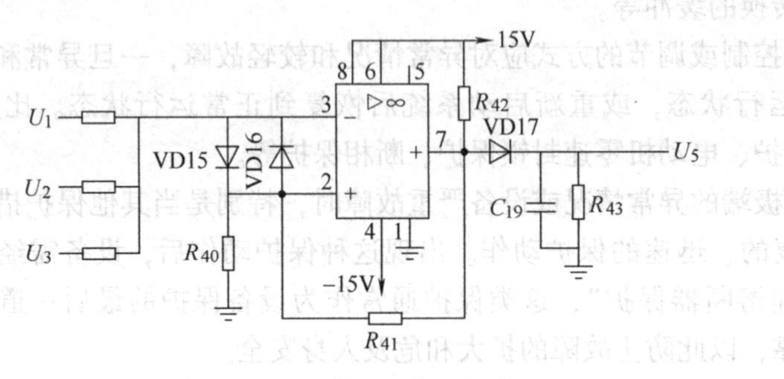

图3-50　滞环比较器电路

2. 断相保护电路

（1）断相的定义

在三相交流电源中当电压有效值其中任意一相或两相缺失通常称为断相。断相一般是由外部电源系统造成的。但是有时也会因系统的主变压器以及相关连线、器件的故障引起断相现象。

（2）断相的危害与检测

晶闸管直流调速系统在运行中当出现断相时，整个系统将会出现电源相位不平衡的现象，导致电流过大、电压较低、系统调节环节失去控制、电动机励磁电压不足。严重时会造成直流调速系统和电动机损毁。我们知道，在三相交流电源中通常采用星形联结，当三相交流电源发生断相故障时就会产生零序电流。在检测中通常利用此特性来检测断相故障的发生。断相保护原理图如图3-51所示。

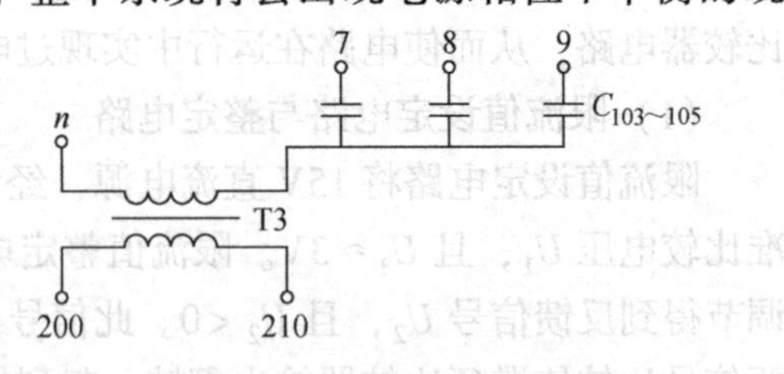

图3-51　断相保护原理图

断相保护电路原理为：图3-51中，7号、8号、9号为主变压器输出端，通过电容分压（耦合）并接成星形。隔离变压器T3用来隔离高压电源。变压器T3一次侧与主变压器中性点相连接当出现断相时，就将会有零序电流流过变压器T3一次侧，并在变压器T3二次侧感应出电压，由200号和210号线送入调节板（TJB）从而形成断相信号Q_x。
其原理分析相量图如下：

1）7、8、9为主变压器输出端，当7号、8号、9号线均正常时相量图如图3-52所示。

此时，中性线 n 中无电流通过，所以 200 号与 210 号线间没有电压。

2）7、8、9 为主变压器输出端，当 7 号、8 号、9 号线中断开一根时相量图如图 3-53 所示。此时在 T3 一次侧存在 7 号、8 号、9 号线的反向电压（相位差 180°），大约为 127V，在 T3 的二次侧产生 30V 左右的断相信号。

3）7、8、9 为主变压器输出端，当 7 号、8 号、9 号线中断开两根时相量图如图 3-54 所示。此时在 T3 一次侧存在 7 与 n 的电压约为 127V，在 T3 的二次侧产生 30V 左右的断相信号。当断相信号电压产生以后作用于调节板起到保护作用。

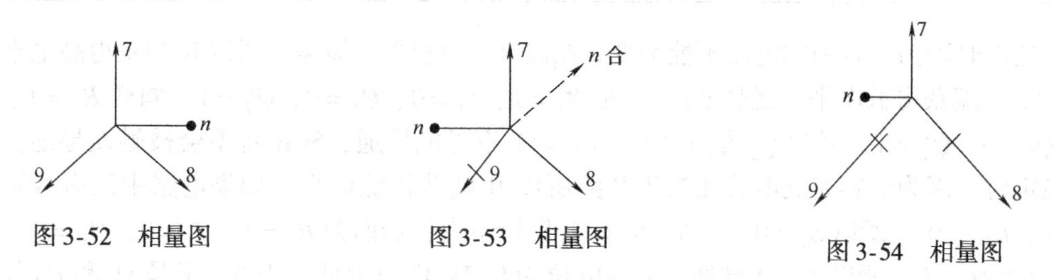

图 3-52　相量图　　图 3-53　相量图　　图 3-54　相量图

（3）断相保护信号电路

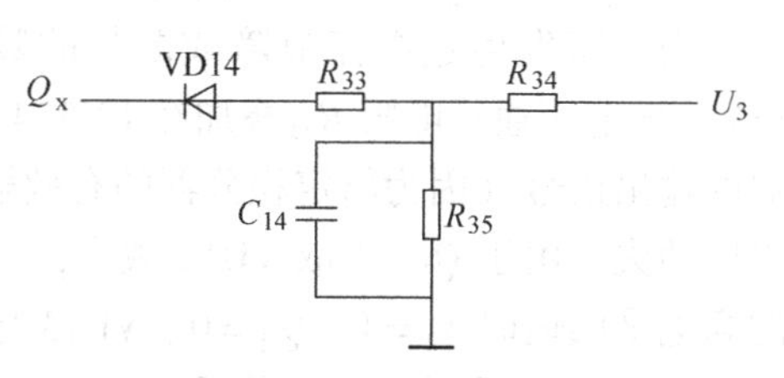

图 3-55　断相保护信号电路

在晶闸管直流调速系统调节板电路中，断相保护信号电路如图 3-55 所示。将断相变压器的二次侧输出信号 Q_x 经二极管 VD14 半波整流以后，由电容 C_{14}和电阻 R_{35}滤波后得到反馈信号 U_3。当电路没有发生断相故障时 $U_3=0V$，对滞环电压比较器的输出没有影响。当电路发生断相故障时 U_3为负电压值，此信号与基准比较电压信号 U_1 在 LM311 的负输入端叠加后，促使滞环电压比较器输出高电平。

综上所述当电路中发生过电流故障或断相故障时，滞环电压比较器均会输出一个高电平（逻辑 1）。该高电平进入数字集成芯片 CD4013（双 D 触发器）进行控制，完成电路保护功能。CD4013 接线图如图 3-56 所示。

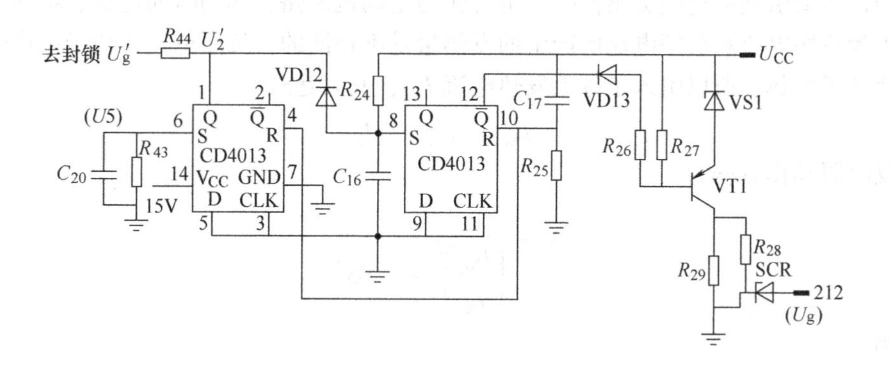

图 3-56　CD4013 接线图

CD4013 接线图中，实际上 D 触发器是作为 RS 触发器使用的，其真值表见表 3-17。

表 3-17 真值表

输入		输出	
R	S	Q	Q'
0	0	不变	不变
0	1	1	0
1	0	0	1
1（应当避免）	1（应当避免）	1	1

通电时因为电容两端电压不能突变，C_{16}、C_{17}均相当于短路。所以 R 端获得高电平（逻辑 1），S 端获得低电平（逻辑 0）。于是 $R_1=1$、$S_1=0$、$Q_1=0$、$Q'_1=1$。同样 $R_2=1$、$S_2=0$、$Q_2=0$、$Q'_2=1$。因为 Q'_2为高电平，故 VT1 不可能导通，SCR 将不会被触发导通。当电路稳定时，因为电容充满电后相当于开路所以 R 端获得低电平。如果电路中没有故障状况发生，$U_5=0\text{V}$，所以 $S_1=0$。于是 Q_1和 Q'_1保持不变，仍旧为 $R_1=1$、$S_1=0$、$Q_1=0$、$Q'_1=1$；由于 $Q_1=0$，所以 VD12 导通。S_2的电位为 0.7V 仍旧为低电平 0。于是 Q_2和 Q'_2保持不变，即 $R_2=1$、$S_2=0$、$Q_2=0$、$Q'_2=1$。SCR 不导通。

当电路发生过电流故障或断相故障时，$U_5=14.3\text{V}$，即 $S_1=1$。D_1 翻转，$Q_1=1$，即 15V。该电压通过电阻 R_{44}叠加在 LM324 的 9 号引脚上，闭环情况下会直接抵消掉给定积分器的输出信号（因为给定积分器的有效输出为负电压）促使 U_k消失。所以主电路输出电压立即消失。由于 $Q_1=1$ 故 VD12 截止，U_{CC}经 R_{24}向 C_{16}充电，当 C_{16}上的电压达到 D 触发器的高电平阈值时 $S_2=1$、$Q'_2=0$、VD13 导通。晶体管导通，其集电极电流流过 R_{29}，产生的电压降使 SCR 导通。SCR 导通，控制的过电流继电器 KI2 吸合，其常闭触点切断主电路接通接触器 KM1。KM1 的常开触点切断给定继电器 KA，同时故障继电器 KI2 的常开触点闭合，故障指示灯点亮。由于 KI2 为直流继电器，其供电电源为 24V，所以一旦 KI2 吸合就会保持吸合状态，除非切断控制电路接通继电器 KM2 等待 KI2 因为断电而释放。

（4）电动机的过热保护

1）过热保护原理。过热保护综合考虑了电动机正序和负序电流所产生的热效应，为电动机各种过负荷引起的过热提供保护，也可作为电动机短路、起动时间过长、堵转等的后备保护。因为正序电流和负序电流所产生的发热量是不相同的，负序电流在转子中产生 2 倍工频电流使转子发热，所以引入了等效发热电流 I_{Nq}，其表达式为

$$I_{Nq}^2=k_1I_1^2+k_2I_2^2$$

热保护反时限动作方程为

$$t=\frac{T_d}{\left(\frac{I_{Nq}}{I_N}\right)^2-1.05^2}$$

可转换为

$$t=\frac{T_d}{K_1\left(\frac{I_1}{I_N}\right)^2+K_2\left(\frac{I_2}{I_N}\right)^2-1.05^2}$$

式中　I_{Nq}——等效发热电流（A）；

t——动作时间（s）；

T_d——热积累时间定值（s）；

I_1——电动机运行电流的正序分量（A）；

I_2——电动机运行电流的负序分量（A）；

I_N——电动机的额定电流（实际运行额定电流反应到 CT 二次侧的值，A）；

K_1——正序电流发热系数，为防止电动机在起动时误动作，所以该值在启动时间内为0.5，起动时间过后自动变为1，且不可整定；

K_2——负序电流发热系数，可在3～10的范围内整定，无特殊说明为6。

当 $I_{Nq} \leqslant 1.05 I_N$ 时 $t \to \infty$，即保护不动作。T_d一般由电动机制造厂提供，在电机厂家无法提供时可通过计算获得一个大概值。

2）电动机过热定值计算。以南京钛能电气有限公司 TDR934 系列电动机综合保护装置为例，计算与该保护有关的定值。

① 过热告警定值：此值可取$(0.7 \sim 0.8)T_d$。

② 过热跳闸定值。T_d的整定有几种方法：

【方法一】：电动机制造厂家提供。

【方法二】：如果厂家提供过负荷能力的数据，如在 x 倍过负荷情况下运行时间可根据公式

$$t = \frac{T_d}{x^2 - 1.05^2}$$

即

$$T_d = (x^2 - 1.05^2)t$$

【方法三】：可由起动状态下的定子温升决定。

$$T_d = \frac{\text{稳定温升} \times \text{起动电流倍数}^2 \times \text{起动时间}}{\text{起动温升}}$$

【方法四】：按电动机最多可连续起动两次考虑。

假设 $I_1 = I_N$，$I_2 = 0$ 时热保护动作时间 $t > 2t_{stant}$，即热保护动作时间应大于两倍电动机起动时间，则

$$T_d = t \times (K_1 (I_1/I_s)^2 + K_2 (I_2/I_s)^2 - 1.05^2)$$

式中，I_s 为电动机实际运行额定电流反映到 CT 二次侧的值。

以上四种方法，可计算出四个 T_d值，应先选用较小值进行试运行。

③ 过热闭锁定值：此值可取50% T_d。

④ 电动机散热系数：电动机正常运转时其散热时间常数等于发热时间常数 T。但是当电动机停机后由于散热条件变差引入电动机散热系数，对散热时间常数进行修正，该值一般取$K_e = 4$。

⑤ 负序电流发热系数。由于一般情况下电动机负序阻抗与正序阻抗之比为6，故发热系数一般情况下设定为6，也可根据具体实例正序阻抗之比来整定。

⑥ 电动机起动时间。电动机起动时间关系到电动机起动时的热积累计算，按电动机起动时间的1.2倍作为可靠系数整定，即

$$t_{dz} = 1.2 t_{stant}$$

⑦ 电动机额定电流：可表示为 I_N，一般由电动机铭牌获得。

（5）隔离保护电路

1）隔离的意义。在 DSC－32 型晶闸管直流调速系统中，主电路的直流输出电压在 0～300V 连续可调。系统在正常运行情况下主电路输出电压都在数百伏以上，控制电路在正常运行情况下输出电压一般都在 ±15V 左右。而且系统中的电压负反馈信号是通过 44 号、45 号线从主电路中取自的直流电压。为了保证系统正常运行，直流电压检测必须采取隔离措施，绝不允许把主电路中的电压反馈信号直接送往调节器，必须经过直流电压隔离变换器取得电压反馈信号 u_{fu} 才能送往控制电路从而保证系统与电动机的正常运行。采用直流电压隔离变换器 YG 检测电压的电路如图 3-57 所示，其原理是将输入信号与输出信号在电路上隔开。直流电压隔离变换器 YG 是利用一个辅助交流电源先把被测的直流电压调制成交流信号，利用变压器隔离和变换后，再解调成直流信号作为输出量。只要使输入和输出的直流信号的大小保持线性比例关系就可以了。在 DSC－32 型晶闸管直流调速系统中，直流电压隔离变换器 YG 采用标准的控制单元插件，线路设计采用标准的典型线路设计。整个电路由隔离环节电路与振荡环节电路组成。电路在设计中为了减小变压器体积加快信号的反应速度，采用了 2kHz 的方波辅助电源（高频方波发生器），电路原理图如图 3-58 所示。

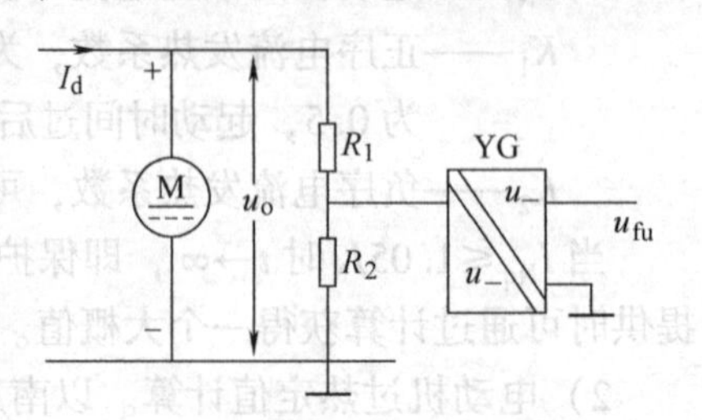

图 3-57　直流电压隔离变换器

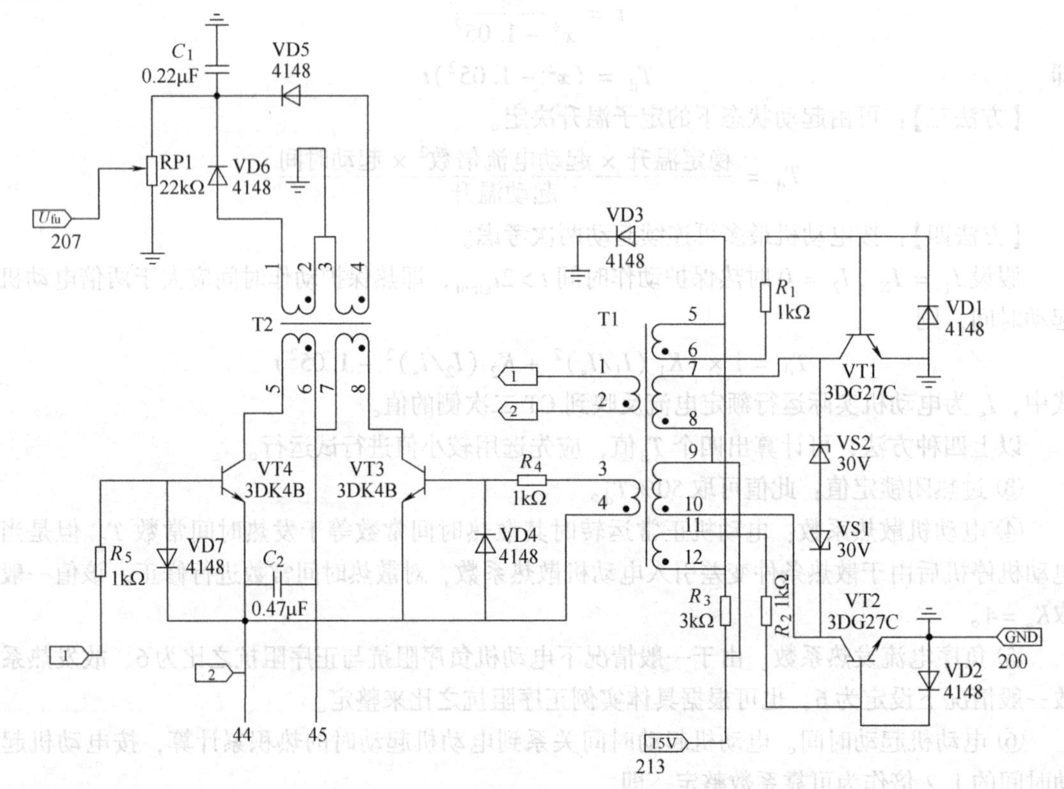

图 3-58　电压隔离变换电路原理图

$$u_{fu} = pU_o$$

$$p = \frac{R_2}{R_1 + R_2} \leqslant 1$$

式中　u_{fu}——为电压反馈信号；

p——为电压分压系数。

2）振荡电路的工作原理。图3-59所示为振荡电路原理图，15V的直流电源经振荡变压器的绕组9号、10号线加于VT2的集电极经电阻R_3、绕组12号线、11号线与电阻R_2加于

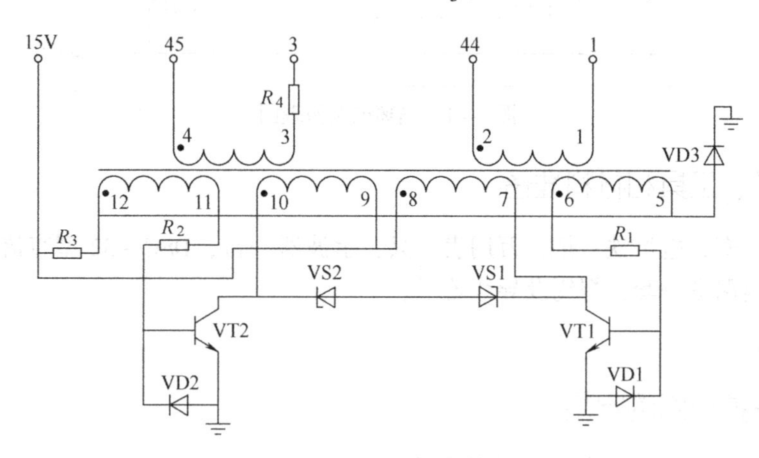

图3-59　振荡电路原理图

VT2的基极。15V电源经绕组8号线、7号线加于VT1集电极，经电阻R_3、绕组5号线、6号线与电阻R_1加于VT1的基极。此时VT1与VT2同时具备了导通条件，但由于VT1与VT2的参数不一致，所以导致了其中一个晶体管优先导通工作。以VT1优先导通为例，VT1导通，导致VT2集电极电位下降VT2截止。当VT1饱和时，由于U_{CE} = 0.3V，而U_{BE} =0.7V而使VT1截止VT2导通。VT1与VT2的轮流导通使绕组7号线、8号线与9号线、10号线轮流流过电流。电流方向为8→7、9→10。而8和10为同名端，所以在1号线、2号线与3号线、4号线产生互差180°的电压信号且频率为2kHz左右。振荡变压器的输出波形如图3-60所示。

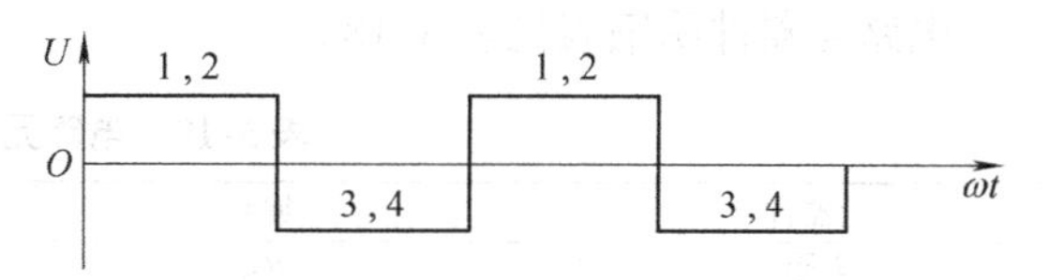

图3-60　振荡变压器的输出波形

3）隔离电路的工作原理。图3-61所示为隔离电路原理图。它将从主电路的44号、45号线取出的电压反馈信号接到直流电压隔离变换器YG的输入端44号、45号线上。其中45号电位高于44号电位，即45为正极端44为负极端。当1、2端输出时VT4饱和导通，此时隔离变压器的一次绕组5号、6号引脚接通反馈电压，即6为正极端，5为负极端。而二次绕组1号、2号引脚产生电压，2为正极端1为负极端。当3、4端输出时VT3饱和导通，此时，隔离变压器的一次绕组7号、8号引脚接通反馈电压，即7为正极端8为负极端。而二次绕组3、4脚产生电压，3为正极端、4为负极端，经隔离变压器T2产生2kHz的信号。即将45号与44号引脚的直流信号调制成2kHz交流信号，再经过VD5与VD6组成的全波整流电路变为直流电压作为反馈信号使用。

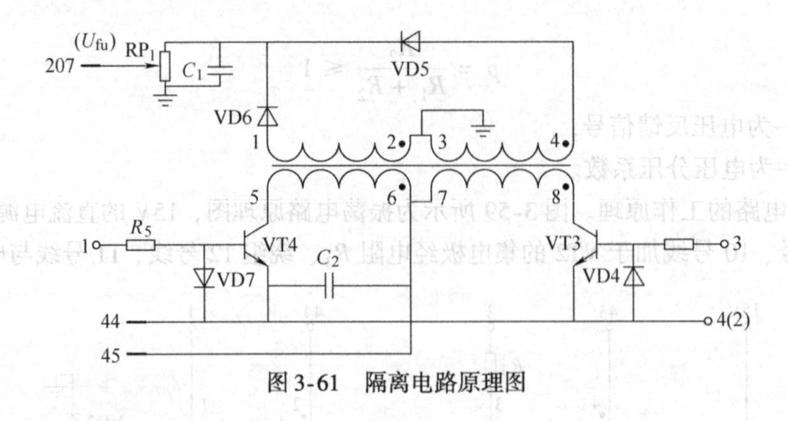

图 3-61　隔离电路原理图

二、设备、工具和材料准备

电工工具一套，电烙铁一把，万用表一只，示波器一台，DSC－32 型直流调速柜一台，各种保护电路电路图一套，焊锡及导线若干。

任务实施

一、各保护电路的安装

1. 过电流、断相、过热保护电路的安装

（1）电路元器件明细表

电路元器件明细表见表 3-18。

表 3-18　电路元器件明细表

元器件	编号	型号/规格	数量	备注
电阻	R_{28}	1.5kΩ	1	
电阻	R_{29}、R_{33}	4.7kΩ	2	
电阻	R_9、R_{31}、R_{32}、R_{35}	10kΩ	4	
电阻	R_{34}、R_{36}、R_{27}、R_{40}	20kΩ	4	
电阻	R_{24}、R_{41}	1MΩ	2	
电阻	R_{25}、R_{26}	3kΩ	2	
电阻	R_{42}	30kΩ	1	
电阻	R_{43}	100kΩ	1	
电容	C_{13}、C_{18}、C_{19}、C_{20}	0.1μF	4	
电容	C_{15}、C_{16}、C_{17}	10μF	3	
电容	C_{14}	47μF	1	
二极管	VD12、VD13、VD15、VD16、VD17	4148	5	
二极管	VD14、VD18～VD23	4007	7	
电阻	R_{38}、R_{39}	220	2	
电位器	RP6	1kΩ	1	
晶闸管	SCR	2P4M	1	
电压比较器	IC2	LM311	1	
晶体管	T1	8550	1	
双 D 触发器	IC3	CD4013	1	
稳压二极管	VS1	2CW7	1	

（2）电路的安装

过电流、断相、过热保护电路原理图如图 3-62 所示。首先正确选择元器件，然后对电子元器件进行测量。二极管要进行质量与极性的判别。对电阻进行阻值的测量，对电容进行

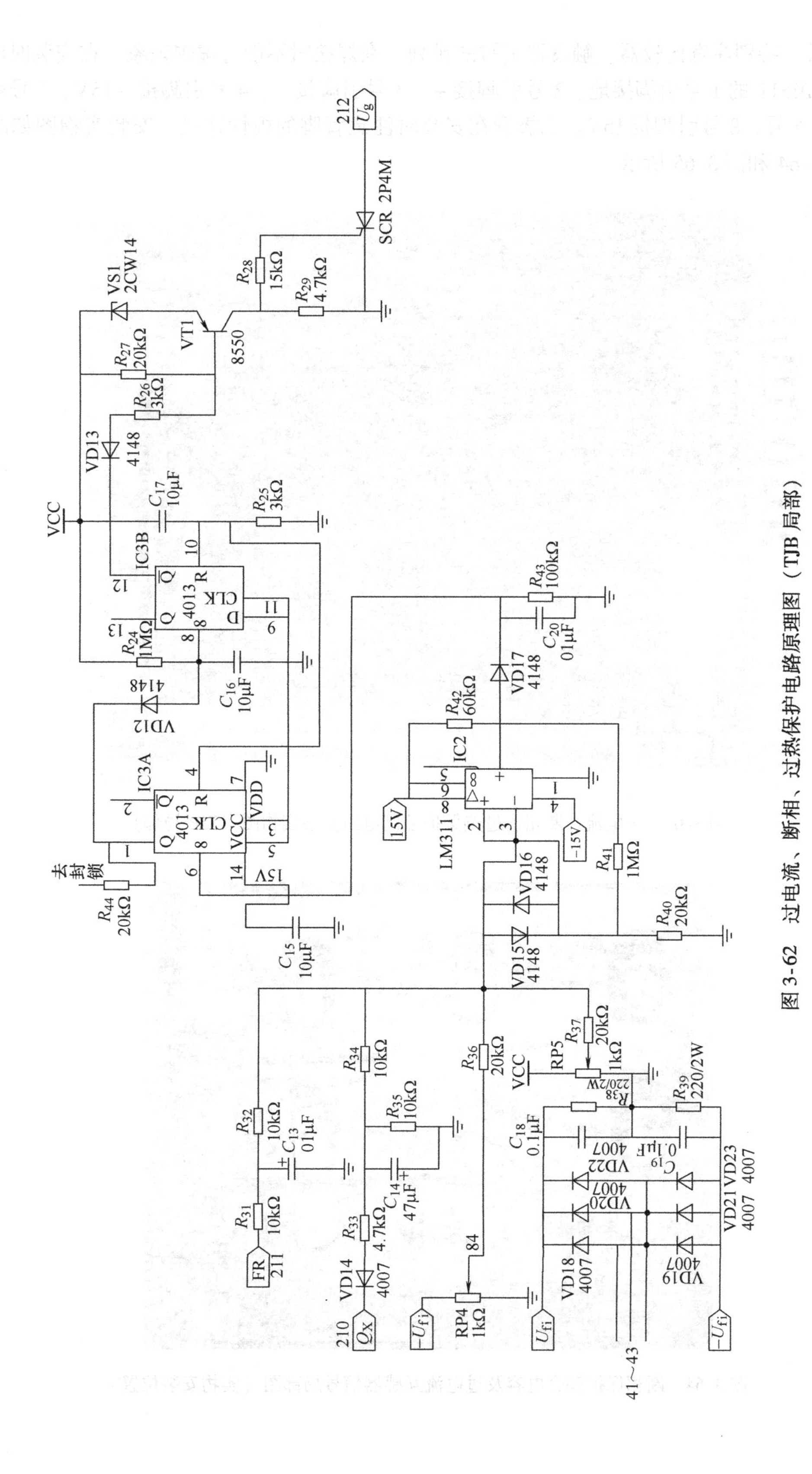

图3-62 过电流、断相、过热保护电路原理图（TJB局部）

好坏测量。特别注意比较器、触发器引脚的排列。在焊接时不能有虚焊现象。在安装时电压比较器 LM311 的 1 号引脚接地、2 号引脚接 +、3 号引脚接 -、4 号引脚接 -15V、7 号引脚接输出、6 号、8 号引脚接 15V。二极管在安装时注意管脚的极性连接。安装实物图如图 3-63、图 3-64 和图 3-65 所示。

图 3-63　过电流、断相、过热保护控制电路安装实物图（TJB 局部）

图 3-64　断相保护耦合电容及过电流互感器信号局部图（实物安装位置）

图 3-65　断相隔离保护变压器（实物安装位置）

2. 隔离振荡保护电路的安装

（1）隔离振荡电路元器件明细表

元器件明细表见表 3-19。

表 3-19　元器件明细表

元器件	编号	规格	数量	备注
电阻	R_1、R_2	1kΩ，1kΩ	2	
电阻	R_3、R_4	3kΩ，1kΩ	2	
二极管	VD1、VD2、VD3	1N4148	3	
晶体管	VT1、VT2	3DG27C	2	
稳压管	VS1、VS2	30V、30V	2	
振荡变压器	T1	15V	1	
电阻	R_5	1kΩ	1	
可调电位器	W1	2. 2kΩ	1	
二极管	VD4、VD5	1N4148	2	
二极管	VD6、VD7	1N4148	2	
晶体管	VT3、VT4	3DK4B	2	
电容	C_1	0. 22μF	1	
电容	C_2	0. 47μF	1	
隔离变压器	T2	15V	1	

（2）电路的安装

如图 3-58 所示，首先正确选择元器件，然后对电子元器件进行测量安装，安装位置如图 3-66 所示。二极管、晶体管要进行质量与极性的判别。对电阻进行阻值测量，对电容进行好坏测量。在焊接时不能有虚焊现象。在安装时要注意变压器 T1、T2 的同名端及每一、二次侧端子在电路中的安装位置。安装后的电路板如图 3-67 所示。

二、保护环节电路的调试

在 DSC－32 型直流调速系统中，过电流保护、断相保护、过热保护、隔离振荡保护电

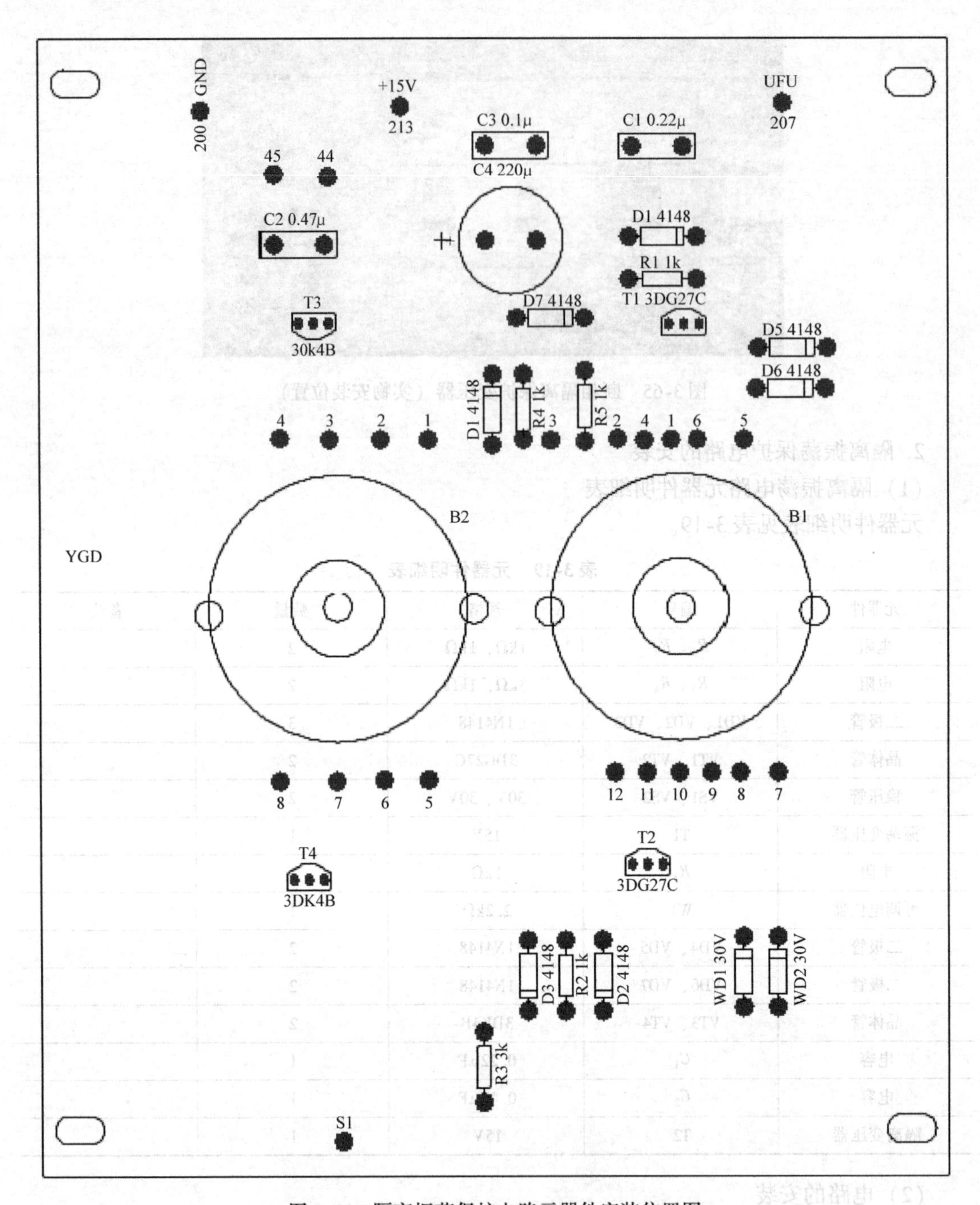

图 3-66　隔离振荡保护电路元器件安装位置图

路分别安装在调节板和隔离板电路中。带保护环节的积分反馈调节放大电路如图 3-68 所示。系统电路由保护控制和积分反馈调节放大电路组成，积分反馈调节放大电路的调试方法步骤前面章节已有叙述，在此着重介绍各个保护环节电路的调试方法。

1. 过电流及保护控制电路的调试

按照图 3-48 所示限流值设定电路进行调试。该电路通过调节 RP5 可以获得一个适合的

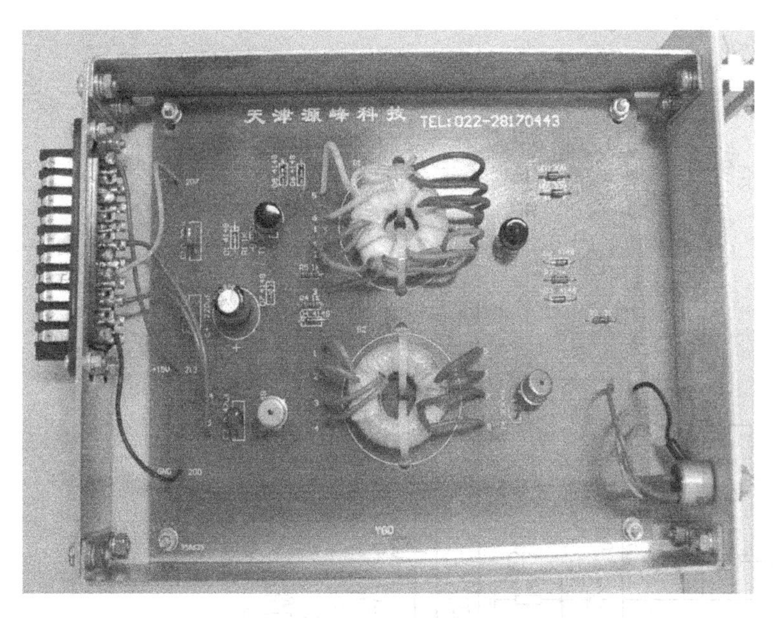

图 3-67　隔离振荡保护电路安装实物图

基准比较电压 U_1，且 $U_1 \approx 3V$。这样做的目的是为电流取样信号确定一个零电位，方便与过电流整定电路进行比较，以判定实际负载电流是否超过整定值。

按照图 3-49 所示限流值整定电路进行调试。该电路将电流反馈信号 $-U_{fi}$通过 RP4 的调节可以获得一个合适的反馈信号 U_2，且 $U_2<0$。显然当负载电流越大时，U_2数值也就越大，而且是负电位。此时可以通过 S4 观察此电位变化。电路中 U_2与 U_1 在迟滞比较器输入端进行叠加运算会出现两种结果：

1）$U_2+U_1>0$。

2）$U_2+U_1<0$。

当 $U_2+U_1>0$ 时，说明负载电流没有超过整定值，迟滞比较器输出不翻转；当 $U_2+U_1<0$ 时，说明负载电流已经超过整定值，迟滞比较器输出翻转，保护电路动作。保护电路如图 3-56 所示。电路正常工作时 $U_5=0$，电路不工作，SCR 不导通。当电路过电流时，$U_5=14.3V(1S=1)$时，D1 翻转，1Q＝1 即 $U_2'=15V$，通过电阻 R_{44}叠加在 LM324 的脚上，强反馈使 $U_k<0$。同时 VD12 截止，U_{CC}经 R_{24}、C_{16}充电达到一定值时，2S＝1，2Q＝0，VD13 导通，晶体管导通产生脉冲使 SCR 导通，并保持。使得 KI2 线圈得电。此时 KI2－1 常闭触点断开主电路接触器的 KM1 线圈失电，主电路断开，同时 KI2－2 常开触点闭合，故障指示灯点亮。C_{17}和 R_{25}组成上电复位电路。

系统带负载时，过电流值的整定。将调节板内的 RP5 的输出电压调到 6～7V，闭合各电路，调节给定电位器，使输出电压达到 220V；增加负载，负载电流增加，当电流表指示电流值达到电枢额定电流值的 2.2 倍时（$I_d=2.2I_N$），停止增加负载；调整调节板上的电位器 RP4，使保护电路动作，即切断主电路，故障指示灯亮；此时调整调节板上的电位器 RP4 的电压值为过电流值的整定值。切断控制电路，将电阻箱的阻值复原。至此，系统带负载调整完毕。

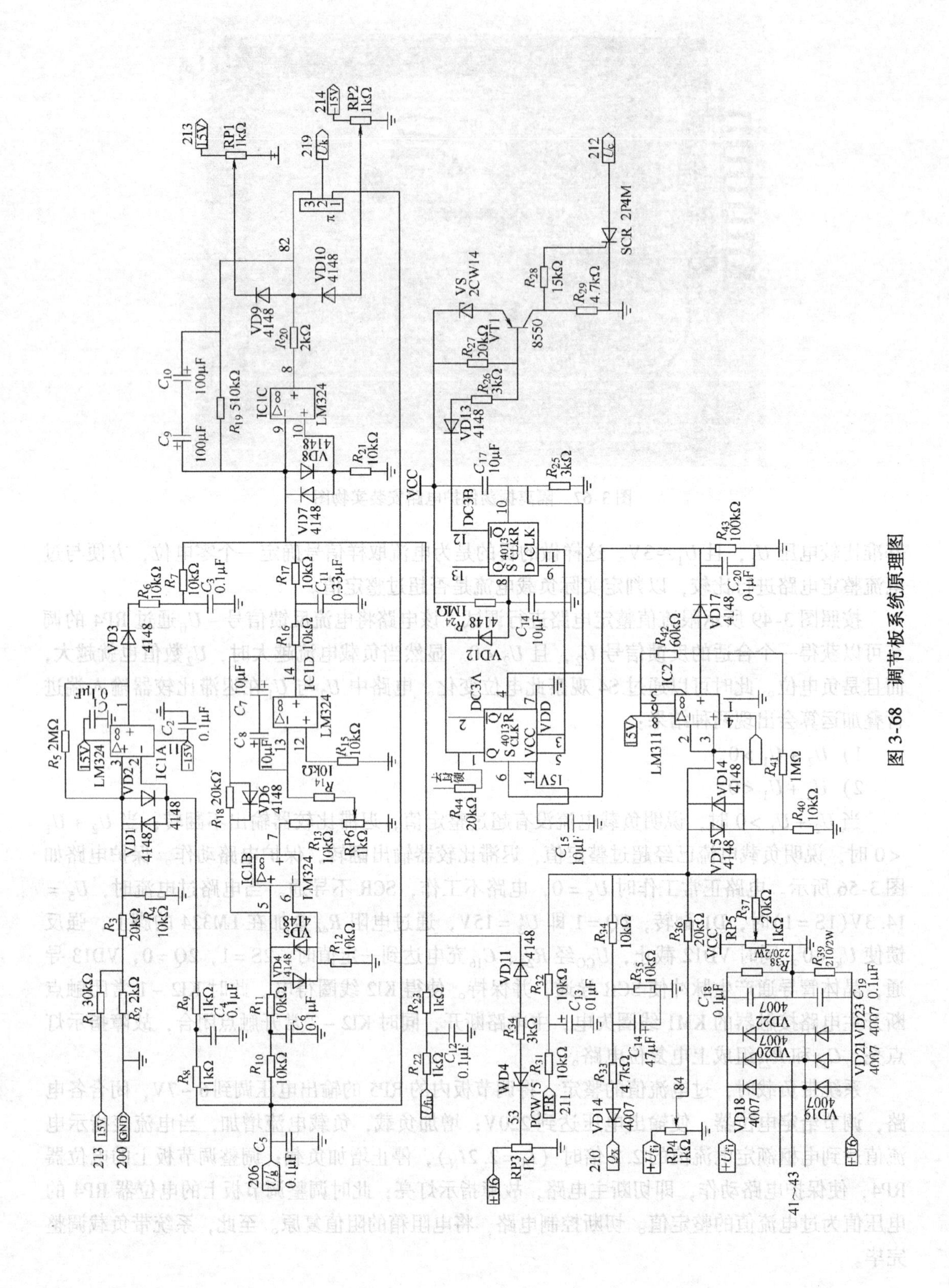

图 3-68　调节板系统原理图

2. 断相保护的调试

图3-51所示为断相保护原理图；图3-55所示为断相保护信号电路。在对断相保护电路进行调试时将断相变压器的二次侧输出信号 Q_x 经二极管VD14的半波整流后，由 C_{14}、R_{35} 滤波得到反馈信号 U_3。且 $U_3<0$，约为 $-14V$。当调试好所有电路时并用转接电缆接出TJB电路板。断开 R_{34}、断开 $C_{103}\sim C_{105}$ 中的任何一只电容器（人为制造断相故障）。测量断相变压器一次电压、二次电压、保护信号输出波形和数值。

3. 断相保护信号的处理

三路信号在迟滞比较器输入端叠加：当 $U_1+U_2+U_3>0$ 时，即 $U_1>-(U_2+U_3)$，比较器不翻转，保护电路不动作。当 $U_1+U_2+U_3<0$ 时，即 $U_1<-(U_2+U_3)$，比较器翻转，保护电路动作。实际电路中，U_2+U_3（过电流、断相）为负电压，当 $U_2+U_3>1V$ 时，电路中的保护电路动作，动作原理参见过电流保护设定环节的说明。迟滞环的抗干扰容限仅为0.3V左右，输入变化超过0.3V即呈现输出极性翻转。

4. 隔离振荡保护电路的调试

隔离振荡保护电路分布在隔离板电路中，其主要作用是将主电路（强电）与控制电路（弱电）隔离，防止主电路的高电压串入控制电路，使其只有磁的联系而无电的直接联系，保证人身安全。在调试的过程中先检查输入量是否正常，用引出线引出隔离板电路闭合控制电路（KM2线圈得电）确保电源板正常工作。用万用表直流电压挡测量隔离板当中的213号与200号线之间的电压应该为直流15V。由于此时主电路尚未开始工作，所以44号与45号线均无电压，闭合控制电路以后应有蜂鸣声，表示隔离板中的振荡变压器工作正常，2kHz方波已经产生。然后对内部电路参数进行测量，在振荡变压器1、2与3、4之间均为交流电压3.3V左右，用示波器观察2kHz方波，则隔离板调试正常。

三、各保护电路的维修

1. 过电流、过热、断相保护电路的维修

1）查看故障现象，分析故障原因。过电流、过热、断相保护电路可能出现的故障及原因见表3-20。

表3-20 过电流、过热、断相保护电路可能出现的故障及原因

故障现象	故障区域（点）及故障原因分析
电动机电流过大或过热，保护电路未工作	晶闸管损坏或双D触发器损坏，使得电路无法翻转和导通
接通电源，电路延时保护	VD12反接
接通电源，电路保护	LM311损坏、LM311始终输出15V，保护电路上电工作
电流较小时，电路保护	减小 R_{36} 阻值、比例系数改变电路状态改变
闭合电路，则保护电路工作	RP5的15V电源断开，比较电压过低
电路保护启动	快速熔断器或断相电容接点断开

2）维修步骤：

① 分组进行，组与组之间相互设置故障。

② 先观察故障现象。

③ 根据故障现象进行分析。

④ 找出故障点。

⑤ 排除故障，填写故障分析表。

3）修复故障、通电调试运行。排除故障后，必须经过仔细的再次排查、分析，然后才能通电调试。

4）故障排除训练。分为四组两组一对，组与组之间互出故障练习。进行故障排除练习。

① 故障点：断开15V或－15V电源。

② 故障点：断开RP5的15V电源。

③ 故障点：反接VD12。

④ 故障点：减小R_{36}电阻阻值。

⑤ 故障点：断开206号线。

5）填写过电流、过热、断相保护电路故障诊断表，见表3-21。

表3-21　过电流、过热、断相保护电路故障诊断表

序号	故障现象	故障点	故障原因	解决问题的办法
1				
2				
3				
4				
5				

2. 隔离振荡保护电路的维修

1）查看故障现象，分析故障原因。

隔离振荡保护电路可能出现的故障及原因见表3-22。

表3-22　隔离振荡保护电路可能出现的故障及原因

故 障 现 象	故障区域（点）及故障原因分析
没有蜂鸣声、振荡电路不工作	断开15V电源或VT1的基极，振荡变压器或晶体管VT1无法正常工作
有蜂鸣声，但没有反馈电压输出	9、10号引脚反接、晶体管VT2不能放大输出
反馈电压为正常的50%	断开二极管VD5或VD6，电路不能正常工作
反馈电压不可调或无输出	隔离变压器或RP1电位器损坏
没有反馈电压，隔离电路不工作	断开44号或45号线、电压反馈取样信号不正常

2）维修步骤：

① 分组进行，组与组之间相互设置故障。

② 先观察故障现象。

③ 根据故障现象进行分析。

④ 找出故障点。

⑤ 排除故障，填写故障分析表。

3）修复故障、通电调试运行。排除故障后，必须经过仔细的再次排查、分析，然后才能通电调试。

4）故障排除训练：分为四组两组一对，组与组之间互出故障练习。进行隔离振荡保护电路故障排除练习。

① 故障点：断开 15V 电源。

② 故障点：断开晶体管 VT1 的基极。

③ 故障点：断开二极管 VD5 或 VD6。

④ 故障点：断开 44 号或 45 号线。

⑤ 故障点：9、10 号引脚反接。

5）填写隔离振荡保护电路故障诊断表，见表 3-23。

表 3-23 隔离振荡保护电路故障诊断表

序号	故障现象	故障点	故障原因	解决问题的办法
1				
2				
3				
4				
5				

注意事项：

1）在操作过程中双踪示波器的两个探头应保证两个地线电位相同。

2）只有在电源板电压正常的情况下，才可以对隔离板进行调试。

3）在焊接时注意电烙铁使用的技巧与安全。

4）在对调节板保护电路调试和检测过程中，注意保证电源、隔离板、触发板运行正常。

5）在故障检修时要按照开、闭环调节步骤操作不断确定故障范围。

6）在维修过程中要注意安全，分析要准确，避免扩大故障范围。

任务评价

任务评价见表 3-24。

表 3-24 任务评价

项目		配分	评分标准	扣分	得分
电路的安装	过电流保护电路的安装	7	元器件选择错误每处扣 2 分		
			虚焊每处扣 1 分		
			元器件损坏每个扣 2 分		
			元器件判别错误每处扣 2 分		
			接线错误每处扣 2 分		

（续）

项目		配分	评分标准	扣分	得分
电路的安装	断相保护电路的安装	6	元器件选择错误每处扣2分		
			虚焊每处扣1分		
			元器件损坏每个扣2分		
			元器件判别错误每处扣2分		
			接线错误每处扣2分		
	过热保护电路的安装	7	保护元器件选择错误每处扣2分		
			接线错误每处扣2分		
			电动机接线错误每处扣4分		
	隔离振荡保护电路的安装	15	元器件选择错误每处扣2分		
			虚焊每处扣1分		
			元器件损坏每个扣2分		
			元器件判别错误每处扣2分		
			接线错误每处扣2分		
电路的调试	过电流保护电路的调试	5	RP4、RP5调节电压不正常每处扣2分		
	断相保护电路的调试	3	Q_X电压信号不正常扣3分		
	过热保护电路的调试	5	电动机工作不正常扣5分		
	隔离振荡保护电路的安装	12	44号、45号线取样信号不正常扣3分		
			振荡、隔离电压不正常每处扣3分		
保护电路的维修		30	不能发现故障现象扣4分		
			发现故障不能处理扣2分		
			不能分析故障现象扣4分		
			不能正确使用仪器仪表扣4分		
			扩大故障范围扣10分		
文明生产		10	违反操作规程视情节扣5~10分		

巩固与提高

一、填空题

1. 系统内、外部异常或故障的主要表现形式有________、________和________。

2. 依据异常及故障的严重性，保护装置的动作主要有________、________和________三种。

3. 在调节板电路中设置了________电路和________以及________电路。从而使电路在运行中实现过电流保护。

4. 在三相交流电源中当电压有效值其中任意一相或两相缺失通常称之为________。一般是由外部电源系统造成的。

5. 过热保护综合考虑了电动机________和________电流所产生的热效应。

6. 滞环比较器电路将________、________与________经调节后的电压U_3叠加到一起。

二、选择题

1. 在晶闸管直流调速系统中设置的保护电路不包括（ ）。

A. 过电流保护　　B. 断相保护　　C. 过热保护　　D. 延时保护

2. 通常把超过正常工作时晶闸管所能承受的最大峰值电压，或者是超过系统各部分所设计的额定电压称为（ ）。

A. 过电压　　B. 过电流　　C. 电流变化率大　　D. 电压变化率大

3. 过电流保护电路中，限流设定电路将直流电源经调节限流设定电位器 RP5 可以获得一个合适的基准比较电压 U_1，且比较电压 $U_1 \approx$（　）。

A. 1V　　B. 3V　　C. 5V　　D. 10V

4. 当三相交流电源发生断相故障时就会产生（　）。在检测中我们通常利用此特性来检测断相故障的发生。

A. 零序电流　　B. 零序电压　　C. 高压　　D. 环流

5. 在晶闸管直流调速系统调节板电路中，当电路发生断相故障时 U_3 为负电压值，此信号与基准比较电压信号 U_1 在 LM311 的负输入端叠加后，促使滞环电压比较器输出（　）。

A. 高电平　　B. 低电平　　C. 零电平　　D. 先高电平后低电平

三、判断题

1. 直流调速系统保护环节电路的作用是指当系统内部、外部出现异常或者故障时，保护电路能及时地进行缓冲或动作，以避免器件的损坏和故障的扩大。（　）

2. 过电流通常是指超过正常工作时流过晶闸管的电流，或者是指超过系统设计的最大输出电流和设定电流。（　）

3. 针对不同等级的故障通常采用不同的保护动作，并且会在一个系统中联合使用多种、多重的保护，最终达到使系统高效、安全、可靠工作的目的。（　）

4. 在直流调速系统调节板电路中设置了限流值设定电路和限流值整定电路以及滞环比较器电路。（　）

5. 滞环比较器电路将基准比较电压 U_1、反馈电压 U_2 与三相断相监测信号 U_x 经调节后的电压 U_3 叠加到一起。（　）

6. 断相一般是由外部电源系统造成的。但是有时也会因系统的主变压器以及相关连线、器件的故障引起断相现象。（　）

7. 晶闸管直流调速系统在运行中当出现断相时，整个系统将会出现电源相位不平衡的现象。（　）

8. 在晶闸管直流调速系统调节板的断相保护信号电路中，当电路发生断相故障时 U_3 为负电压值，此信号促使滞环电压比较器输出高电平。（　）

四、简答题

1. 过电流值与限流值的含义由什么不同？

2. U_1 作为基准电平其数值的调整应依据过电流值 U_2 还是断相信号 U_3？

3. 如图 3-58 所示，VD1、VD2、VD3 三个二极管在电路中起什么作用？

4. 芯片 CD4013 引脚的功能是什么，各引脚的电位是多少？

5. 芯片 LM311 引脚的功能是什么，各引脚的电位是多少？

6. 电动机的过热保护是什么？

7. 简述隔离变压器 T2 与振荡变压器 T1 的工作原理并说明其功能。

8. 当隔离振荡电路工作正常时，请描述晶体管 VT1、VT2、VT3、VT4 的导通顺序。

任务五　无静差转速负反馈直流调速系统的装调与维修

知识目标： 1. 熟悉无静差系统与有静差系统的联系。

2. 掌握无静差转速负反馈直流调速系统的工作原理。

3. 掌握无静差系统的特性及规律。

技能目标：

1. 掌握无静差转速负反馈直流调速系统的安装、调试方法与技能。

2. 掌握无静差转速负反馈直流调速系统的维修方法与技能。

任务描述

前面讨论了有静差调速系统的工作过程，其实质是将测速反馈电压 U_{fn} 和给定电压 U_g 进行比较后，得到偏差电压，经过比较放大后，去控制触发延迟角的大小，达到调速的目的。因为是有静差调速，因而不能消除静差。在机械加工要求较高的情况下，对转速的要求相对就较高。如果要消除静差，必须摆脱单纯按比例反馈的闭环控制的束缚，从控制规律上找出消除静差的方法。

前面还分析了比例积分调节规律，在输入量有偏差的情况下，比例积分调节器的输出在没有达到饱和时，就在不断增加，当偏差为零时，调节器的输出保持不变。因而，如果将比例控制规律改成比例积分控制规律，就可以消除静差。因为比例积分控制不仅靠偏差本身，还要靠偏差的积累。只要在历史上有过偏差，即使现在偏差电压为零，其积分值仍然存在，仍能产生控制电压。所以，比例积分控制系统只是在调节过程中有偏差，而在稳态时就可以消除偏差，所以比例积分控制系统是无静差系统。

若输入信号为阶跃信号，比例积分调节器在没有进入饱和时，其输出是随时间线性增长的，直到饱和（达到限幅值）时为止。这说明积分调节器接受任何一个突变的控制信号时，它的输出只能逐渐增长，控制效果只能逐渐反映出来。而比例调节器，虽然有静差，但是动态反应却较快。如果既要无静差，又要反应快，那么，将两者结合起来，构成比例积分调节器，就可以保持两种调节规律的特点。

ZDT 系列的龙门刨床采用了这种调节以后，其速度的稳定性较高，可以适应机械加工要求较高的场合。

相关知识

一、无静差转速负反馈调速系统的组成和原理

由比例积分调节器构成的无静差系统如图 3-69 所示。它采用比例积分调节器以实现无静差。

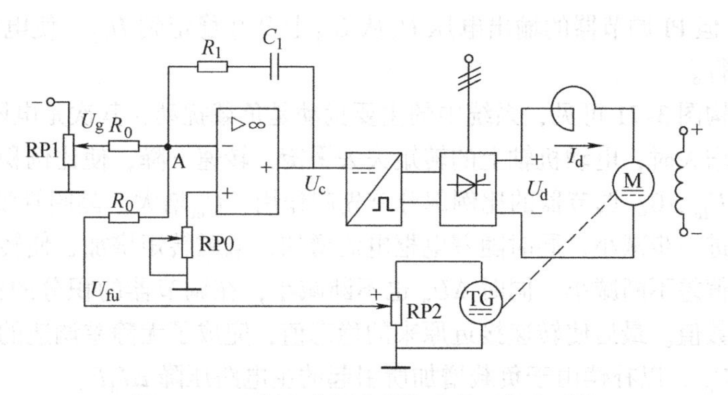

图 3-69　比例积分调节器构成的无静差系统

系统稳定运行时，其稳态转速即为给定转速 n。稳态时，由于 $\Delta U_i=0$，即 $U_g=U_{fn}=\alpha n$，故稳态转速 $n=U_g/\alpha$，改变 U_g的大小能够调节电动机的转速 n。

当负载增大时，电动机的电磁转矩小于负载转矩，电动机的转速下降，转速检测反馈电压小于给定电压，使得 $\Delta U_i<0$，系统自动调节过程如下：

$$T_L\uparrow\rightarrow n\downarrow\rightarrow U_{fn}\downarrow\rightarrow\Delta U_i\uparrow\rightarrow U_c\uparrow\rightarrow\alpha\downarrow\rightarrow U_d\uparrow\rightarrow n\uparrow$$

$$\Delta U_i\downarrow\leftarrow \text{直到} U_g=U_{fn}\,(\Delta U_i=0)$$

即在 PI 调节器突加给定信号时，由于 C_1 电容两端电压不能突变，开始为 0，相当于电容瞬间短路，调节器瞬间的作用是比例调节器，系数为 K_0，其输出电压 $U_c=K_0U_i$，实现快速控制，发挥了比例控制的优点。此后随着 C_1 被充电，输出电压 U_c开始积分，其数值不断增长，直到稳态。稳态时，C_1 两端电压等于 U_c，则 R_1 的比例已不起作用，又和积分调节器性能相同，发挥了积分控制的长处，实现无静差。比例积分调节器，在动态到静态的过程相当于自动可变的放大倍数，动态时小，静态时大，从而解决了动态稳定性和快速性与静态精度之间的矛盾。

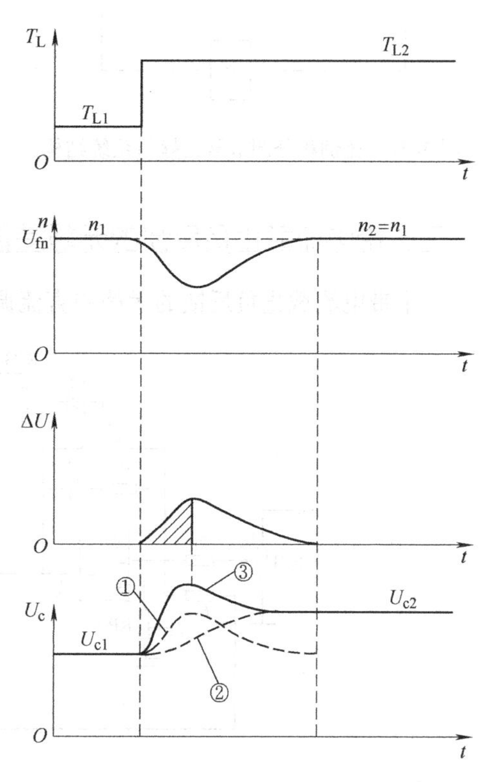

图 3-70　负载变化时系统的调节过程曲线

图 3-70 所示为负载变化时系统的调节过程曲线。在调节过程中，比例调节器的作用如图中曲线①所示，积分调节器的作用如图中曲线②所示，由于系统采用了比例积分调节器，调节作用如图中曲线③所示。在调节过程的前中期，比例调节起主要作用，阻止转速降落，并使转速稳步回升。在调节的后期转速偏差 Δ_n 很小，比例调节器作用不明显，积分调节起主要作用，使转速回到原值，并最终消除偏差。调节过程结束时，

$\Delta u=0$，$\Delta n=0$，但 PI 调节器的输出电压 U_c 从 U_{c1} 上升并稳定到 U_{c2}，使电动机又回升到给定转速下稳定运行。

由系统的结构图 3-71 可见，系统中的主要扰动是负载扰动，其次是电网电压的波动。

当负载突然增大时，电动机轴上的转矩失去平衡，转速下降，使比例积分调节器的输入电压 $\Delta U_n=U_g-U_{fn}>0$。调节器的比例部分首先起作用，U_{ct} 增大，晶闸管整流输出电压 U_{do} 增加，阻止转速进一步减小，同时随着电枢电流增加，电磁转矩增加，使转速回升。随着转速的回升，转速偏差不断减小，同时 ΔU_n 也不断减小，在调节器的积分的作用下，U_{ct} 略高于负载变化前的数值。最后使转速接近原来的稳态值，完成了无静差调速的过程。整流输出电压却增加了 ΔU_{do}，以补偿由于负载增加所引起的主电路压降 $\Delta I_d R$。

无静差调速系统的理想静特性如图 3-72 所示。由于系统无静差，静特性是不同转速时的一簇水平线（如图中实线所示）。当给定一定时，负载发生变化，电动机的转速保持不变。严格地说，“无静差”只是理论上的，但实际上，由于运放有零漂、测速发电机有误差、电容器有漏电等原因，仍有很小的静差（静特性曲线如图中虚线所示，）但比有静差调速系统要小得多，一般精度要求下可以忽略不计。

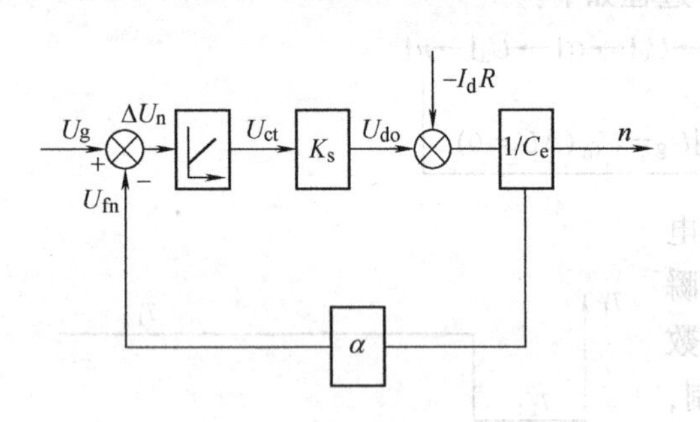

图 3-71　比例积分调节器无静差系统结构图

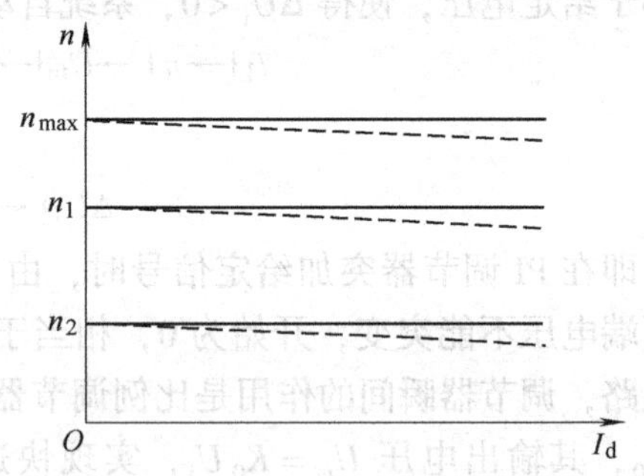

图 3-72　无静差调速系统的理想静特性

二、带电流截止负反馈的无静差直流调速系统

一个带电流截止负反馈的无静差直流调速系统如图 3-73 所示。它采用比例积分调节器

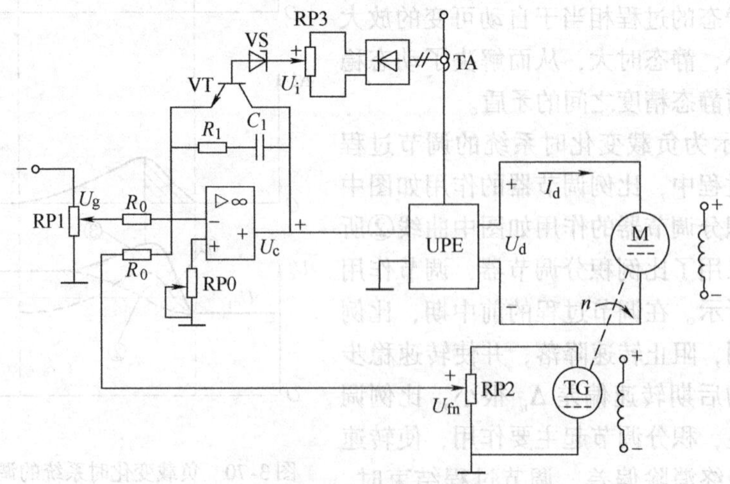

图 3-73　带电流截止负反馈的无静差直流调速系统

以实现无静差，采用电流截止负反馈来限制动态过程的冲击电流。TA 为检测电流的电流互感器，经整流后得到反馈信号。当电流超过临界电流，即 U_i高于稳压二极管 VS 的击穿电压时，使晶体管 VT 导通，则 PI 调节器的输出电压接近于零，晶闸管输出整流装置的输出电压急剧下降，达到限制电流的目的。

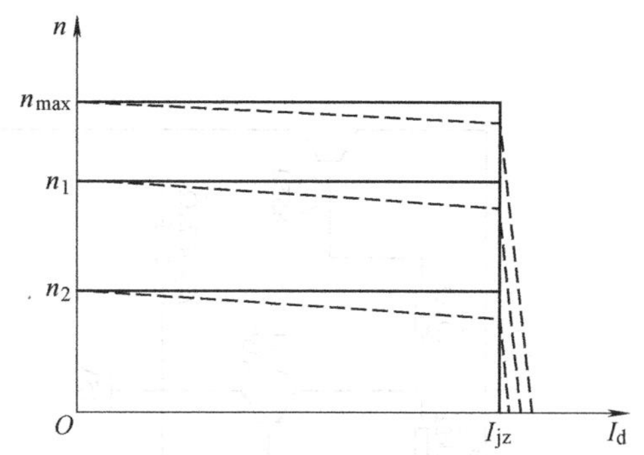

图 3-74　无静差直流调速系统的理想静特性

无静差直流调速系统的理想静特性如图 3-74所示。当 $I_d < I_{jz}$时，系统通过 PI 调节器实现无静差，静特性是不同转速时的一组水平线；当 $I_d > I_{jz}$时，电流截止负反馈起作用，静特性急剧下垂，基本上是一条很陡的垂直线。整个静特性近似呈矩形。

任务准备

一、识读无静差转速负反馈调速系统的电路图

无静差转速负反馈调速系统的组成与有静差系统的组成基本相同，唯一的区别在于转速调节器的不同：有静差系统用的是比例运算放大器，无静差系统用的是比例积分调节器，由于积分电容的存在，从而使系统消除了静差。无静差转速负反馈调速系统电路如图 3-75 所示。

由图 3-75 可知无静差调速系统的零速封锁环节与有静差相同，在此不再叙述；下面对转速负反馈环节电路原理进行分析。转速负反馈环节电路图如图 3-76 所示。

电阻 R_{27}、R_{28}、R_{29}与转速反馈电位器 RP1 组成分压网络，R_{27}、R_{28}、R_{29}为功率电阻，主要作用是减小反馈电流，防止 RP1 被烧毁。U_{fn+}和 U_{fn-}通过 RP1 调节转速负反馈强度得到合适的转速负反馈信号 U_{fn}，U_{fn}与给定信号 U_{gn}分别经过两组 RC 滤波器（使信号稳定），综合作用于运算放大器 LM348 的 13 号引脚，参与系统调试。由于 $U_{gn}>0$，$U_{fn}<0$，所以为负反馈，满足系统控制要求。

（1）转速环 PI 调节电路原理分析

1）电路组成。转速环 PI 调节电路由运放电路 LM348、电阻器 R_{SRF}、电容器 C_{4A}、C_{4B}等元器件组成。其中，点画线框内的元件为备用件。

2）原理分析。当输入电压为一恒定 U_i值时，输出电压为

$$U_o = (\frac{R_f}{R_1}U_i + \frac{1}{C_fR_1}\int_0^t U_i\mathrm{d}t) = U_i(\frac{R_f}{R_1} + \frac{1}{R_1C_f})$$

备注：为简化公式便于分析，令 R_{31}、R_{32}、R_{34}组成的电阻混联网络等效为 R_1，R_{SRF}为 R_f，C_{4A}、C_{4B}总电容值为 C_f，$U_i=U_{gn}-U_{fn}$，U_o为 LM348 输出端电压。

此公式第一项 R_f/R_1为比例调节，第二项 $1/(C_fR_1)$为积分调节。由公式可知，C_f越大，积分强度越强；R_f越大，放大比例越大，积分强度也越强。

（2）正负限幅电路原理分析

限幅电路的作用是控制输出电压 U_k值幅度限定在一定的范围之间变化（本系统为 $U_2-0.7\text{V} \sim U_1+0.7\text{V}$），即当输入电压 U_b 超过或低于参考值后，输出电压将被限制在这一电平（称为限幅电平），且再不随输入电压变化。调节合理的 U_1及 U_2可以有效地控制 U_k的变化范围。

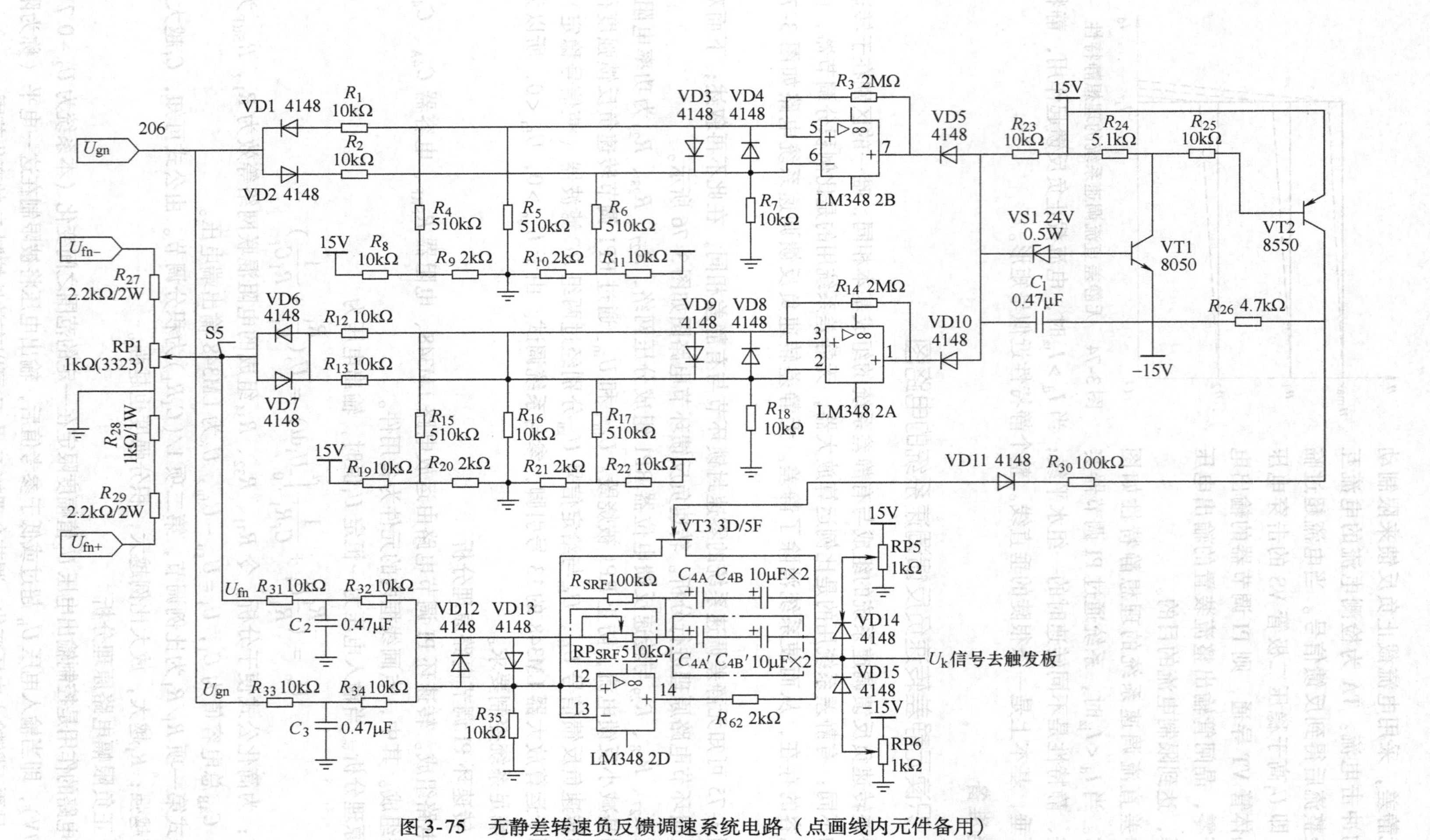

图 3-75　无静差转速负反馈调速系统电路（点画线内元件备用）

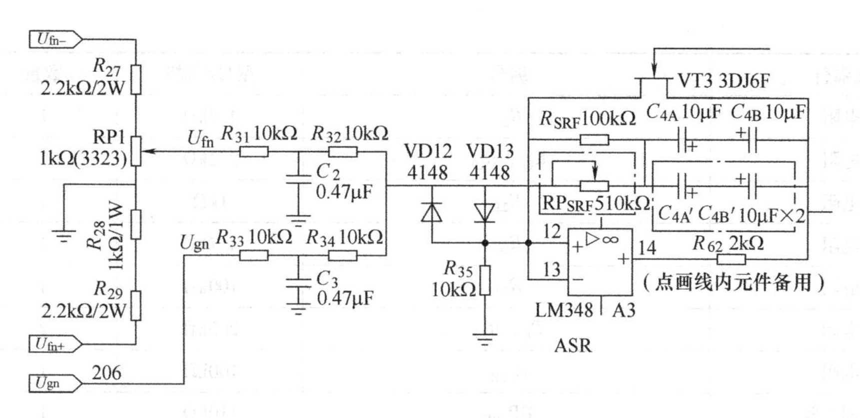

图 3-76　转速负反馈环节电路图

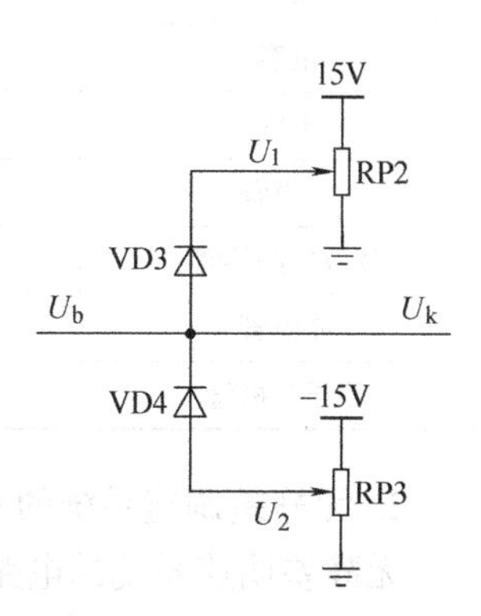

图 3-77　限幅电路原理图

限幅电路原理图如图 3-77 所示。

1）正限幅。调节 RP2 中心插头的位置，可使 U_1 为一需要电压。当 U_b 值小于 $U_1+0.7V$ 时，$U_k=U_b$。当 $U_b>U_1+0.7V$ 时，$U_k=U_1+0.7V$ 不变，VD3 导通，使 U_k 在 $U_1+0.7V$ 以下变化。

2）负限幅。调节 RP3 中心插头的位置，可使 U_2 为一固定电压值（小于零）。当 U_b 值大于 U_2 时，$U_k=U_b$，当 $U_b<U_2-0.7V$ 时，$U_k=U_2-0.7V$，VD4 导通，使 U_k 在 $U_2-0.7V$ 以上变化。

二、设备、工具和材料准备

电工工具一套，电烙铁一把，万用表一只，示波器一台，DSC-32 直流调速柜一台，无静差速度反馈调节系统电路图一套，焊锡及导线若干。

任务实施

一、晶闸管无静差转速负反馈直流调速系统各电路的安装

1. 元器件细目表

元器件细目表见表 3-25。

表 3-25　元器件细目表

元器件	编号	型号/规格	数量	备注
集成运算放大器	IC2	LM348	1	
电阻	R_1、R_2、R_5、R_7、R_8、R_{11}、R_{12}、R_{13}、R_{16}、R_{18}、R_{19}、R_{22}、R_{23}、R_{25}、R_{31}、R_{32}、R_{33}、R_{34}、R_{35}	10kΩ	19	
电阻	R_4、R_6、R_{15}、R_{17}	510kΩ	4	
电阻	R_3、R_{14}	2MΩ	2	
电阻	R_9、R_{10}、R_{20}、R_{21}、R_{62}	2kΩ	5	
电阻	R_{24}	5.1kΩ	1	

（续）

元器件	编号	型号/规格	数量	备注
电阻	R_{26}	4.7kΩ	1	
电阻	R_{27}、R_{29}	2.2kΩ	2	
电阻	R_{28}	1kΩ	1	
电阻	R_{26}	4.7kΩ	1	
电阻	R_{30}	100kΩ	1	
电阻	R_8、R_{49}	200kΩ	2	
电阻	R_{SFR}	100kΩ	1	
可调电阻	RP_{SRF}	510kΩ	1	
可调电阻	RP1、RP5、RP6	1kΩ	3	
电容	C_1、C_2、C_3	0.47μF	3	
电容	C_{4A}、C_{4B}	10μF	2	
二极管	VD1 ~ VD15	4148	15	
场效应晶体管	VT3	3DJ6F	1	
晶体管	VT1、VT2	8050、8550	2	
稳压二极管	VS1	24V/0.5W	1	

2. 无静差调速系统的安装

无静差调速系统的电路图如图3-75所示，与有静差调速系统安装基本相同，唯一区别在于电容C_{4A}、C_{4B}安装时注意区分极性不要接反。转速调节器的比例积分电容C_{4A}、C_{4B}接入电路中。根据需要，电容可以有多个参数，从而改变积分时间常数，改变系统的过渡过程时间。

安装好电路以后对系统的静特性进行测试：缓慢增加给定电压U_g，调节发动机负载R_L，使$I_d=I_{ed}$，$n=n_{ed}$。改变发动机负载，在空载及额定范围内，取8~10个点，即可得到系统的静态特性曲线$n=f(I_d)$；降低给定电压U_g，使$I_d=I_{ed}$，分别测试$n=1000$r/min和500r/min时的静态曲线，记录在表3-26中。

表3-26　静特性测试

U_g/V	U_g/V =　　$n=n_{ed}$									
n/(r/min)										
I_d/A										
U_g/V	U_g/V =　　$n=1000$r/min									
n/(r/min)										
I_d/A										
U_g/V	U_g/V =　　$n=500$r/min									
n/(r/min)										
I_d/A										

在图3-78中作出无静差调速系统的机械特性曲线。

比较有静差和无静差系统的静态特性：

1）在相同空载转速情况下，当负载相同时，在调速前后转速降有什么不同？

2）在额定负载时，调速前后的转差率有什么不同？

3）调速范围有什么不同？

在电动机转速一定的情况下，突然改变发动机的负载，用慢扫描示波器记录下电动机的转速变化过程，并与有静差调速系统负载的扰动的过渡过程进行比较，比较扰动前与扰动后电动机转速的变化情况。

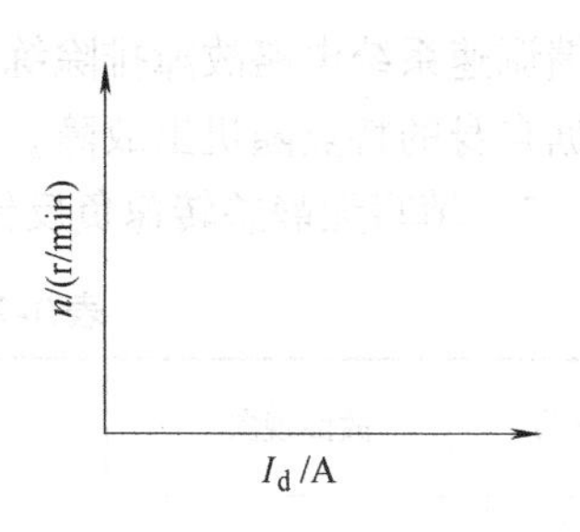

图 3-78　无静差调速系统静特性曲线

二、无静差转速负反馈调速系统调试

无静差转速负反馈调速系统的调试与有静差转速负反馈调速系统的调试方法步骤相同，在此不再叙述。

三、无静差转速负反馈调速系统电路维修

1）查看故障现象，分析故障原因。

无静差转速负反馈调速系统可能出现的故障及原因，见表 3-27。

表 3-27　无静差转速负反馈调速系统可能出现的故障及原因

故障现象	故障区域（点）及故障原因分析
$U_g=0$ 时仍有 U_k 值，$U_d>0$	正限幅的限幅电压接入电路，影响了 U_k 值
电动机输出不稳	转速负反馈环节断路或电容 C_{4A}、C_{4B} 失效
没有 U_k 输出	LM348 损坏 给定、比例放大器均损坏，$U_k=0V$
U_d 无输出	VT3 击穿短路或 VD11 击穿
电压在较低时不能调节	减小 R_1 阻值 封锁电压过高
U_d 值偏高	RP1 调整不当，反馈过弱，或 R_{27} 开路
U_d 值偏低	减小 R_{27} 阻值 电压反馈强度过大

2）维修步骤：

① 分组进行，组与组之间相互设置故障。

② 先观察故障现象。

③ 根据故障现象进行分析。

④ 找出故障点。

⑤ 排除故障填写故障分析表。

3）修复故障，通电调试运行。排除故障后，必须经过仔细的再次排查、分析，然后才能通电调试。

4）故障排除训练：分为四组两组一对，组与组之间互出故障练习。进行无静差转速负

反馈调速系统电路故障排除练习。故障点的设置要求在不损坏元器件和设备的前提下学生可根据自身的特点随机出故障。

5）填写无静差转速负反馈调速系统电路故障诊断表，见表3-28。

表3-28 无静差转速负反馈调速电路故障诊断表

序号	故障现象	故障点	故障原因	解决问题的办法
1				
2				
3				
4				
5				

注意事项

1）在安装转速调节器时要注意MOS集成电路的安装。

2）在焊接MOS集成电路时，当电烙铁烧热后迅速拔去，对引脚进行焊接，同时电烙铁要接地。

3）调试过程中要注意反馈极性的正确。

4）在维修过程中要注意安全，要准确，避免扩大故障范围。

任务评价

任务评价见表3-29。

表3-29 任务评价

项目	配分	评分标准	扣分	得分
无静差系统的安装	25	能正确连接积分电容否则扣8分		
		虚焊、焊点毛糙每处扣2分		
		元器件安装错误每处扣4分		
		元器件不会判断和选择扣10		
		接线错误每处扣5分		
无静差系统的调试	30	能观察到过渡过程否则扣20分		
		能得到系统的特性否则扣20分		
无静差系统的维修	35	不能发现故障现象和分析故障原因的扣10分		
		扩大故障范围扣8分		
		发现故障，不能处理的扣2分		
文明生产	10	违反操作规程视情节扣5~10分		

巩固与提高

一、填空题

1. 在单闭环直流调速系统中，如采用比例调节器，则构成________，若采用比例积分调节器，则构成________。

2. 积分调节器的输出电压U与________成正比，且极性________。

3. PI 调节器的输出电压由________和________两部分叠加而成，对输入电压先进行________，再进行________，输入电压和输出电压极性________。

4. 转速负反馈单闭环无静差直流调速系统中，增大给定电压，直流电动机的转速将________。

5. 转速负反馈单闭环无静差直流调速系统中，保持给定电压不变，当电动机所接负载变大时，直流电动机的转速将________。

6. 采用比例积分调节器组成的无静差调速系统，当负载突然变化后，调节器要进行调节。在调节过程的初、中期________起主要作用，在调节过程的后期，________起主要作用，并依靠它消除________。

二、选择题

1. 转速无静差闭环调速系统中，转速调节器一般采用（　　）调节器。

A. 比例　　B. 积分　　C. 比例积分　　D. 比例微分

2. 对于积分调节器，当输入量为零时，输出量为（　　）。

A. 零　　B. 负值　　C. 稳态值　　D. 不能确定

3. 晶闸管供电的直流调速系统中，PI 调节器中的电容元件发生短路就会出现（　　）。

A. 停止运行　　B. 超速运行　　C. 无法调速　　D. 调速性能下降

4. 假设 PI 调节器原有输出电压为 U_0，在这个初始条件下，如果调节器输入信号电压为 0，则此时调节器的输出电压为（　　）。

A. U_0　　B. 大于 U_0　　C. 小于 U_0　　D. 0

5. 积分调节器输入信号为零时，其输出电压为（　　）。

A. 0　　B. 大于0　　C. 小于0　　D. 不变

6. 某物理量负反馈的作用是使该物理量保持（　　）。

A. 加速　　B. 增强　　C. 衰减　　D. 稳定

7. 在转速负反馈直流调速系统中，放大器的输入信号 ΔU、触发器触发延迟角 α 及整流器输出电压 U_d 三者之间的正确变化关系为（　　）。

A. $\Delta U\downarrow\to\alpha\uparrow\to U_d\downarrow$　　B. $\Delta U\uparrow\to\alpha\downarrow\to U_d\downarrow$

C. $\Delta U\downarrow\to\alpha\uparrow\to U_d\uparrow$　　D. $\Delta U\uparrow\to\alpha\uparrow\to U_d\uparrow$

8. 调试由晶闸管供电的转速负反馈调速系统时，若把转速反馈元件的反馈系数减小，这时直流电动机的转速将（　　）。

A. 不变　　B. 升高　　C. 降低　　D. 不确定

9. 自动调速系统中，当负载增加引起转速下降时，可通过负反馈环节的调节作用使转速有所回升。系统调节前后，电动机的电枢电压将（　　）。

A. 减小　　B. 增大　　C. 不变　　D. 无法确定

10. 在转速负反馈的直流调速系统中，给定电阻 R_g 增加后，给定电压 U_g 增大，则(　　)。

A. 电动机转速下降　　B. 电动机转速不变

C. 电动机转速上升　　D. 给定电阻 R_g 的变化不影响电动机的转速

11. 在由晶闸管供电的直流电动机转速负反馈调速系统中，当负载电流增加后，晶闸管整流器输出电压将（　　）。

A. 增加　　B. 减小　　C. 不变　　D. 不确定

12. 下面关于有静差调速和无静差调速的叙述中，不正确的是（　　）。

A. 有静差调速的目的是消除偏差 ΔU

B. 无静差调速的目的是消除偏差 ΔU

C. 有静差调速的过程中始终有偏差 ΔU 存在

D. 有静差调速的目的是减小偏差 ΔU

13. 当负载增大时，PI 调节器起调节作用，电动机的转速（　　）。

A. 先减小后增加，基本保持不变　　B. 先减小后增加，仍有所下降

C. 升高　　D. 不确定

三、判断题

1. 无静差调速系统采用比例积分调节器，在实际工作中系统静差始终为零。（　　）
2. 积分调节能够消除静差，而且调节速度快。（　　）
3. 比例积分调节器的比例调节作用可以使系统动态响应速度较快，而其积分调节作用又使得系统基本上实现无静差。（　　）
4. 有静差调速系统是依靠偏差进行调节的，而无静差调速系统则是依靠偏差对作用时间的积累进行调节的。（　　）
5. 调速系统中采用比例积分调节器，兼顾了实现无静差和快速性的要求，解决了静态和动态对放大倍数要求的矛盾。（　　）
6. 无静差调速系统比有静差调速系统的调速精度高。（　　）
7. 电动机在低速情况下运行不稳定的原因是主电路压降所占百分比太大，负载稍微变化，对转速的影响就较大。（　　）
8. 转速负反馈调速系统的动态特性取决于系统的闭环放大倍数。（　　）

四、简答题

1. 当 PI 调节器输入电压信号为零时，它的输出电压是否为零？为什么？
2. 为什么积分调节器在调速系统中能消除系统的静态偏差？在系统稳定运行时，积分调节器输入偏差电压 $\Delta U=0$，其输出电压取决于什么？为什么？
3. 在转速负反馈单闭环无静差直流调速系统中，转速的稳态精度是否还受给定电源和测速发电机精度的影响？试说明理由。
4. 有静差和无静差调速系统的区别是什么？
5. 单闭环无静差直流调速系统的调试原则是什么？
6. 发生下列情况，无静差直流调速系统是否会产生偏差？为什么？

（1）给定电压由于稳压电源性能不好而不稳定。

（2）运放器产生零漂。

（3）测速发电机电压与转速不是线性关系。

（4）反馈电容间有漏电电流。

7. 无静差系统的静差比有静差系统要小一些，对吗？

8. 为什么用积分控制的调速系统是无静差的？积分调节器在调速过程中如果输入偏差电压为0，那么它的输出电压是否也为0？

9. 在闭环控制系统中若三相交流电压值发生变化，通过反馈，对输出有什么影响？这个影响和开环比较有什么不同？若测速发动机的参数发生变化，闭环控制系统能否对其具有抑制作用？

项目四　直流调速系统的双闭环控制

4

知识目标： 1. 掌握转速、电流双闭环系统的组成和应用。 2. 掌握转速、电流双闭环电路的控制原理。 3. 熟悉转速、电流双闭环的静、动态过程分析。 **技能目标：** 1. 掌握转速、电流双闭环控制系统的安装方法和技能。 2. 掌握转速、电流双闭环控制系统的调试、检修方法和技能。

任务描述

在对系统的动态性能要求较高时，例如要求快速起制动、突加负载动态降速小时，采用简单的单闭环调速系统已不能满足系统的需求。转速、电流双闭环调速控制的直流调速系统是应用最广、性能很好的直流调速系统。本任务的内容就是要学习转速、电流双闭环控制系统的组成和原理，掌握转速、电流双闭环控制系统的安装、调试和检修。

相关知识

一、转速、电流双闭环系统的组成及控制原理

带电流截止负反馈的单闭环调速系统能获得较好的起动特性和稳定性。采用 PI 调节器后，既保证了动态的稳定性，又能做到转速无静差，很好地解决了系统中动静态之间的矛盾。但单闭环系统在充分利用电动机过载能力的条件下，获得快速的动态响应的同时对扰动的抑制能力较差，使其在应用时受到了一定的限制。为了使系统在起、制动的动态过程中，在最大电流约束的条件下，获得直流电动机最佳速度的调节过程，根据自动控制原理的相关提示，对那些希望获得最佳控制的物理量也实行负反馈控制。转速、电流双闭环调速系统可以较好地提高动态稳定性，因此这里对电动机的转速及电枢电流都实行负反馈。

转速、电流双闭环调速系统原理图如图 4-1 所示。

直流调速系统双闭环调节电路系统框图如图 4-2 所示。

该双闭环调速系统由晶闸管整流电路、调节器、集成移相脉冲触发器、电流负反馈、速度负反馈、继电控制电路、保护电路、励磁电源等组成。

转速、电流双闭环调速系统，由转速负反馈与转速调节器 ASR 组成转速环。从闭环控制的结构上看，电流环处在转速环之内，故电流环又称为内环，转速环又称为外环。由图 4-1 可知，由给定电位器输出的给定信号 U_{gn} 与转速负反馈电压 U_{fn} 比较后，得到转速偏差信号 $\Delta U_n = U_{gn} - U_{fn}$ 送至转速调节器 ASR 输入端，转速调节器 ASR 的输出 U_{gi} 作为电流调节器

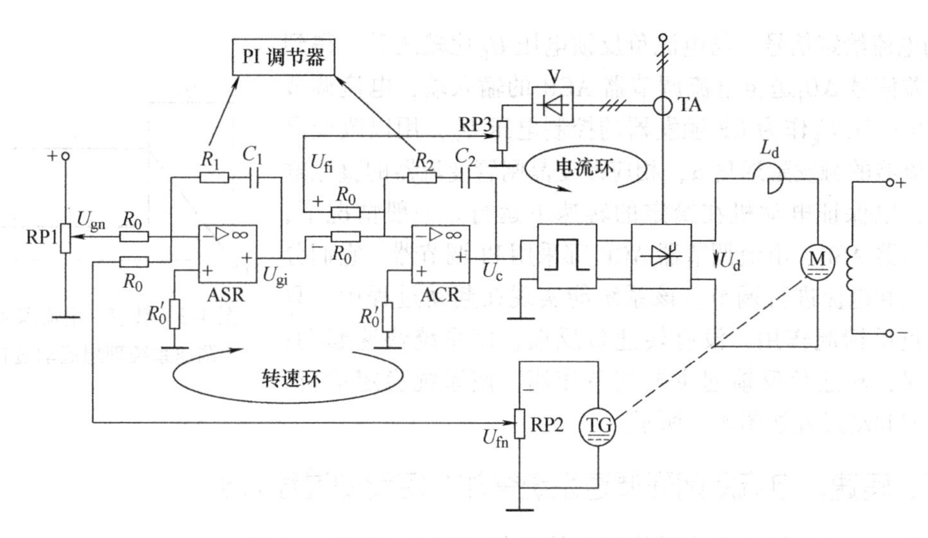

图 4-1　转速、电流双闭环调速系统原理图

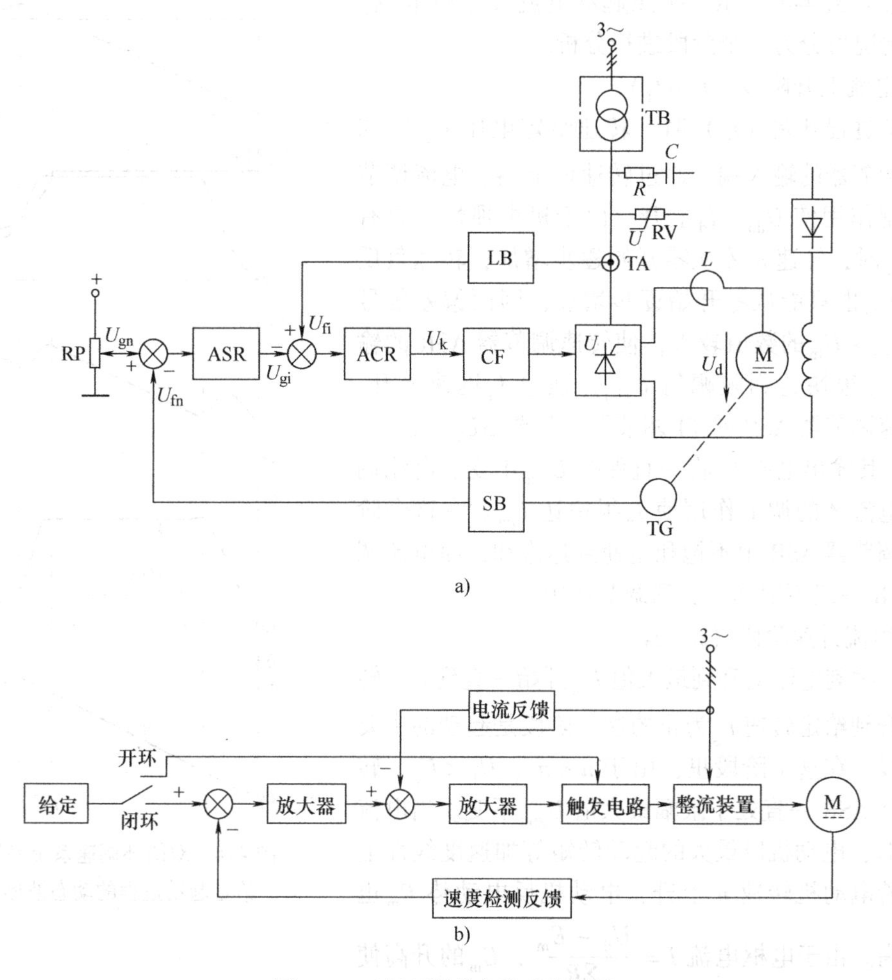

图 4-2　双闭环调节电路系统框图

a）示意图　b）框图

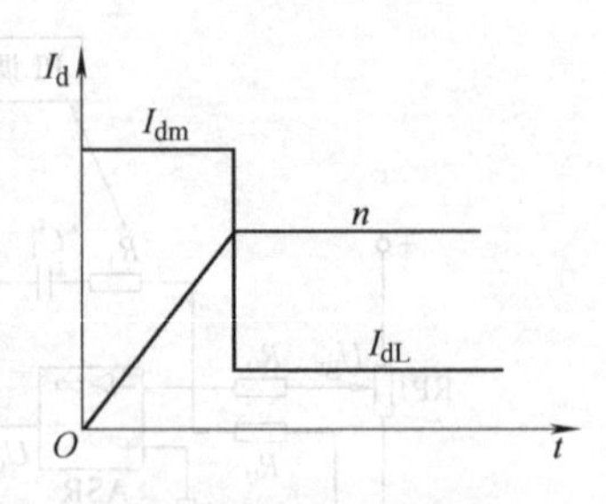

图 4-3 转速、电流双闭环调速系统理想起动过程

ACR 的电流给定信号，与电流负反馈电压 U_{fi} 比较之后，得到电流偏差信号 ΔU_i 送至电流调节器 ACR 的输入端，电流调节器的输出电压 U_k 作为 CF 触发器的控制电压 U_c，用以改变晶闸管变流器的触发延迟角 α，相应改变晶闸管变流器的直流输出电压，以保证电动机在给定的转速下运行。一般情况下，转速调节器 ASR、电流调节器 ACR 都采用 PI 调节器，它们分别对转速和电流进行调节。该系统能实现在起动过程中，只有电流负反馈起作用，没有转速负反馈，使系统快速起动；而稳态时，转速负反馈起主要调节作用，使系统稳定运行。系统理想起动过程如图 4-3 所示。

二、转速、电流双闭环调速系统突加给定起动过程分析

转速、电流双闭环调速系统突加给定起动过程的动态波形如图 4-4 所示。按照起动电流（电枢电流）的变化情况可分为三个阶段进行分析。

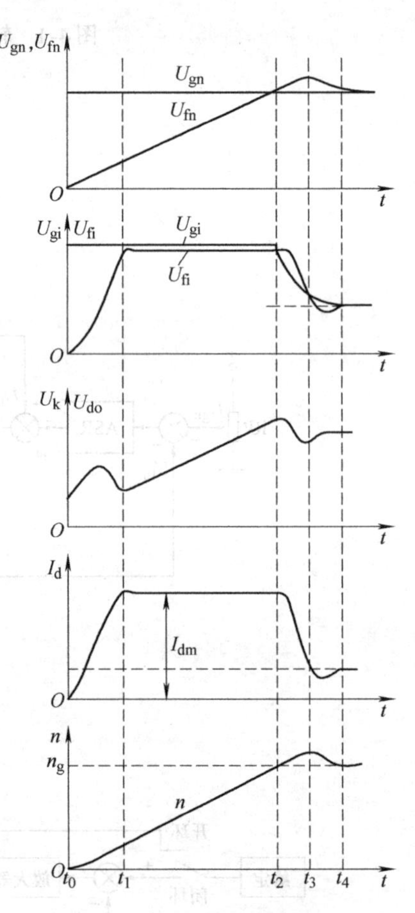

图 4-4 双闭环调速系统突加给定起动过程的动态波形

1. 电流上升阶段（$t_0 \sim t_1$）

起动过程开始（t_0）时，转速给定电压 U_{gn} 突加于转速调节器的输入端，通过转速调节器、电流调节器的控制作用使 U_{do}、I_d 上升。由于机电惯性，只有当 $I_d > I_L$ 时，转速 n 才从零开始逐步增加，转速负反馈电压 U_{fn} 也只能从零开始逐步增加，因而偏差信号 $\Delta U_n = U_{gn} - U_{fn}$ 的数值较大，使转速调节器 ASR 的输出电压 U_{gi} 很快达到限幅值 U_{gim}，强迫 I_d 迅速上升。由于转速调节器 ASR 是 PI 调节器，只要 $\Delta U_n = U_{gn} - U_{fn} \geqslant 0$，其输出电压 U_g 将一直保持 U_{gim} 不变。电流调节器和电流环的调节作用使 I_d 很快达 I_{dm}。在这个阶段转速调节器 ASR 由不饱和迅速到达饱和，而电流调节器 ACR 一般不饱和，起到调节作用。

2. 恒流升速阶段（$t_1 \sim t_2$）

从 t_1 时刻电流上升到最大值 I_{dm} 开始一直到 t_2，转速 n 上升到给定转速 n_g 为止的这一阶段是起动的主要加速阶段。在这个阶段里，由于 $n < n_g$，$U_1 < U_g$，转速调节器 ASR 一直处于限幅最大值 U_{gim} 不变。当电流 $I_d = I_{dm}$ 时，电动机以最大的起动转矩等加速度线性上升。随着电动机转速 n 上升，电动机反电动势 E_m 也相应升高。由于电枢电流 $I = \dfrac{U_d - E_m}{\Sigma R}$，$E_m$ 的升高使 I_d 下降，电流反馈电压 U_{fi} 亦下降，电流反馈电压 U_{fi} 亦下降。通过电流调节器的调节作用使

其输出电压U_k上升，从而使晶闸管变流器输出电压U_{do}上升，力图使电流I_d又回到最大值I_{dm}。随着转速n的上升，电流调节器就一直按照上述的调节规律，力图使电流I_d保持在最大值I_{dm}，此时控制系统表现为恒值电流调节系统，使电动机以最大起动转矩等加速度线性上升。由图4-4可看出，从$t_1 \sim t_2$的过程中，U_{gi}、I_d、U_{fi}基本不变，U_k、U_{do}、n、U_{fn}基本上呈线性上升。由以上分析可知，本阶段转速调节器ASR一直处于饱和（限幅）状态，转速环相当于开环状态，而电流调节器ACR的作用是力图使I_d保持在I_{dm}状态，系统表现为恒定值电流调节系统。

3. 转速调节阶段（$t_2 \sim t_3 \sim t_4$）

当电动机转速n经过恒流升速到给定转速n_g以后，就进入起动的最后阶段，即转速调节阶段。在t_2时，转速n上升到给定转速n_g，$n = n_g$，$U_{fn} = U_{gn}$，$\Delta U_n = 0$，转速调节器ASR的输出电压U_{gi}仍然不变，电流仍然维持I_{dm}，故电动机仍在最大电流下加速，使转速超调，即$n > n_g U_{fn} > U_{gn}$，$\Delta U_n < 0$。转速调节器ASR退出饱和，其输出电压U_{gi}（电流给定值）立即从限幅值U_{gim}降下来，使电流调节器ACR的输出电压U_k减小，晶闸管变流器输出电压U，从而使电动机电流I_{dm}下降。电动机的转矩和加速度减小，当$I_d > I_L$时，电动机转速n仍继续上升。在$t_2 \sim t_3$阶段，转速n和转速反馈电压U_{fn}继续上升，而U_{gi}、U_k、U_{do}、U_d等都下降，直到t_3时$I_d > I_L$，电动机转矩小于负载转矩，使电动机在负载转矩阻力作用下减速，直到t_4时稳定运行状态$n = n_g$。$t_3 \sim t_4$阶段取决于系统的动态性能，转速n可能在给定值n_g上下工作，数次振荡后进入稳定状态，在此过程中相对应的电流I_d也有相应的数次振荡。由以上分析可知，本阶段转速调节器ASR和电流调节器ACR同时起调节作用。由于转速环是外环，转速调节器ASR的输出是电流调节器ACR的电流给定，ASR处于主导作用，ACR的作用是力图使电流I_d跟随ACR的电流给定，因而电流环是一个电流随动系统。

综上所述，系统起动过程的特点归纳如下：

1）饱和非线性控制。不同情况下表现为不同结构的线性系统。

ASR饱和时，系统为恒电流调节的单闭环系统。

ASR不饱和时，系统为无静差调速系统。

2）时间最优控制。在恒流升速阶段，电流保持恒定，并且为允许的最大值，充分发挥电动机的过载能力，使起动过程最快。属于电流受限制条件下的最短时间控制。

3）转速超调。在起动过程的第Ⅱ阶段即恒流升速阶段，ASR处于饱和状态，这是为了使电流维持在最大值，以使得转速以最大值增加。但当转速得到稳定值后，要考虑使ASR退出饱和。因为只有ASR退出饱和，才具有调节作用，在之后的过程中，当负载变化后，转速的调节才能依赖ASR环节进行。而ASR退饱和的方法就是使转速出现超调。

三、转速、电流双闭环调速系统在扰动作用下的静、动态过程分析

1. 突加负载时转速、电流双闭环调速系统的动态过程分析

突加负载时，双闭环调速系统的动态过程可分为三个阶段，其波形曲线如图4-5所示。

1）转速下降阶段。t_1时刻以前系统已在转速$n_1(n_1 = n_{g1})$情况下稳定运行，此时电动机的电磁转矩T_d等于负载转矩T_{L1}。t_1时刻负载转矩突然由T_{L1}增大到T_{L2}时，打破原来的$T_d = T_{L1}$平衡状态，$T_d < T_{L2}$，$dn/dt < 0$，ASR的输出电压U_{gi}开始增加。ACR的输出U_k和晶闸管变流器输出电压U_{do}亦增加，I_d、T_d增加。当$I_d = I_{L2}$、$T_d = T_{L2}$时，$dn/dt = 0$，转速n降到最

低点。

2）转速回升阶段。当转速 n 降到最低点时，$U_{fn} > U_{gn}$，$\Delta U_n = U_{gn} - U_{fn} < 0$，ASR 便继续积分，$U_{gi}$ 继续增大，U_k、U_{do}、I_d、T_d 亦继续增大，$I_d > I_{L2}$、$T_d > T_{L2}$ 时，$dn/dt > 0$，使电动机的转速回升，直到 n_1。

3）转速调节阶段。t_3 时刻，$n = n_1$，$U_{fn} = U_{gn}$，$\Delta U_n = 0$，由于 ASR 的积分作用，其输出 U_{gi} 仍保持第 2 阶段末尾的大小，I_d 仍大于 I_{L2}，T_d 大于 T_{L2}，电动机继续加速，使转速超调。此时 n 大于 n_1，$U_{fn} > U_{gn}$，$\Delta U_0 < 0$。

ASR 输出电压 U_{gi} 开始下降，并使 U_k、U_d、I_d 及 T_d 下降，经过数次的振荡后进入新的稳定运行状态，此时 $I_d = I_{L2}$，$T_d = T_{L2}$，$n = n_1$，$U_{fn} = U_{gn}$，$\Delta U_n = 0$，$U_{gi} = U_{fi}$。

由以上分析可知，双闭环系统在突加负载时，转速调节器 ASR 和电流调节器 ACR 均参与调节作用，但转速调节器 ASR 处于主导作用，ASR 的输出电压 U_{gi} 增加时，ACR 的输出电压 U_k 和晶闸管变流器输出电压 U_d 相应增加来补偿主电路中因负载电流增加所引起的电压降，保证在新的稳定状态时，电动机的转速仍能维持原来的给定转速 n_1。突加负载的动态过程和突加给定的动态过程不同，一般情况下，突加负载的调节过程是一个线性调节过程，不存在 ASR 饱和状态。

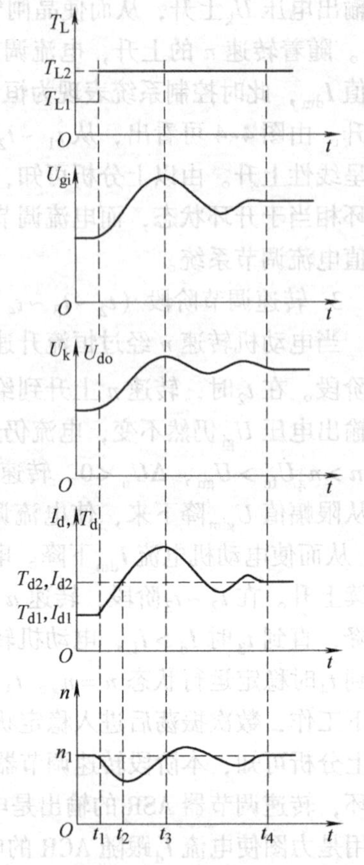

图 4-5　突加负载时转速、电流双闭环调速系统的动态调节波形

2. 电源电压波动时双闭环调速系统的动态调节过程

电源电压波动时，晶闸管变流器输出电压 U_{do} 也会随之改变，由于电动机的机电惯性的缘故，从而首先引起电枢电流 I_d 的改变，电流负反馈电压 U_{fi} 亦随之改变。在转速、电流双闭环调速系统中，可通过电流调节器 ACR 的调节作用，用晶闸管变流器的输出电压 U_d 变化来补偿电源电压的波动，以维持电枢电流不变。由于电流环的惯性远小于转速环的惯性，整个调节过程很快，使电动机转速几乎不受电源电压波动的影响。

3. 系统的静特性

（1）ASR 不饱和——输出未达限幅值

稳态时，两个调节器的输入偏差电压都应为零，因为如果有偏差存在，调节器 ASR 和 ACR 就要进行积分。根据偏差的正负，其输出就不断地减小或增加，一直要积到新的工作点，偏差才完全消除，系统稳定工作。

负载增加时，如果系统开环，转速会下降而电流会上升。但由于系统是闭环，通过转速环使 U_{gi} 增加，再通过电流环使 U_k 增加，从而使转速回升。由于电流环的作用，电流的上升有使转速下降的倾向，但因为电流环处在内环，这种倾向可由外环——转速环来调节。结果转速仍维持不变，而电流增加到与新的负载相平衡的数值。所以正常工作时，静特性仍是一条水平线，如图 4-6 所示的 n_0A 段。

（2）ASR饱和——输出达到限幅值

负载转矩继续增加，U_{gi}也不断增加，电动机的电流无法再增加了，此时电动机被负载堵转。ASR不再起调节作用，相当于转速环开环，如图4-7所示。系统变成一个单纯的电流无静差调节系统。

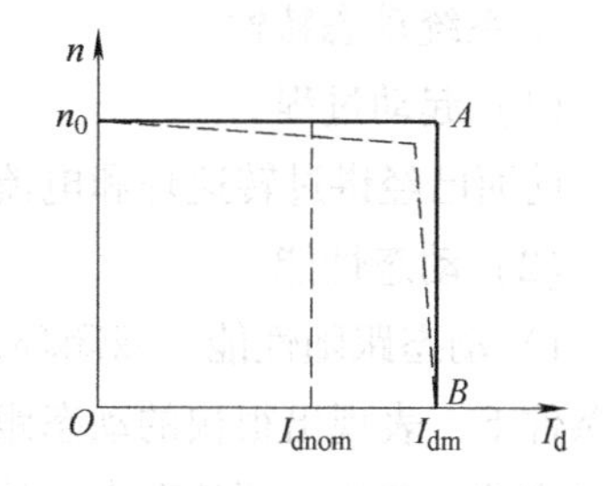

图4-6　双闭环直流调速系统的静特性

稳态时

$$U_{gim}=U_{fi}=\beta I_{dm}$$

式中　I_{dm}——ASR输出限幅值所对应的电枢电流最大值；

β——反馈系数。

I_{dm}取决于电动机的容许过载能力。

当电动机发生严重过载或机械部件被卡住，并当$I_d<I_{dm}$时，转速负反馈饱和，输出维持在最大值U_{sim}，不再变化，故此时电流负反馈起主要调节作用，实现了过电流保护。电流调节器将使整流装置输出电压明显降低，一方面限制了电流I_d继续增长，此时的电流就维持在最大值$I_{dm}=U_{sim}/\beta$上；另一方面将使转速急剧下降，于是出现了很陡的下垂特性，如图4-6中的AB段。

此时的调节过程如下：

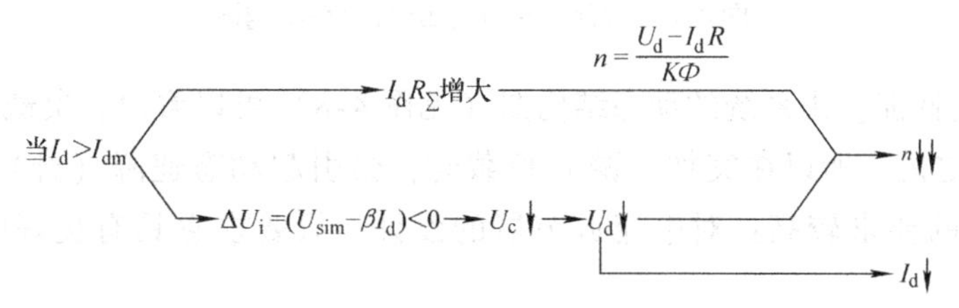

双闭环直流调速系统的静特性如图4-6所示，实线为理想的“挖土机特性”，虚线为实际双闭环直流调速系统的静特性，它已很接近理想的“挖土机特性”。

双闭环直流调速系统的静特性，无负载电流小于I_{dm}时，表现为转速无静差；当负载电流达到I_{dm}后，表现为电流无静差，这是双闭环调速的突出优点。不过运算放大器的开环放大倍数实际上并非无穷大，特别是为了避免零点漂移，在RC两端并联硬反馈电阻，有意将放大倍数降低一些。两段静特性实际上都略有静差，如图4-6中虚线所示。

双闭环调速系统稳态结构图如图4-7所示。

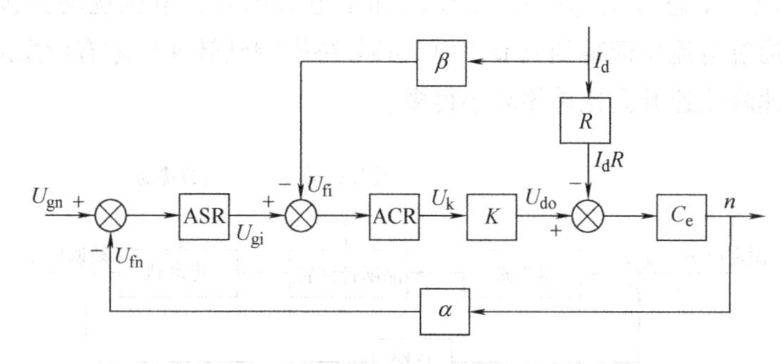

图4-7　双闭环调速系统稳态结构图

α—转速反馈系数　β—电流反馈系数

4. 系统动态特性

（1）起动过程

前面已经讲过转速环和电流环调速系统的起动工作过程，这里不再重复。

（2）动态性能

1）动态跟随性能。双闭环调速系统在起动和加速过程中，能够在电流受过载能力约束的条件下，表现出很快的动态跟随性能。在减速过程中，由于主电路电流的不可逆性，跟随性能变差。电流内环的存在，使得这种动态跟随性能得到加强，减小了时间常数，动态响应加快。

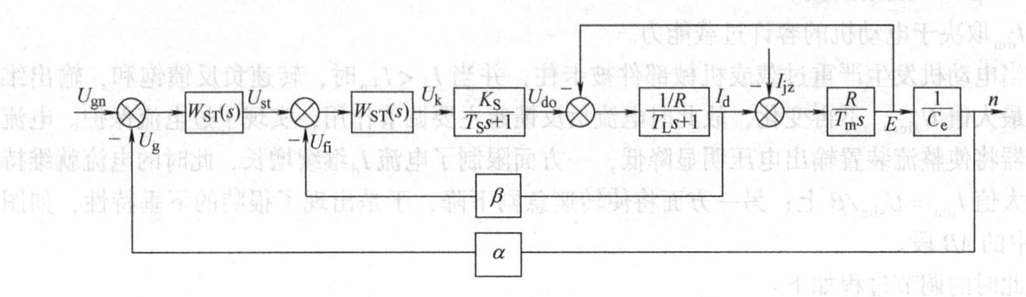

图 4-8　双闭环调速系统的动态结构图

2）动态扰动性能。由系统的动态结构图（见图 4-8）可以看出，负载扰动作用在电流环之外、转速环之内，所以在突加（减）负载时，会引起动态速降（升）。在设计转速环时，对抗扰指标的要求较高；对电流调节器的设计，只要求它具有良好的跟随性能就可以了。

电网电压的扰动和负载的扰动在系统中作用的位置不同，系统对它的动态抗扰效果也不一样。如图 4-9 中所示的单闭环系统中，电网电压的扰动和负载的扰动都被包围在反馈环内，仅就静特性而言，系统对它们的抗扰动能力是一样的。但从动态性能上看，由于扰动的位置不同，存在着能不能及时调节的问题。电网电压的扰动作用点离被调量较远，它的波动先要经受电磁惯性的阻挠，不能响应电枢电流，再经机械惯性的滞后才能反映到转速上来，等待转速反馈产生调节作用，时间已经比较晚了。采用双闭环调速系统后（如图 4-10 所示的双闭环调速系统的动态抗扰作用），由于增加了电流内环，电压扰动被包围在电流环里面，可以及时地通过电流反馈得到调节，而不必等待影响到转速后才有所反应。因此，电网电压引起的动态速降或速升会比单闭环小得多。

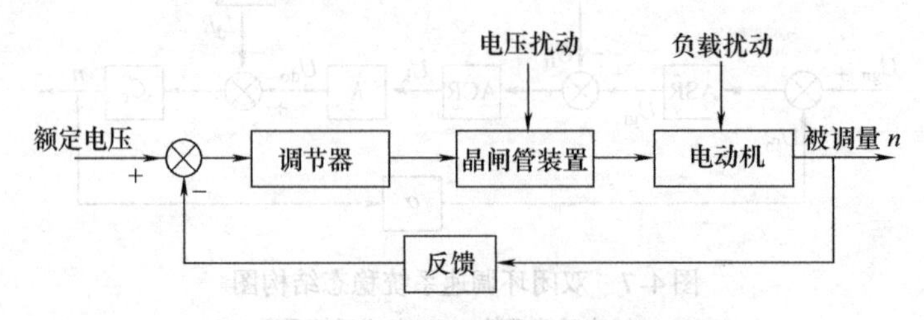

图 4-9　单闭环调速系统的动态抗扰作用

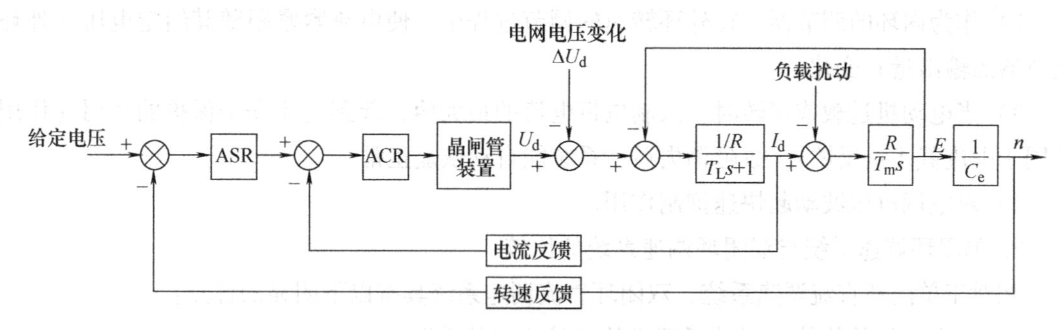

图 4-10　双闭环调速系统的动态抗扰作用

（3）两个调节器的作用

1）转速调节器的作用：

① 使转速 n 跟随给定值变化，稳态时无静差。

② 对负载的变化起抗扰作用。

③ 其输出限幅值决定最大电流。

2）电流调节器作用：

① 在转速调节过程中是电流 I_d跟随给定值 U_{gi}变化，起动时保证获得允许的最大电流。

② 对电网电压的波动起到及时抗干扰作用。

③ 当电动机过载，甚至堵转时，限制电枢电流的最大值 I_{dm}，从而起到快速保护作用。如果故障消失，系统就能够自动恢复正常工作。

综上所述，转速环的主要作用为保持转速稳定，消除转速偏差；电流环的主要作用为稳定电流，即限制最大电流，抑制电网电压的波动。

对于调速系统，最重要的动态性能就是抗干扰性能，主要包括抗负载扰动和抗电网电压扰动的性能。从抗干扰性能方面分析，一般来说，双闭环调速系统具有比较满意的动态性能。

四、双闭环调速系统的特点

1. 转速调节器的作用

根据系统的起动过程、自调节过程和堵转过程分析，转速调节器在系统中的作用主要体现在以下几点：

1）转速调节器是调速系统的主导调节器，它使转速 n 很快地跟随给定电压变化。稳态时可减小转速误差，如果采用 PI 调节器，则可实现无静差。

2）对负载变化起抗干扰作用。

3）其输出限幅值决定电动机允许的最大电流 I_{dm}。

2. 电流调节器的作用

系统中电流调节器的作用主要体现在以下几点：

1）电动机起动时保证获得大而稳定的起动电流，缩短起动时间，从而加快动态过程。

2）作为内环的调节器，在外环转速的调节过程中，使电流紧紧跟随其给定电压（外环调节器的输出量）变化。

3）当电动机过载或堵转时，限制电枢电流的最大值，起到电流安全保护的作用（作用等同于电流截止负反馈）。故障消失后，系统能自动恢复正常。

4）对电网电压波动起快速抑制作用。

3. 单闭环调速系统与双闭环调速系统的比较

相对于单闭环直流调速系统，双闭环直流调速系统具有以下明显的优点：

1）具有良好的静特性（接近理想的“挖土机特性”）。

2）具有较好的动态特性，起动时间短（动态响应快），超调量也较小。

3）系统抗扰动能力强，电流环能较好地克服电网电压波动的影响，而转速环能克服被它包围的各个环节扰动的影响，并最后消除转速偏差。

4）由两个调节器分别调节电流和转速。这样，可以分别进行设计，分别调整（调好电流环，再调转速环），调整方便。

任务准备

一、识读双闭环调速系统的电路图

下面对 DS—32 型调速系统的速度负反馈、电流负反馈、限速电路进行分析，其他环节与单闭环系统一致，不再做介绍。

1. 转速环（ASR）调节电路原理分析

转速环调节的电路图如图 4-11 所示，转速环调节电路由转速负反馈电路、转速环 PI 调节电路、正负限幅电路组成，其作用是把给定信 U_{gn} 与反馈信号 U_{fn} 进行比例积分运算，通过运算放大器使输出量按某种预定的规律变化。转速负反馈环节电路原理及转速环调节电路工作过程分析，前面已经叙述，这里不再重复。

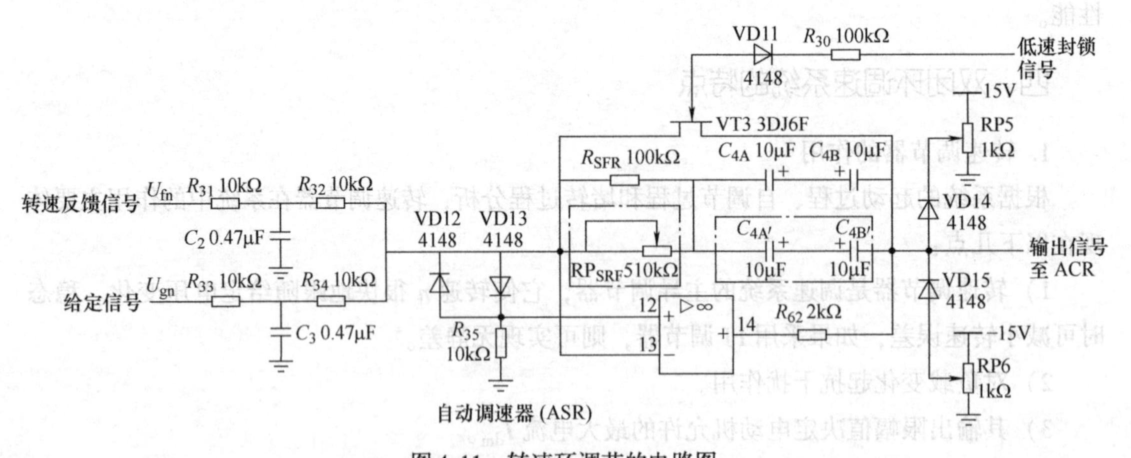

图 4-11　转速环调节的电路图

2. 电流环调节电路原理分析

电流环调节电路如图 4-12 所示。电流环调节电路由电流负反馈电路、电流环 PI 调节电路（点画线框内的元件为备用件）、正负限幅电路组成。

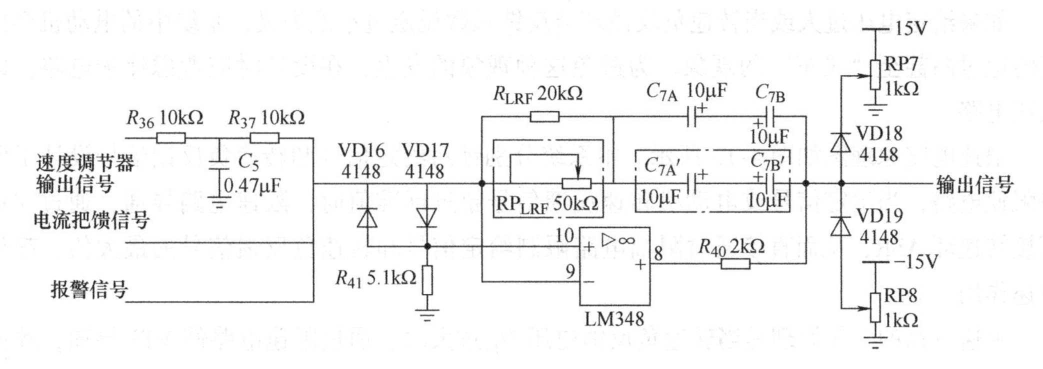

图 4-12 电流环调节电路

（1）电流负反馈电路原理分析

电流负反馈电路原理的分析请参见单闭环调速单元环节的介绍。

（2）电流环 PI 调节电路原理分析

1）电路组成。电流环 PI 调节电路由运放电路 LM348、电阻器 R_{LRF}、电容器 C_{7B} 等元器件组成。

2）原理分析。电流环 PI 调节电路的原理与转速环 PI 调节电路类似，它把转速调节器的输出信号与电流反馈信号进行比例积分运算，在系统中起到维持电流恒定的作用，并保证在过渡过程中维持最大电流不变，以缩短转速的调节过程。

（3）正负限幅电路原理分析

参见转速环调节电路工作过程分析。

（4）电流环调节电路工作过程分析

1）起动过程。双闭环调速系统突加给定电压，由静止状态起动时，转速和电流的过渡过程如图 4-4 所示。

第Ⅰ阶段：$t_0 \sim t_1$ 是电流上升的阶段，在突加给定电压后，I_d 上升，当 I_d 小于负载电流 I_L 时，电动机还不能转动。当 $I_d \geqslant I_L$ 后，电动机开始起动，由于转速环很快达到限幅值即开环状态，强迫电流 I_d 迅速上升。直到 $I_d = I_{dm}$，$U = U_{im}$ 时电流调节器很快就压制 I_d 的增长，标志着这一阶段的结束。在这一阶段中，电流环的自动电流调节器（ACR）一般不饱和。

第Ⅱ阶段：$t_1 \sim t_2$ 是恒流升速阶段。在这个阶段中，系统表现为在恒值电流给定电压 U_{gim} 作用下的电流环调节系统，基本上保持电流 I_d 恒定，因而系统的加速度恒定，转速呈线性增长。与此同时，电动机的反电动势 E 也按线性增长，对电流调节系统来说，E 是一个线性渐增的扰动量，为了克服它的扰动，U_{do} 和 U_c 也须基本上按线性增长，才能保持 I_d 恒定。当 ACR 采用 PI 调节器时，要使其输出量按线性增长，其输入偏差电压必须维持一定的恒值，也就是说，I_d 略低于 I_{dm}。

第Ⅲ阶段，t_2 以后是电流调节阶段，在这阶段开始时，转速环起主要作用。

2）稳态过程。稳态时，处于外环的转速环起主要调节作用，最终使系统达到电流跟随给定电压 U_g 变化，且能对负载变化起抗扰作用的稳态无静差运行状态。

3. 限速电路原理分析

如果给定电压过大或当转速负反馈环节反馈系数设定过小或失灵，系统中的电动机会出现转速过高甚至“飞车”的现象。为避免这种现象的发生，在设计时应考虑保护电路，即限速电路。

限速电路原理图如图 4-13 所示。本系统分别针对给定信号和转速负反馈信号设计了两路限速电路，当给定信号或电动机转速反馈信号超过标准值时，限速电路导通，通过 VT3 短接转速环 ASR，从而直接通过限幅电路限制给定信号和转速负反馈信号的最大值，起到限速作用。

限速电路的工作原理是当转速负反馈电压 U_{fn} 过大时，通过限速电路使 VT3 导通，致使转速环调节电路短路，失去调节作用，电路在正负限幅电路的控制下限制输出电压，从而限制转速。

1）电路的组成。限速电路主要由运算放大器 LM348、电阻和二极管等元器件构成的电压比较器，电阻器 R_4、R_5、R_8、R_9 构成的标准电压分压网络，晶体管 VT1 ~ VT3 等环节构成。限速时，标准电压设定为 0.048V，当给定电压超过此值时，该电路起作用。

2）原理分析。以给定信号 U_{gn} 环节为例。

如图 4-13 所示，±15V 电压经过电阻器 R_4、R_5、R_8、R_9 组成的分压网络分压后，使得运算放大器同相输入端电压为标准电压 $U_{ref}=0.048\text{V}$。

即
$$U_{ref}=\frac{15\text{V}\times R_9}{R_8+R_9}\times\frac{R_5}{R_4+R_5}=0.048\text{V}$$

当输入电压 $U_{gn}>U_{d2}+U_{ref}=0.7\text{V}+0.048\text{V}=0.748\text{V}$ 时，LM348 的 7 端电压由 15V 翻转为 -15V。

当 $U_g<0.748\text{V}$ 时，运算放大器输出端 LM348 的 7 端为 15V，二极管 VD5 截止，限速电路不作用。

当 $U_g>0.748\text{V}$ 时，运算放大器输出端 LM348 的 1 端为 -15V，二极管 VD10 导通，将 VT1、VT2 组成的晶体管网络导通，进而导通 N 沟道结型场效应晶体管 VT3，使转速环短接，失去对速度调节的响应，进而由正负限幅电路限制其输出电压。

4. 保护电路原理分析

该调节板的主要作用是使速度及电流实现无静差，即双闭环无静差系统。保护电路的组成主要分为两大部分：零速封锁及 PI 调节电路和多种故障保护电路。下面就这两部分进行详细分析：

（1）零速封锁及 PI 调节电路

这部分电路也由两小部分组成：

1）零速封锁电路。零速封锁电路主要由运算放大器：A1、A2；稳压二极管 VS1；晶体管 VT1、VT2；二极管 VD11 及结型场效应晶体管 VT3 等组成。其作用如下：

当给定电压 U_g 与反馈电压 U_{fn} 的绝对值都小于 0.7V 时（其值与电阻 R_8、R_9、R_{10}、R_{11}、R_4、R_5、R_6 等有关具体大小，请参考运放的应用等书籍），运放 A1、A2 的输出均为

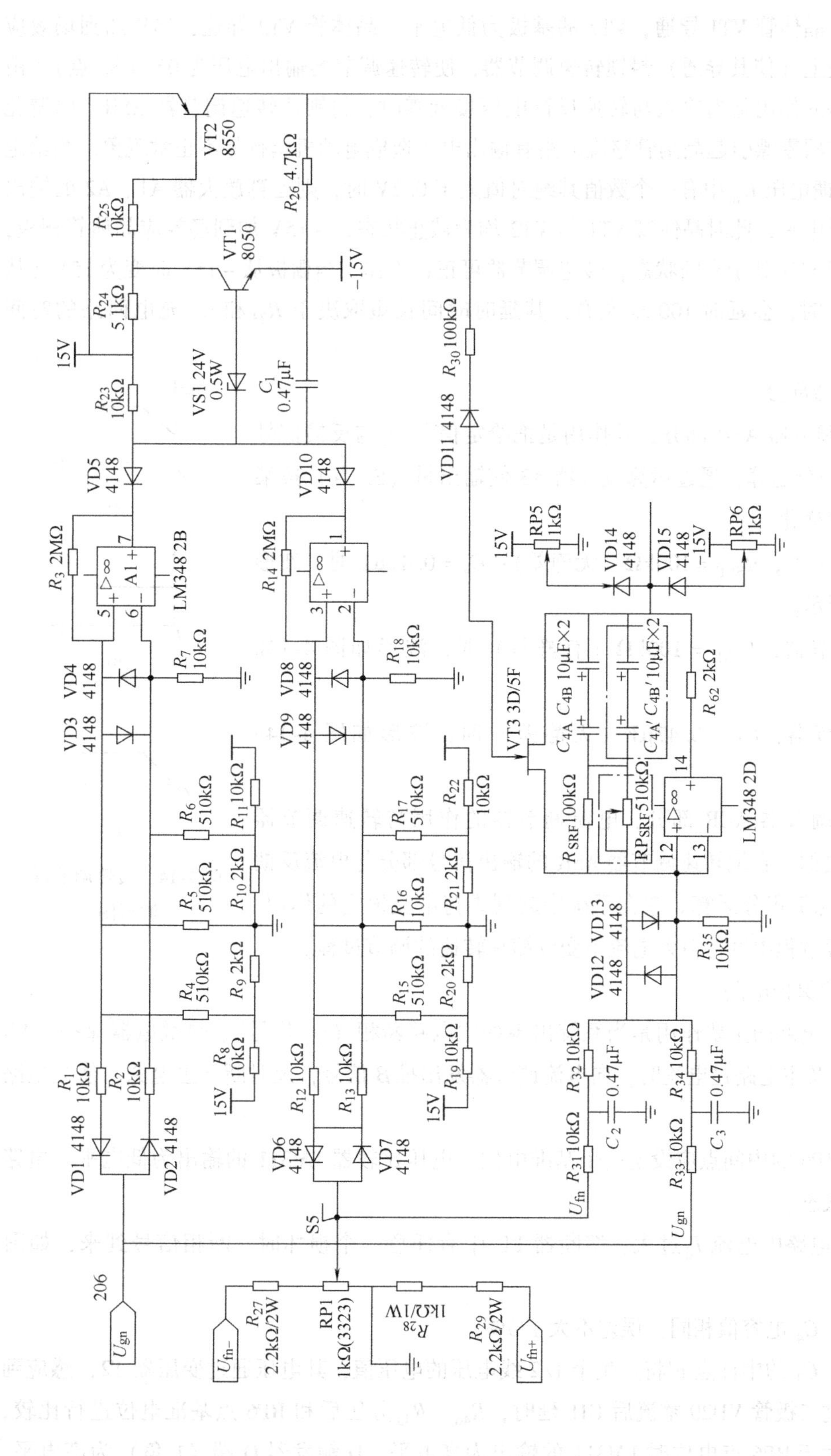

图 4-13 限速电路原理图

高电平，此时晶体管 VT1 导通，VT2 的基极为低电平，晶体管 VT2 导通，15V 加到场效应晶体管的栅极上（使其导通）封锁转速调节器，使转速调节器输出电压为 0V（S2 点）。由此可见此电路的作用是当输入与转速反馈电压接近零时，封锁住转速调节器 ASR，以避免停车时各调节器零漂引起晶闸管整流电路有输出电压造成电动机爬行等不正常现象。当给定电压 U_g 和反馈电压 U_{fn} 中有一个数值其绝对值大于 0.2V 时，则运算放大器 A1、A2 的输出就有一个为低电平，此时晶体管 VT1 与 VT2 均为截止状态，－15V 加到场效应晶体管栅极，场效应晶体管 VT3 处于夹断状态，转速调节器可正常工作。当栅极从－15V 时变为 15V（从夹断到导通）时，会延时 100ms 左右，其延时时间长短取决于 R_{23} 和 C_1 充电回路的时间常数。

2）调节器部分。

① 转速调节器 ASR 部分，其作用是把给定信号 U_g 与反馈信号 U_{fn} 进行比例积分运算，通过运算放大器 A3 使输出量（S2 点）按某种预定的规律变化。

a）PI 调节器，$R_{SRF}=100k\Omega$（无静差）；$C_4=0.47\mu F$ 时，波形如图 4-14a 所示。

b）P 调节器，$R_{SRF}=100k\Omega$（有静差）时，波形如图 4-14b 所示。

c）I 调节器，$C_4=0.47\mu F$（无静差）时，波形如图 4-14c 所示。

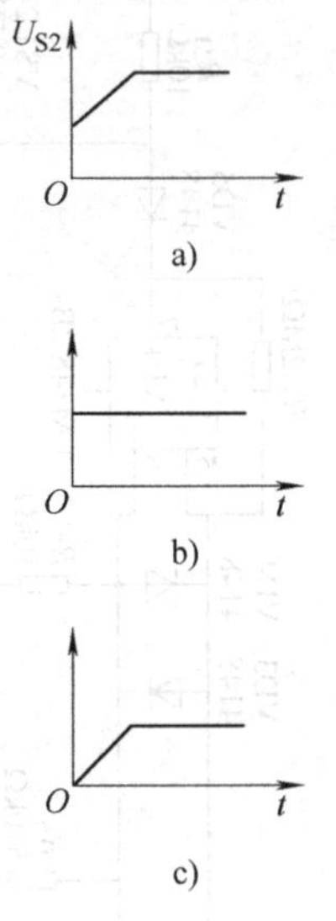

图 4-14　转速调节器波形图

② 电流调节器 ACR 部分，电流调节器的作用与转速调节器 ASR 的作用类似，它把转速调节器 ASR 的输出信号部分与电流反馈信号 U_{fi} 进行比例积分运算。它在系统中起到维持电流恒定的作用，并保证在过渡过程中维持最大电流不变以缩短转速的调节过程。

（2）故障保护电路

故障保护电路的主要作用是当系统出现如主电路断相（Q_x 信号）、热继电器保护（FR 信号－15V）及主电路过电流时，向电流调节器发出推 β 信号，及时断开主电路，使主电路断电。

正常时 RP6 的中间点应设定一个基准电位。电压比较器 LM311 的输出为低电平，电路处于非保护状态。

1）当主电路中电流 I_d 过大，熔断器 FU 中有任意一个损坏时，断相信号到来，如图 4-15 所示。

C_1、C_2、C_4 电容值相同，误差不大于 5%。

C_1、C_2、C_3 的中性点 n′将产生个 1/2 线电压的电压值，其电压通过变压器 T2，感应到二次侧，经过二极管 VD20 整流后 CJ1 延时，R_{46}、R_{43} 分压后和 RP6 点基准电位进行比较，当其绝对值大于 RP6 点电位时 LM311 的输出为高电平，D 触发器 Q 端（1 角）为高电平，

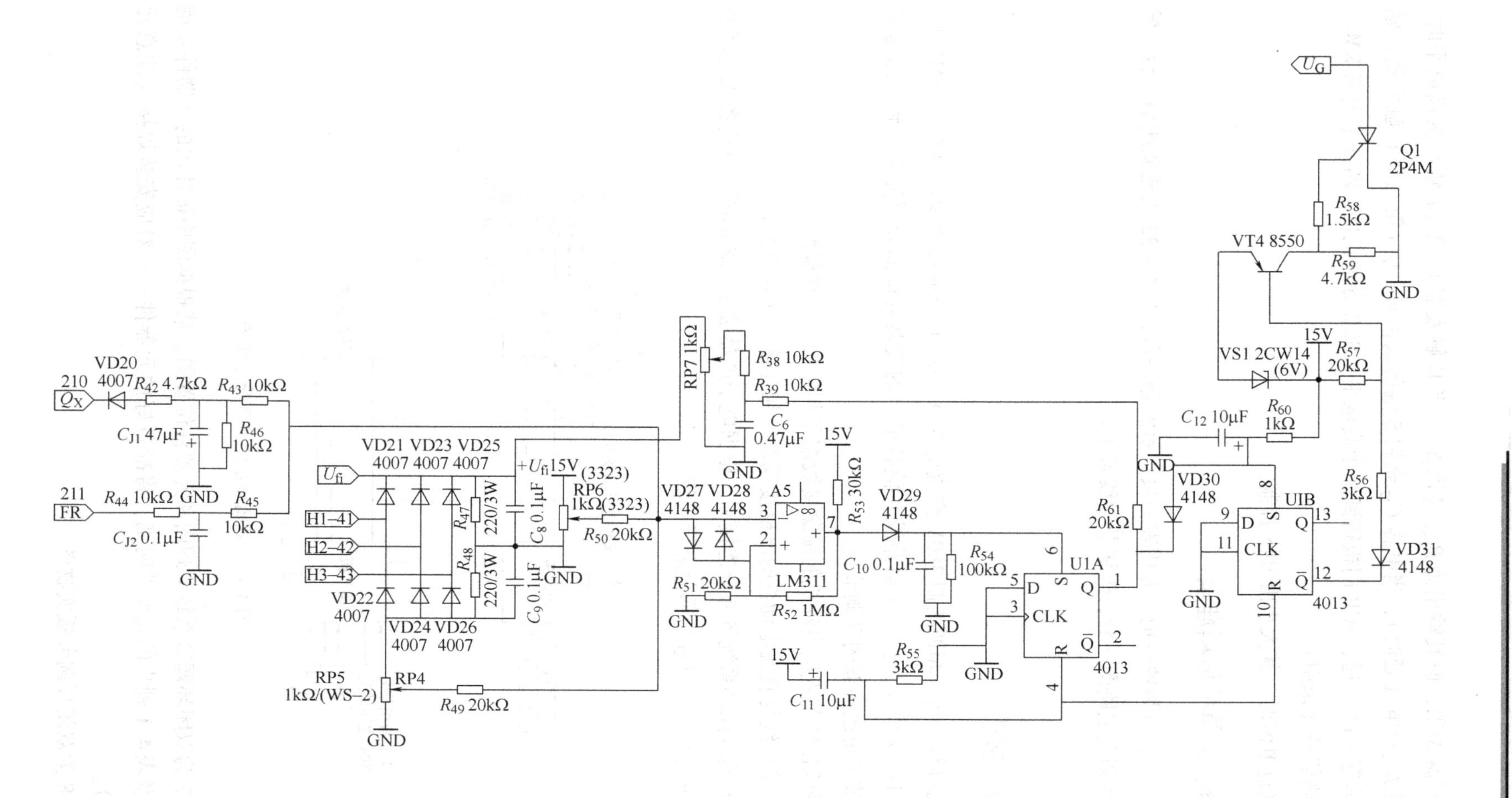
U_G
Q1
2P4M
R_{58}
1.5kΩ
VT4 8550
R_{59}
4.7kΩ
GND
15V
VS1 2CW14
(6V)
R_{57}
20kΩ
R_{60}
1kΩ
C_{12} 10μF
GND
VD30
4148
R_{56}
3kΩ
UIB
D
S
Q
CLK
R
$\bar{Q}$
4013
VD31
4148
GND
R_{61}
20kΩ
U1A
4013
RP7 1kΩ
R_{38} 10kΩ
R_{39} 10kΩ
C_6
0.47μF
GND
15V
R_{53} 30kΩ
VD29
4148
A5
LM311
R_{52} 1MΩ
R_{51} 20kΩ
GND
C_{10} 0.1μF
R_{54}
100kΩ
GND
15V
R_{55}
3kΩ
C_{11} 10μF
GND
VD27 VD28
4148 4148
VD20
210 4007
Q_X
R_{42} 4.7kΩ
R_{43} 10kΩ
C_{J1} 47μF
R_{46}
10kΩ
211
FR
R_{44} 10kΩ
GND
R_{45}
10kΩ
C_{J2} 0.1μF
GND
VD21 VD23 VD25
4007 4007 4007
U_{fi}
$+U_{fi}$ 15V
(3323)
RP6
1kΩ(3323)
H1–41
H2–42
H3–43
R_{47}
220/3W
R_{48}
220/3W
C_8 0.1μF
C_9 0.1μF
GND
R_{50} 20kΩ
VD22
4007
VD24 VD26
4007 4007
RP5
1kΩ/(WS–2)
RP4
R_{49} 20kΩ
GND

图 4-15　故障保护电路

输入到电流调节器 ACR，使其输出为β_{min}（推β），当 D 触发器 Q 端（1 角）为高电平时，电容C_{12}被电阻R_{60}充电（延时），当电容C_{12}充到 S 端的阈值时，Q（第二个 D 触发器）输出低电平，晶体管 VT4 导通，SCR 门极得到一个高电平，SCR 导通记忆，断开主电路 KM。

2）FR 过热信号（未用）。

3）主电路过电流时，其大小由 RP5 控制。

二、设备、工具和材料准备

电工工具一套，电烙铁一把，万用表一只，示波器一台，DSC－32 直流调速柜一台，转速、电流双闭环调速电路图一套，焊锡及导线若干。

任务实施

一、安装、接线

1）系统的接线。将三相四线制 380V 交流电的 A、B、C 三相接至交流接触器 KM1 上，中性线接在中性线接线柱 N 上。主电路及其他各电路的安装与前面介绍完全一致，这里只是将单闭环调节板更改为双闭环调节板。

2）将励磁输出线与直流电动机的励磁接线端子相连接，注意极性。

3）将整流输出线与直流电动机的电枢接线端子相连接，注意极性。

4）图 4-16 是双闭环系统各部分连接图，根据电子产品装接工艺标准，分析各工艺环节对系统运行质量的影响，对各个部分进行安装。

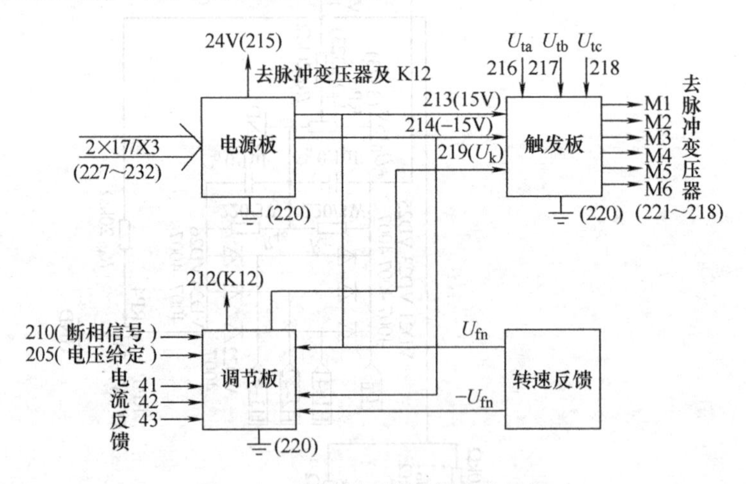

图 4-16　双闭环系统各部分连接图

5）图 4-17 为双闭环调节系统原理图和元器件位置图，请根据图中标注出的元器件及型号、规格，以及表 4-1 列出的元器件明细，将准备好的元器件一一对应安装焊接（注意元器件引脚极性）。

6）图 4-18 为双闭环调节板实物图。

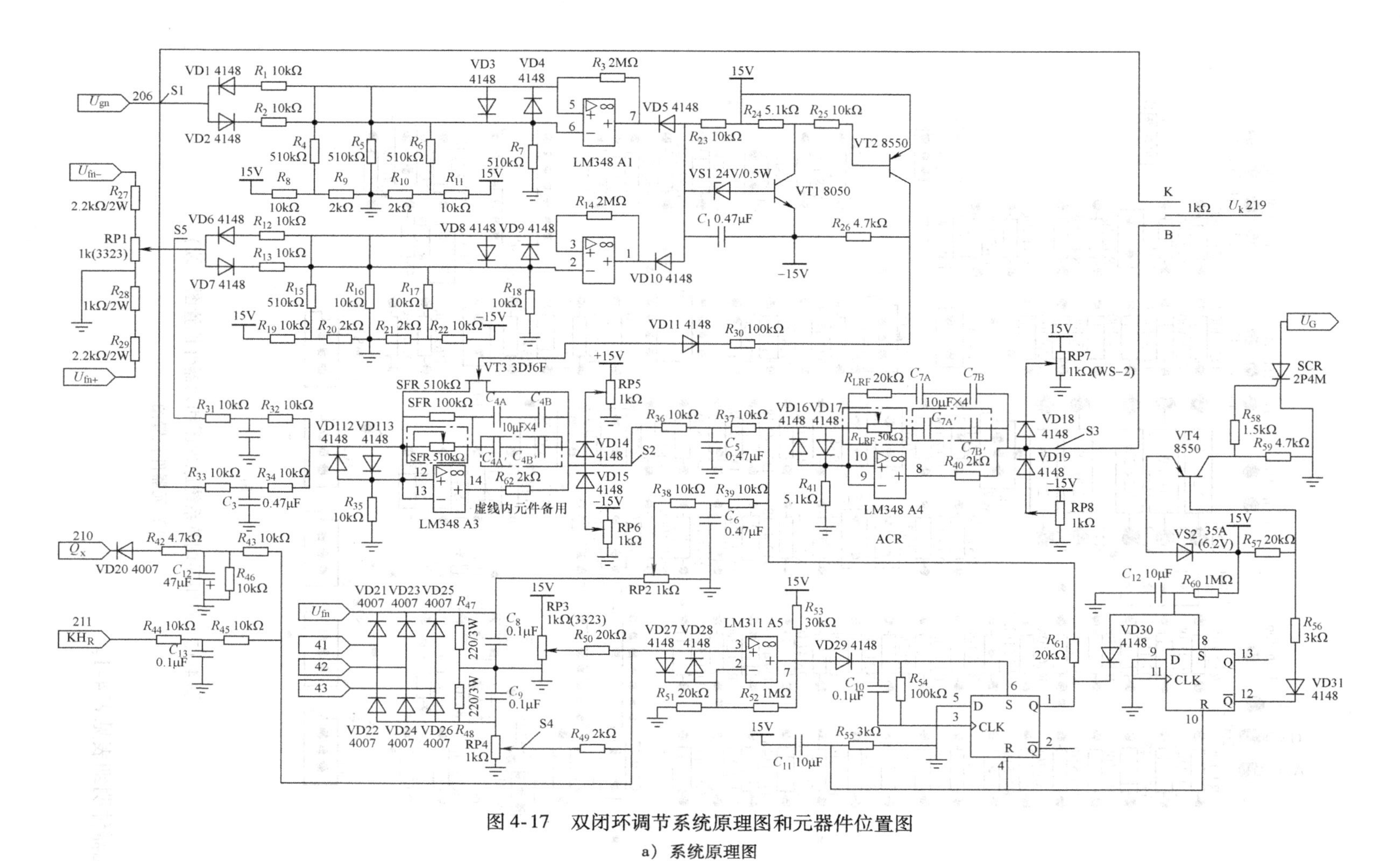

图4-17　双闭环调节系统原理图和元器件位置图

a）系统原理图

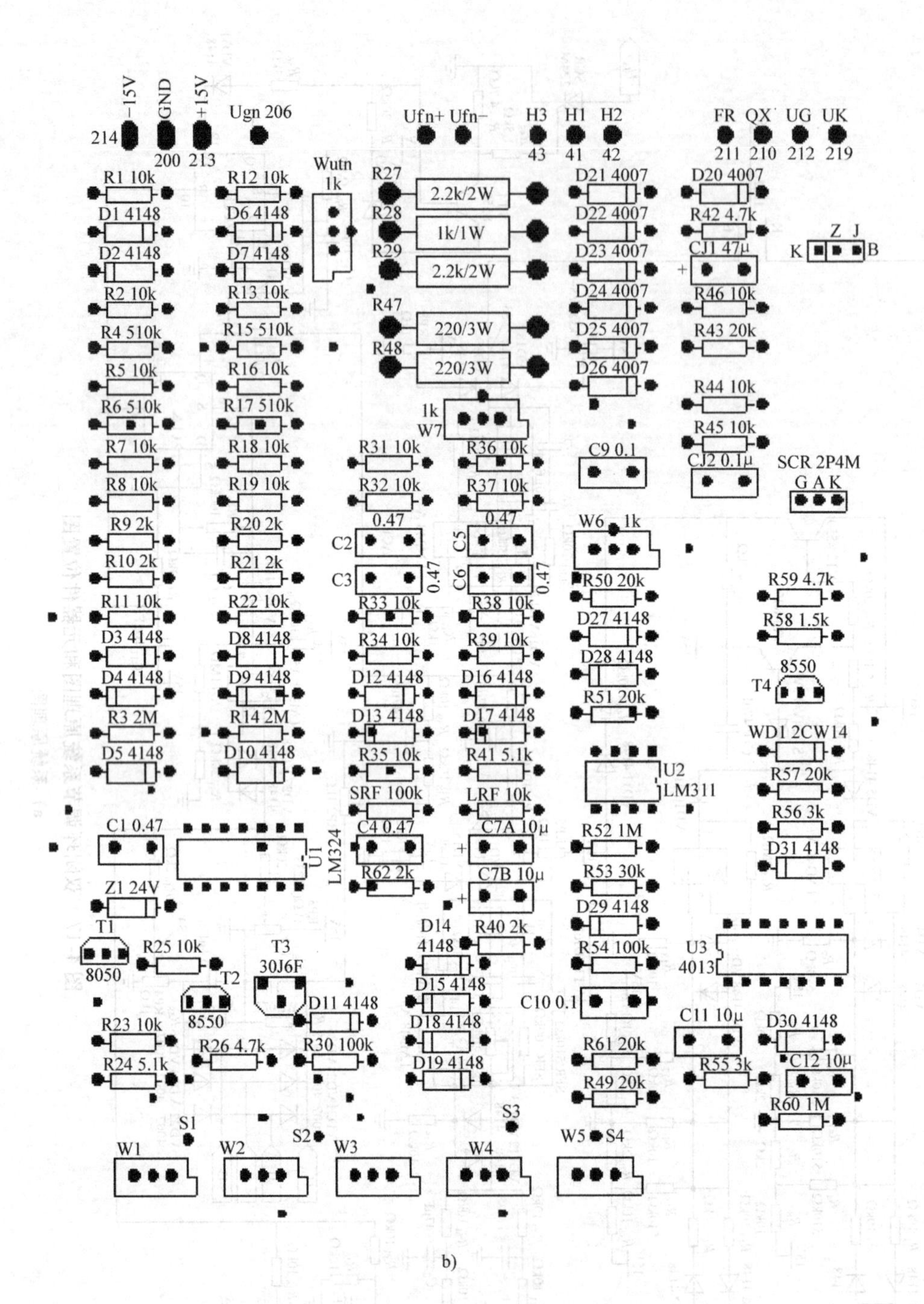

b）

图 4-17　双闭环调节系统原理图和元器件位置图（续）

b）元器件位置图

元器件明细表见表 4-1。

图 4-18　双闭环调节板实物图

表 4-1　元器件明细表

元器件名称	型号/规格	数量	备注
电阻器	10kΩ	27	
电阻器	510kΩ	4	
电阻器	2kΩ	6	
电阻器	2MΩ	2	
电阻器	100kΩ	3	
电阻器	5.1kΩ	2	
电阻器	20kΩ	6	
电阻器	4.7kΩ	3	
电阻器	1.5kΩ	1	
电阻器	3kΩ	2	
电阻器	1MΩ	2	
电阻器	30kΩ	1	
电阻器	2.2kΩ/2W	2	
电阻器	1kΩ/1W	1	
电阻器	220Ω/3W	2	
电位器	1kΩ	8	
开关二极管	4148	24	
整流二极管	4007	8	
稳压二极管	2CW14/6.2V	1	
稳压二极管	24V/0.5W	1	
NPN 型功率晶体管	8050	1	

（续）

元器件名称	型号/规格	数量	备注
PNP 型功率晶体管	8550	2	
结型耗尽型场效应晶体管	3DJ6F	1	
电容器	0.47μF	5	
电容器	0.1μF	3	
电容器	10μF（电解）	4	
电容器	47μF（电解）	1	
电容器	0.47μF（电解）	1	
电压比较器	LM311	1	
集成运算放大器	LM324	1	
双 D 触发器	4013	1	
晶闸管	2P4M	1	
跳线开关		1	

二、双闭环直流调速系统的调试

双闭环控制盒前视图和后视图如图 4-19 和图 4-20 所示。

双闭环调节板各调节电位器和测试点的含义如下：

RP1：转速正反馈电位器，　S1：电压给定值测试点。

RP2：转速负反馈电位器，　S2：ASR 输出值测试点。

RP3：电流正反馈电位器，　S3：ACR 输出值测试点。

RP4：电流负反馈电位器，　S4：过电流值测试点。

RP5：过电流值大小调整电位器。

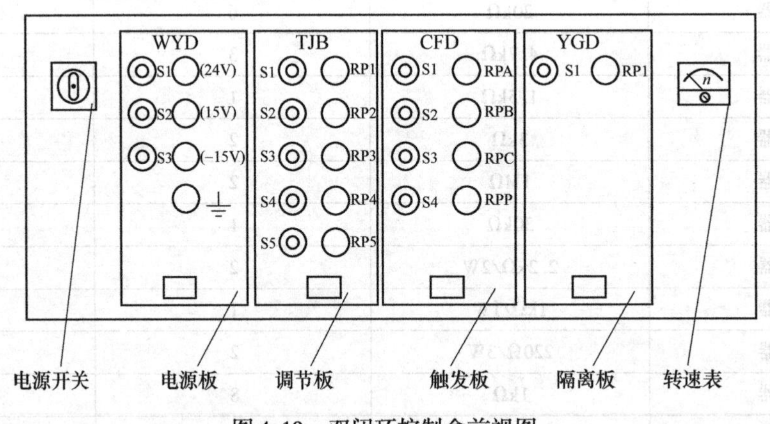

图 4-19　双闭环控制盒前视图

调试前的检查：根据电气图样，检查主电路各部件及控制电路各部件间的连线是否正确，线头标号是否符合图样要求，连接点是否牢固，焊接点是否有虚焊，连接导线规格是否符合要求，接插件的接触是否良好等。

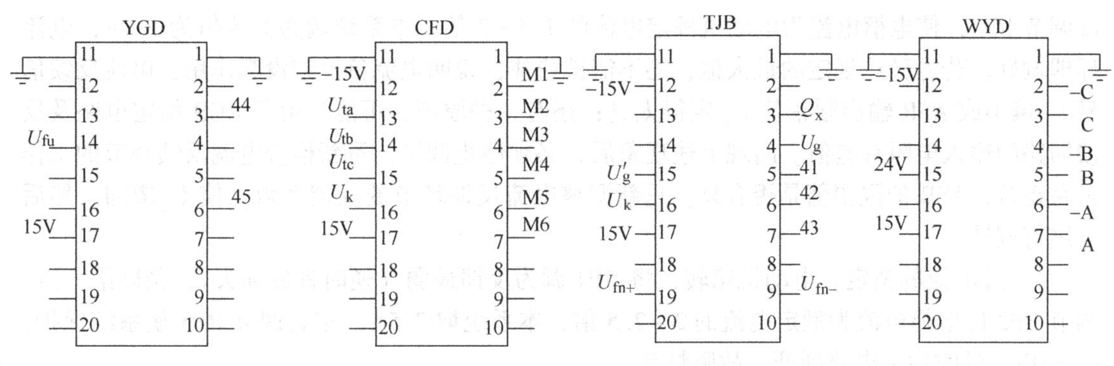

图 4-20　双闭环控制盒后视图

1. 继电控制电路的通电调试

取下各插接板，然后通电，检查继电器的工作状态和控制顺序等，用万用表查验电源是否通过变压器和控制触点送到了整流电路的输入端。

2. 系统开环调试（带电阻性负载）

1）控制电源测试。插上电源板，用万用表校验送至其所供各处电源电压是否正确，电压值是否符合要求。

2）触发脉冲检测。插上触发板，调节斜率值，使其为 6V 左右。调节初相位角，在感性负载时，初始相位角在 $\alpha=90°$ 位置调节 U_p，使得 U_d 在给定最大时能达到 300V，给定为 0 时，$U_d=0$。

3）调节板的测试。插上调节板，将调节板处于开环位置。进行 ASR、ACR 输出限幅值的调整。输出限幅值的依据分别取决于 $U_d=f(U_k)$ 和 $U_{fi}=\beta I_d$，其中 β 是反馈系数。本系统中，ACR 输出限幅值调整如下：正限幅值给定最大，调 RP7，使得 $U_d=270V$，取余量 50V，正限幅值 RP7 为 5.5V，负限幅值 RP8 为 -3V，ASR 的限幅值由 ASR 的输出最大值与电流反馈环节特性 $U_{fi}=\beta I_d$ 的最大值来权衡选取，应取两者中较小值，正限幅值 RP5 为 6V，负限幅值为 -6V。

给 RP6 一个翻转电压，其值也由系统负载决定，一般取 6V。

【反馈极性的测定】：

① 从零逐渐增加给定电压，U_d 应从 0 ~ 300V 变化，将 U_d 调节到额定电压 220V，用万用表电压挡测量 RP2 电位器的中间点（对 L），看其极性是否为正，如正则正确，将电压值调为最大。

② 断开电源，将电动机励磁与电枢连接好，测速发电机接好，接通电源，接通主电路、给定电路，缓慢调节给定电位器，增加给定电压，电动机从零逐渐上升，调到某一转速，用万用表电压挡测量电位器 RP1 的中间点，看其值是否为负极性，将电压调到最大。

3. 系统闭环调试（带电动机负载）

1）将调节板 K1 跳线置于闭环位置。

2）接通系统电源，缓慢增加给定电压，由于设计原因，电动机转速不会达到额定值。此时，调节 RP1 电位器，减小转速反馈系数，使系统达到电动机额定转速（此时 $U_d=220V$），转速环 ASR 即调好。

3）去掉电动机励磁，使电动机堵转（电动机加励磁时，转矩很大，不容易堵住）。缓慢调节 RP2，使电枢电流为电动机额定电流的 1.5～2 倍，本系统调为截流值为 1.8A，电流环即调好。若 I_d 已达规定的最大值，还不能被稳住，说明电流负反馈没起作用，电流反馈信号 U_{fi} 偏小或 ASR 输出限幅值 U_{gi} 定得太高；还有一种原因，可能是由于 ACR 给定电路及反馈回路的输入电阻有差值。出现上述现象后，必须停止调试，重新检查电流反馈环节的工作是否正常，ASR 的限幅值是否合理。重新调整电流反馈环节的反馈系数，使 U_{fi} 增加，然后再进行调试。

4）过电流的整定。电动机堵转，将 RP4 调为反馈最弱（逆时针旋到头），稍微给一点。调节 RP2 使电枢电流为额定电流的 2～2.5 倍，本系统取 2.5A，左右调节 RP5 使系统保护，U_d = 0V，延时后主电路断开，故障灯亮。

5）重复步骤 3）的工作，系统调整为正常值（I_d = 1.8A）。

4. 整机统调

系统运行时可以选择开环运行或闭环运行方式，两种方式下的系统运行结构是不同的。开环运行方式比较简单，系统的机械特性较软（本系统为调试方便而设计了开环运行方式），系统正常工作时应为闭环运行方式，闭环运行方式相对复杂，系统的机械特性较硬。直流调速系统的整机统调流程图如图 4-21 所示。

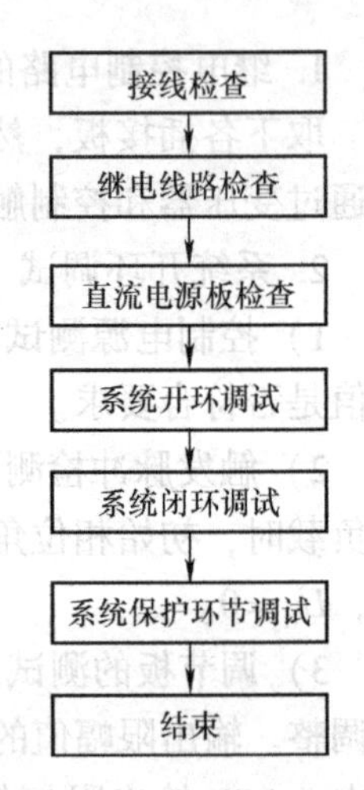

图 4-21　直流调速系统的整机统调流程图

（1）开环运行方式下的调试

系统开环运行时控制形式比较简单，主要是调整三相触发电压平衡和脉冲的初始相位角，具体操作步骤如下：

① 确认系统电源的相序正确无误。因为三相全控桥式调压柜采用了双窄脉冲触发电路形式，所以辅助的补脉冲应该在主脉冲发出后 60°出现。如果电路相序连接不对，会造成补脉冲在主脉冲之前出现的情况，此时只要将调压柜的三相电源进线其中的任意两根对调，就可以改变这种情况。

② 三相锯齿波斜率平衡的调整。调节触发板（CFD）上的 RP1、RP2 和 RP3 电位器，使晶闸管导通对称，输出三相电压平衡。调节检测方法有三种：第一种，调节时可以用双踪示波器观测任意两相锯齿波的斜率，调节 RP1、RP2 和 RP3 电位器，使其斜率相等即可；第二种，使用示波器观测主电路输出直流电压，调节 RP1、RP2 和 RP3 电位器，直至输出电压波形对称，晶闸管导通一致；第三种，使用万用表检测锯齿波斜率测试点的直流电压值，调节 RP1、RP2 和 RP3 电位器，使三相锯齿波测试点的直流电压值相等，因为触发电路选择的是 KC04 集成触发电路，所以此时三相晶闸管导通也一定是对称的。根据本系统采用的参数，锯齿波测试点的直流电压调节到 6.3V 即可。

③ 脉冲初相角调节。调节给定电位器，使给定电压 U_g = 0V，此时控制电压 U_k = 0V，调节偏置电位器 RPP，改变偏置电压值的大小。偏置电压减小，脉冲就会往 α 增大的方向移动；偏置电压增大，脉冲就会往 α 减小的方向移动。对于不同的主电路，所需要的脉冲初始相位角并不一样，三相全控桥式调压柜带电阻性负载时，其触发延迟角 α 的移相范围为 0～120°，所以需要调节偏置电压，使脉冲的初始位置在 α = 120°或更大的位置上，此时主电路的输出电压应该为零。

④ 主电路输出直流电压波形调整。缓慢增加给定电压 U_g，此时脉冲应该向 α 减小的方

向移动，主电路直流输出电压会缓慢上升。当增加 U_g 到一定电压值时，α 应该等于 0°，此时所有的晶闸管全部完全导通，相当于六个二极管整流，输出直流电压应该在 300V，使用示波器观察主电路输出直流电压，应该是波形完整，无断相现象。

⑤ 在系统由开环形式转换为闭环形式前，为闭环调试做准备。在开环情况下，确定所有的反馈信号（如电压反馈信号、电流反馈信号）的极性正确，幅值足够并且连续可调，对系统中的一些反馈信号需要提前做一些调整，以保证系统在闭环调试时顺利进行，具体有以下一些调整点需要注意：

隔离板（YGD）上的 RP1 电位器：U_{fn}，电压负反馈整定。对于电阻性负载，初始值 $U_{fn}=0V$。

调节板（TJB）上的 RP3 电位器：U_{fi+}，电流截止负反馈整定，初始值 $U_{fi+}=0V$。

调节板（TJB）上的 RP4 电位器：U_{fi-}，电流保护整定，初始值 $U_{fi-}=0V$。

调节板（TJB）上的 RP5 电位器：电流保护设定，初始值为某一正电压，一般取 2.5～4V。

调节板（TJB）上的 RP1 电位器：U_{kmax}，最小整流角限定，具体电路具体要求，一般取 5V。

调节板（TJB）上的 RP2 电位器：U_{kmin}，最小逆变角限定，具体电路具体要求，一般取 -1V。

调节板（TJB）上的 RP6 电位器：给定积分器积分时间整定，初始值为电位最大位置。

（2）闭环运行方式下的调试

① 首先调整系统最小整流角。原则是当给定电压 U_g 达到最大值 U_{gmax} 时，调压柜的晶闸管触发延迟角 α 不小于 0°，此时调压柜的输出直流电压达到最大值 U_{dmax}。调试时可以先将给定电位器调节到最大，此时因为系统原来的 RP1 已经被限定在 5V，所以输出直流电压是达不到最大输出值的，也就是晶闸管触发延迟角 α 根本达不到 0°。这时需要调节 TJB 上的 RP1 电位器，使输出电压升高，直到输出电压达到最大输出电压值为止（对于本系统 $U_{dmax}=300V$）。

② 调整系统的电压负反馈深度。原则是当给定电压 U_g 达到最大值 U_{gmax} 时，调压柜的输出直流电压达到负载需要的额定电压值 U_N。调试时，可以先将给定电位器调节到最大，此时因为系统没有电压负反馈作用，所以输出直流电压是最大输出值 U_{dmax}，而负载需要的电压值一般是低于这个电压值的。所以需要调节 YGD 的 RP1 电位器，使输出电压降低，直到输出电压降低到负载需要的额定电压值为止（对于本系统 $U_N=220V$）。

③ 调整系统的过电流保护整定。原则是当调压柜的负载电流超过负载额定电流的一定倍数（对于本系统为额定电流的 1.5 倍，即 15A）时，使系统的过电流保护电路动作，封锁晶闸管的触发脉冲，延时一段时间后切断调压柜主电路。调试时先将输出电压调节到最大输出电压值，然后缓慢增加负载，使调压柜的输出电流上升到 15A，然后缓慢调整 TJB 的 RP5。当调节到某一个点时，系统输出电压突然降为 0V，过一会儿过电流指示灯亮起，同时主电路接触器断开，过电流保护整定完成。注意，过电流保护整定需要在高电压下进行，应注意安全防护，同时调整时间要尽量地短。

④ 调整系统的电流截止负反馈值。原则是当调压柜的负载电流超过负载额定电流的一定倍数（对于本系统为额定电流的 1.2 倍，即 12A）时，使系统的电流截止负反馈电路起作

用，形成挖土机特性。调试时先将输出电压调节到最大输出电压值，然后缓慢增加负载，使调压柜的输出电流上升到12A，然后缓慢调整TJB上的RP3。在开始调整时，输出电压应该保持不变，当调节到某一个点时，系统输出电压有所降低，说明此时电流截止负反馈电路中的稳压二极管已经被击穿，电流截止负反馈电路已经起作用，则电流截止负反馈整定完成。同样，整定需要在高压下进行，故调整时间要尽量地短。

⑤ 调整系统的给定积分时间。方法是调整TJB上的RP6，然后突加给定，观测系统输出电压的上升情况，直到达到理想的电压上升速度。

三、双闭环直流调速系统的维修

1）查看故障现象，分析故障原因。双闭环直流调速系统的调节板电路可能出现的故障及原因见表4-2。

表4-2　双闭环直流调速系统的调节板电路可能出现的故障及原因

故障现象	故障区域（点）及故障原因分析
$U_g=0$ 时仍有 U_k 值，$U_d>0$	反接VD9，正限幅的限幅电压接入电路，影响了 U_k 值
减小 R_{19} 的阻值	U_k 值偏低，U_d 达不到最大值 $K=R_{19}/R_{17}$，R_{19} 减小，比例系数不够大导致 U_k 偏低
没有 U_k 输出	LM324损坏 给定积分器、比例放大器均损坏，$U_k=0V$
接通电源，电路保护	LM311损坏 LM311始终输出15V，保护电路上电工作
电流较小时，电路保护	减小 R_{36} 阻值 比例系数改变，电路状态改变
闭合电路，则保护电路工作	断开RP5的15V电源 比较电压过低
电压在较低时不能调节	减小 R_1 阻值 封锁电压过高
接通电源，电路保护	反接VD13 VD13反接上电产生脉冲，SCR导通
上电延时电路保护	反接VD12
U_d 值偏低	减小 R_{23} 阻值 电压反馈强度过大

2）维修步骤：

① 分组进行，组与组之间相互设置故障。

② 先观察故障现象。

③ 根据故障现象进行分析。

④ 找出故障点。

⑤ 排除故障，填写故障分析表。

3）修复故障，通电调试运行。排除故障后，必须经过仔细的再次排查、分析，然后才能通电调试。

4）故障排除训练。分为四组两组一对，组与组之间互出故障练习。进行双闭环调速环节故障排除练习。故障点的设置要求在不损坏元器件和设备的前提下学生可根据自身的特点随机出故障。

5）填写双闭环调速环节电路故障诊断表，见表4-3。

表4-3　双闭环调速环节电路故障诊断表

序号	故障现象	故障点	故障原因	解决问题的办法
1				
2				
3				
4				
5				

注：双闭环直流调速系统与单闭环直流调速系统所使用的设备型号均为DSC－32直流调速系统，主要区别在于调节板的不同，在使用时需要注意连接线的焊接顺序与单闭环有所不同，其余各环节均不需改动。

注意事项：

1）调试过程中，应遵循先开环后闭环的原则进行调试。

2）调试过程中要注意反馈极性的正确。

3）焊接时注意集成电路不要短路。

4）用示波器进行相序测量过程中注意高电压对人身的安全。

5）维修过程中要注意安全，要准确，避免扩大故障范围。

任务评价

任务评价见表4-4。

表4-4　任务评价

项目	配分	评分标准	扣分	得分
双闭环电路的安装	30	损坏元器件每个扣2分		
		虚焊每处扣1分		
		元器件安装错误每处扣2分		
		元器件不会判断和选择扣15分		
		接线错误每处扣4分		
双闭环电路的调试	20	增加给定 U_g 值 U_k 不变扣6分		
		改变反馈 U_k 值不变扣6分		
		改变 U_g 值 U_k 可变但不线性扣4分		
系统调试	20	各环节之间连线不正确每处扣5分		
		调节给定值，转速为0或不变扣5分		
		调节电动机负载，转速变化扣5分		
		系统的静态特性不正确扣5分		
		调试步骤不正确扣5分		
系统维修	20	不能发现故障现象，不能分析故障原因的扣4分		
		扩大故障范围扣10分		
		发现故障，不能处理的扣2分		
文明生产	10	违反操作规程视情节扣5～20分		

巩固与提高

一、填空题

1. 在双闭环直流调速系统中，电流调节器 ACR 和电流检测反馈环节构成________，也称做________；转速调节器 ASR 和转速检测反馈环节构成________，也称做________。

2. 双闭环直流调速系统的起动过程分为________、________和________三个阶段。

3. 对于调速系统，最重要的动态性能就是抗干扰性能，主要包括________和________性能。

4. 在负载变化时系统的自动调节过程中，转速环的主要作用是________；电流环的主要作用是________。

5. 在双闭环直流调速系统中增加转速微分负反馈的作用是________。

6. 双闭环调速系统中，转速调节器 ASR 的输出限幅电压决定了________；电流调节器 ACR 的输出限幅电压限制了________。

二、选择题

1. 转速、电流双闭环调速系统中不加电流截止负反馈，是因为其主电路电流的限流（　　）。

A. 由比例积分器保证　　B. 由转速环保证

C. 由电流环保证　　D. 由转速调节器的限幅保证

2. 带有转速、电流双闭环的调速系统，在起动、过载和堵转的条件下（　　）。

A. 转速调节器起主要作用　　B. 电流调节器起主要作用

C. 两个调节器都起作用　　D. 两个调节器都不起作用

3. 双闭环调速系统中，电动机的额定转速主要由（　　）设定。

A. 转速环输出限幅器　　B. 电流环输出限幅器

C. 测速发电机反馈系数　　D. 电流反馈系数

4. 双闭环调速系统的起动时间与单闭环调速系统的起动时间相比（　　）。

A. 更慢　　B. 更快　　C. 不快也不慢　　D. 无法确定

5. 双闭环调速系统在起动过程中的调节作用主要靠（　　）的作用。

A. I 调节器　　B. P 调节器　　C. 电流调节器　　D. 转速调节器

6. 双闭环调速系统不加电流截止负反馈是因为（　　）。

A. 由触发装置保证　　B. 由比例积分器保证

C. 由转速环保证　　D. 由电流环保证

7. 在转速、电流双闭环直流调速系统中，在负载变化时出现偏差，消除偏差主要靠（　　）。

A. 转速调节器　　B. 电流调节器

C. 电流、转速调节器　　D. 比例积分调节器

8. 双闭环调速系统中，电流环的输入信号有两个，即（　　）信号和转速环的输出信号。

A. 主电路反馈的电流　　B. 主电路反馈的转速

C. 主电路反馈的积分电压　　D. 主电路反馈的微分电压

9. 在转速、电流双闭环直流调速系统中，电源电压波动造成的干扰，主要靠（ ）消除。

A. 转速调节器　　B. 电流调节器

C. 电流、转速调节器　　D. 比例积分调节器

10. 转速、电流双闭环调速系统，在系统过载或堵转时，转速调节器处于（ ）。

A. 饱和状态　　B. 调节状态　　C. 截止状态　　D. 线性状态

11. 在双闭环系统大信号作用下起动过程中的恒流升速阶段中，关于转速调节器ASR和电流调节器ACR的情形，描述错误的是（ ）。

A. ASR饱和，ACR不饱和

B. ASR饱和，ACR工作在线性状态

C. ASR工作在线性状态，ACR工作在非线性状态

D. ASR不起调节作用，ACR起调节作用

12. 如果要改变双闭环调速系统的速度，应该改变（ ）参数。

A. 给定电压　　B. 测速反馈电压

C. 转速调节器输出电压　　D. 转速调节器输出限幅电压

13. 在系统中加入了（ ）环节以后，不仅能使系统得到下垂的机械特性，而且也能加快过渡过程，改善系统的动态特性。

A. 电压负反馈　　B. 电流负反馈　　C. 电压截止负反馈　　D. 电流截止负反馈

三、判断题

1. 在带有PI调节器的双闭环调速系统的起动过程中，转速一定有超调。（ ）

2. 由于双闭环调速系统的堵转电流与转折电流相差很小，因此，系统具有比较理想的“挖土机”特性。（ ）

3. 双闭环调速系统的电流调节器在起动过程的初、后期，处于调节状态，中期处于饱和状态，而转速调节器始终处于调节状态。（ ）

4. 对于要求起动平稳、起动加速度有限制性要求的生产机械，需采用给定积分器。（ ）

5. 当电动机发生严重过载或机械部件被卡住时，电流负反馈起主要调节作用，实现过电流保护。（ ）

6. 通过转速调节器的调节，能有效抑制电网电压波动的影响。（ ）

7. 双闭环调速系统是由转速负反馈来实现“挖土机”特性的。（ ）

8. 为了实现直流电动机在允许条件下的最快起动，获得电流为最大值的恒流过程，系统在单闭环的基础上增加了电流调节器。（ ）

9. 直流调速柜的双闭环直流调速系统可以不安装隔离板。（ ）

四、简答题

1. 在双闭环直流调速系统中，若电流反馈极性接反了会产生怎样的后果？

2. 简要说明转速、电流双闭环调速系统的起动过程。

3. 双闭环调速系统中两个调节器的输出限幅值应如何整定？其大小对直流电动机的转速有影响吗？

4. 电流负反馈和电流截止负反馈这两种反馈环节各起什么作用？它们之间的主要区别

在哪里？它们能否同时在同一个控制系统中应用？

5. 如何测定电流负反馈的极性？

6. 简述双闭环直流调速系统中转速调节器和电流调节器的作用。

7. 试简述单闭环直流调速系统与双闭环直流调速系统的区别，并比较二者的优缺点。

8. 在转速、电流双闭环直流调速系统中，若将电流调节器由比例积分调节器改为比例调节器，分析此时系统是否仍是无静差系统。

9. 简述双闭环直流调速系统的调试原则。

10. 在双闭环直流调速系统通电后，转速不能达到额定转速，试分析产生此故障现象的故障原因。

11. 为什么电流调节器不加场效应晶体管封锁？

12. 为什么要有推β过程，直接断开主电路可以吗？

五、绘图题

1. 绘出晶闸管供电的他励直流电动机转速、电流双闭环调速系统原理图。

2. 转速、电流双闭环调速系统中，当负载突然加大时，画出电动机转速的变化曲线，并简要说明突加负载的抗扰过程。

项目五　可逆直流调速系统

5

知识目标：1. 熟悉可逆直流调速系统的组成。
2. 掌握有/无环流可逆调速系统的工作原理。

技能目标：1. 掌握龙门刨床单相串联磁控可逆直流调速系统的电路原理分析。
2. 掌握龙门刨床单相串联磁控可逆直流调速系统的安装、调试与维修方法及技能。

任务描述

许多机械设备要求电力拖动系统中的电动机既能正转又能反转，又能实现回馈发电。这些生产设备的电气传动系统必须采用可逆调速系统。另外，有些生产设备虽然要求电动机一个方向旋转，但停车时又要求快速地实现电气制动，这些生产设备的电气传动系统也须采用可逆调速系统。根据项目要求，B2025 龙头刨床单相串联磁控可逆直流调速系统对直流电动机进行正反转控制。

相关知识

前面所述的晶闸管不可逆直流调速系统，仅仅适合于不要求改变电动机旋转方向，同时停车快速性又无特殊要求的生产设备。但是，在实际生产中有些生产设备却要求电动机既能正转，又能反转，在减速和停车时，要有电气制动，以缩短制动时间。这些生产设备的电气传动系统必须采用可逆调速系统。另外，有些生产设备虽然要求电动机一个方向旋转，但停车时又要求快速地实现电气制动，这些生产设备的电气传动系统也须采用可逆调速系统。

一、晶闸管可逆直流调速系统的电路形式

要改变直流电动机的转向，就必须改变电动机的电磁转矩方向。由他励直流电动机的转矩公式 $T_d = C_M \Phi I_d$ 可知，改变电磁转矩 T_d 的方向有两种方法：一是改变电动机电枢电流 I_d 的方向，即改变电枢供电电压 U_d 的极性；二是改变电动机的磁通方向，即改变励磁电流的方向，也就是改变励磁绕组供电电压的极性。根据上述两种方法，晶闸管可逆直流调速系统的电路形式有两种：一种为电枢可逆调速电路；另一种是磁场可逆调速电路。

1. 电枢可逆调速电路

(1) 接触器切换电枢可逆电路

图 5-1 为接触器切换电枢可逆电路。由图 5-1 可知，这种电路只用一组晶闸管变流器，利用正、反向接触器 KM1 ~ KM4 来改变电动机电枢电流方向，从而实现电动机正向与反向

运转。当正向接触器 KM1、KM4 闭合时（此时 KM2、KM3 断开），电动机电枢电压 A 点为正，B 点为负，电枢电流 I_d的方向如实线所示，电动机正转。当反向接触器 KM2、KM3 闭合时（此时 KM1、KM4 断开），电动机电枢电压 A 点为负，B 点为正，电枢电流 I_d的方向如图中虚线所示，电动机反转。

这种可逆电路比较简单、经济，是有触点切换的可逆电路，但由于接触器的触点寿命及其动作时间长等原因，仅适用于不需要频繁快速正反转的可逆调速系统。

（2）两组晶闸管变流器组成的电枢可逆电路

图 5-2 为两组晶闸管变流器组成的电枢可逆电路。这种电路有两组晶闸管变流器 U1、U2。正向晶闸管变流器 U1 为电动机提供正向电枢电流（如实线所示），实线电动机正转。反向晶闸管变流器 U2 为电动机提供反向电枢电流 I_d（如虚线所示），实线电动机反转。

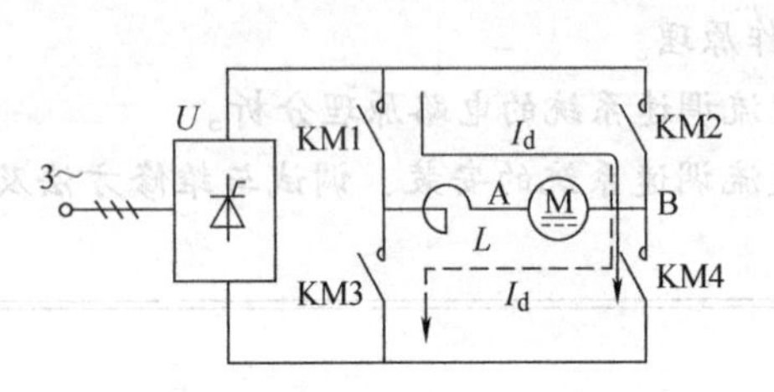

图 5-1　接触器切换电枢可逆电路

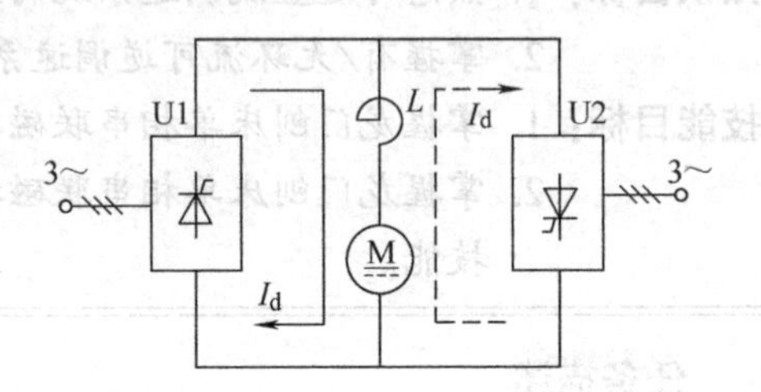

图 5-2　两组晶闸管变流器组成的电枢可逆电路

两组晶闸管变流器组成的电枢可逆电路，又有两种连接方式。一种为反并联连接方式，如图 5-3 所示，两组晶闸管变流器的交流电源由同一交流电路供给。

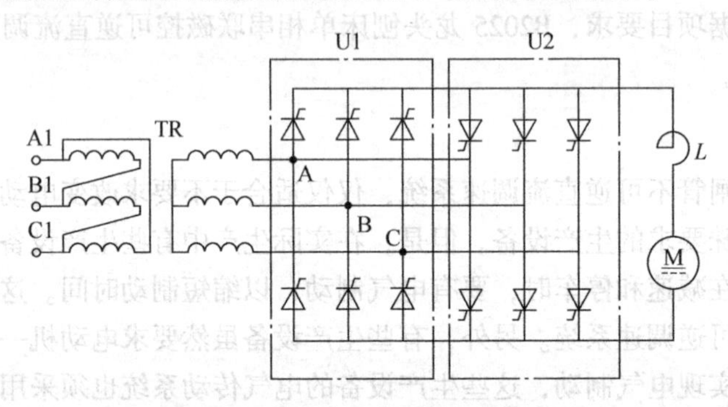

图 5-3　反并联连接电枢可逆电路

另一种为交叉连接方式，如图 5-4 所示，两组晶闸管变流器的交流电源分别由两个独立的交流电源供电，即由整流变压器的两个绕组或两台整流变压器供电。

两组晶闸管变流器组成的电枢可逆电路是无触点切换可逆电路，其寿命长，切换速度快，适用于需要频繁快速正反转的可逆调速系统。这种电枢可逆电路，尤其是电枢反并联可逆电路，已经得到了广泛应用。

2. 磁场可逆调速电路

（1）接触器切换磁场可逆电路

图 5-5 所示为接触器切换磁场可逆电路，电动机电枢只用一组晶闸管变流器供电，采用正、反向接触器 KM1 ~ KM4 来改变电动机励磁绕组中的电流方向，从而实现电动机正反转。

（2）两组晶闸管变流器组成的磁场可逆电路

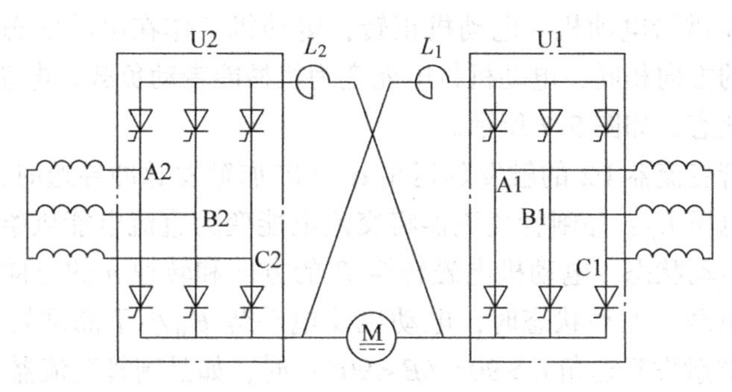

图 5-4 交叉连接电枢可逆电路

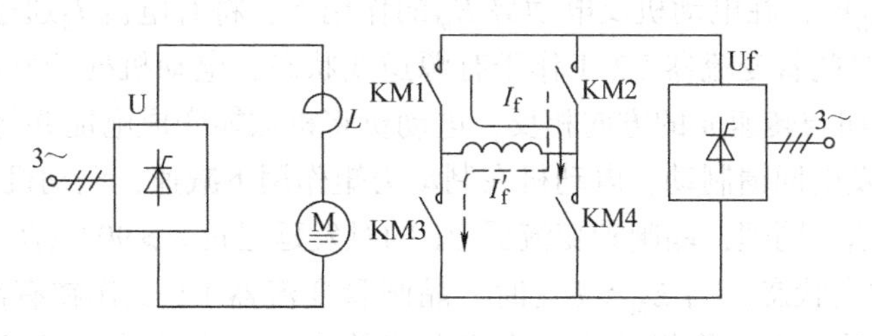

图 5-5 接触器切换磁场可逆电路

图 5-6 所示为两组晶闸管变流器组成的磁场可逆电路，电动机电枢只用一组晶闸管变流器供电，而电动机的励磁绕组用两组晶闸管变流器 U1、U2 供电，正向晶闸管变流器 U1 提供正向励磁电流，反向晶闸管变流器 U2 提供反向励磁电流，从而实现电动机的正反转。

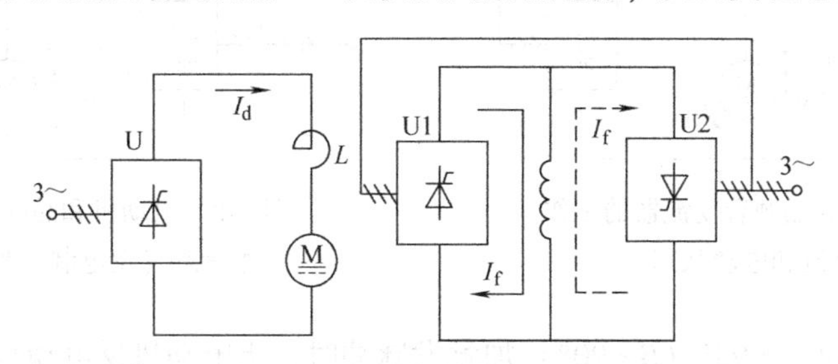

图 5-6 两组晶闸管变流器组成的磁场可逆电路

磁场可逆电路是保持电枢电流的方向不变，而通过改变电动机励磁电流的方向即改变磁通的方向来实现可逆运转。由于电动机励磁功率小（一般为 1% ~5% 的额定功率），晶闸管变流器容量相对较小，投资费用较小，比较经济，但电动机励磁回路电感量大，时间常数大，系统快速性较差。此外磁场可逆电路的控制系统较复杂，必须保证在磁场切换过程中，当磁通接近为零时，电动机电枢两端供电电压也相应为零。因而这种磁场可逆电路适用于系统容量较大而且对快速性要求不高的可逆运转场合。

二、晶闸管－电动机可逆系统的工作状态

1. 直流电动机和晶闸管变流器的工作场合

现以图 5-7 所示的电枢反并联可逆电路为例分析。当晶闸管变流器 U1 的触发延迟角 $\alpha<90°$ 加触发脉冲导通时，U1 工作在导通状态，输出正向整流电压 U_d，晶闸管变流器将交

流电能变为直流电能供给电动机，电动机正转，电动机工作在电动状态，电动机电磁转矩T_d的方向和转速n的方向相同，电动机将电能变为机械能带动负载。电动机和晶闸管变流器工作在整流和电动状态，如图5-7所示。

同理，当晶闸管变流器U2的触发延迟角$\alpha<90°$加触发脉冲导通时，U2工作在整流状态，输出反向直流电压U_d，晶闸管变流器将交流电能变为直流电能供给电动机，电动机反转，电动机工作在电动状态，电动机电磁转矩T_d的方向和转速n的方向相同，电动机将电能变为机械能带动负载。电动状态时，电动机反电动势E_M小于晶闸管变流器的输出电压U_d。在晶闸管变流器触发延迟角$\alpha>90°$（$\beta<90°$）时，如晶闸管变流器U2触发延迟角$\alpha>90°$即$\beta<90°$）加触发脉冲式，U2工作在逆变状态。当电动机反电动势E_M大于晶闸管变流器输出逆变电压U_{dB}时，在电动机反电动势E_M的作用下，将有电流I_d通过晶闸管变流器U2向电网回馈能量，晶闸管变流器U2工作于有源逆变状态，电动机处于发电制动状态，电动机电磁转矩T_d的方向与转速n的方向相反，电动机将机械能变成电能并将此能回馈给电网。这种制动方式称为发电回馈制动，电动机在制动力矩作用下减速，电动机和晶闸管变流器工作状态如图5-8所示。同理，晶闸管变流器U1的触发延迟角$\alpha>90°$（$\beta<90°$）加触发脉动导通，U1工作在逆变状态，当$E_M>U_{dB}$时，晶闸管变流器U1工作在有源逆变状态，电动机处于发电回馈制动状态，将机械能变换成电能并将此电能通过晶闸管变流器U1回馈电网。电动机在制动力矩作用下减速。

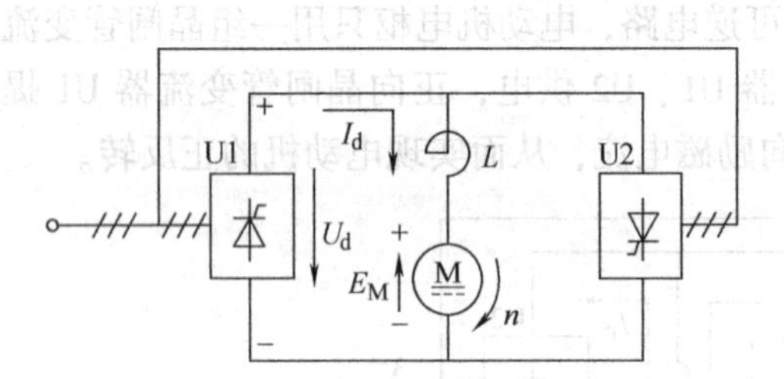

图5-7　电动机和晶闸管变流器的工作状态（整流和电动状态）

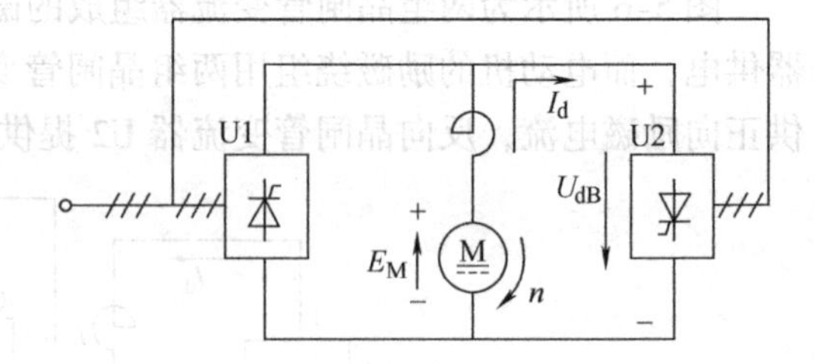

图5-8　电动机和晶闸管变流器的工作状态（发电制动和逆变状态）

在晶闸管交流器$\alpha>90°$（$\beta<90°$）加触发脉冲时，当电动机反电动势E_M小于晶闸管变流器输出逆变电压U_d时由于晶闸管的单向导电性，电动机和晶闸管的变流器回路不能产生电流。因而没有能量回馈电网，此时晶闸管变流器处于待逆变状态。

电动机的制动方式除上述发电回馈制动外，还有反接制动和能耗制动两种方式。由图5-8可知，在上述回馈制动时，晶闸管变流器的触发延迟角$\alpha>90°$（$\beta<90°$），输出电压U_{dB}和电动机反电动势E_M极性相反，晶闸管变流器处于逆变状态。如果晶闸管交流器的触发延迟角$\alpha>90°$，晶闸管交流器工作于整流状态，输出电压U_d和电动机反电动势E_M顺性相加，晶闸管交流器和电动机都输出能量，这些能量消耗在主电路电阻上，这种制动方式称为反接制动。由于晶闸管变流器输出电压U_d和电动机反电动势E_M顺性相加，主电路电阻很小，将形成很大的制动电流冲击。为了防止上述制动电流冲击，一般在可逆调速系统中采取推β措施，制动时使晶闸管变流器的触发延迟角$\alpha>90°$（$\beta<90°$），使其处于逆变状态。

2. 电枢反并联可逆系统的工作状态

1）正反转运行可逆系统的四象限工作状态。有些生产设备，如龙门刨床工作台工作时需往复运动。正向运行时进行切削加工，反向运行时不进行切削，只使工件快速退回，准备下一次的切削，在整个工作过程中需要频繁正反转运行，这就要求电动机在四个象限内都能工作。电枢反并联可逆系统的四象限运行状态如图 5-9 所示。

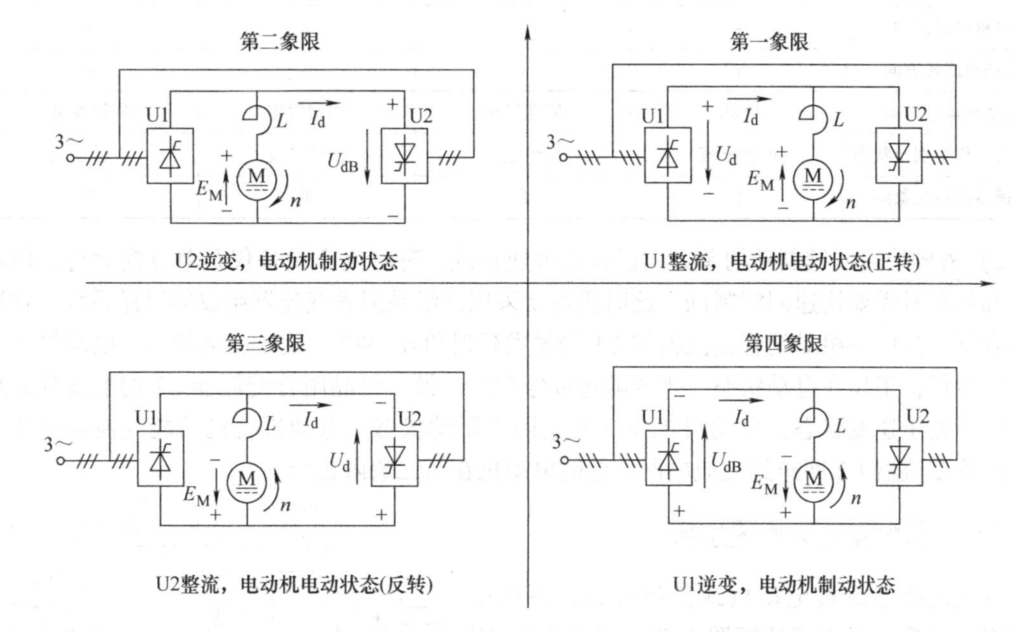

图 5-9　电枢反并联可逆系统的四象限运行状态

当系统在第一象限运行时，晶闸管变流器 U1 的触发延迟角 $\alpha<90°$，工作在整流状态，电动机正转，电动机的电磁转矩 T_d与转速 n 的方向相同，电动机处于电动状态。交流电能通过晶闸管变流器 U1 变换为直流电能供给电动机，电动机将电能变换成机械能带动负载。

系统在第二象限运行时，晶闸管变流器 U2 的触发延迟角 $\alpha>90°$（$\beta<90°$），处于逆变状态，电动机仍正转，但电流反向，电磁转矩 T_d与转速 n 方向相反，电动机处于发电回馈制动状态。机械能通过电动机变换成电能再经过晶闸管变流器 U2 变换成变流电能回送交流电网。

系统在第三象限运行时，晶闸管变流器 U2 触发延迟角 $\alpha>90°$，工作于整流状态，电动机反转，电磁转矩 T_d与转速 n 的方向相同，电动机处于电动状态。交流电能通过晶闸管变流器 U2 变换为直流电能供给电动机，电动机将电能变换成机械能带动负载。

系统在第四象限运动时，电动机仍反转，晶闸管变流器 U1 的触发延迟角 $\alpha>90°$（$\beta<90°$），处于逆变状态，但电流反向，电磁转矩 T_d与转速 n 方向相反，电动机处于发电回馈制动状态。机械能通过电动机变换成电能再经过晶闸管变流器 U1 变换成变流电能回送交流电网。

由以上分析可知，电动机从正转到反转是由第一象限经第二象限到第三象限。电动机从正转到反转是由第三象限经第四象限到第一象限。电动机从正转到停止，则由第一象限到第二象限。电动机从反转到停止，则由第三象限到第四象限。

用两组晶闸管反并联的可逆电路，电动机正、反转时，晶闸管装置和电动机的工作状态见表 5-1。

表 5-1 晶闸管–电动机系统反并联可逆电路的工作状态

系统的工作状态	正向运行	正向制动	反向运行	反向制动
电枢端电压极性	+	+	–	–
电枢电流极性	+	–	–	+
电动机旋转方向	+	+	–	–
电动机运行方向	电动	回馈发电	回馈发电	回馈发电
晶闸管工作组别及状态	正组整流	反组逆变	反组逆变	正组逆变
机械特性所在象限	Ⅰ	Ⅱ	Ⅲ	Ⅳ

2）需要快速回馈制动的单方向运行的可逆系统。有些生产设备仅是单方向运行，但在减速和停车时需要快速回馈制动，此时仍需要采用两组晶闸管变流器组成的可逆系统。在这种场合下，其中一组晶闸管变流器如 U1 的触发延迟角 $\alpha<90°$，处于整流状态，电动机在第一象限运行，工作在电动状态。当要减速或停车时，另一组晶闸管变流器 U2 的触发延迟角 $\alpha>90°$，处于逆变状态，电动机工作在发电回馈制动状态，电动机将机械能变换成电能再经晶闸管变流器 U2 回送到交流电网，此时电动机在第二象限运行。

三、有环流可逆调速系统

环流是指不流过电动机或其他负载，而直接在两组晶闸管之间流通的短路电流，如图 5-10 所示，其中 i_d 即为环流。

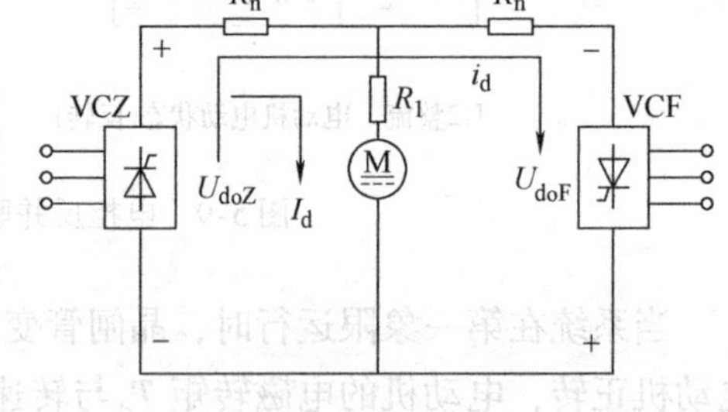

图 5-10 反并联可逆电路中的环境

1. 环流的种类和产生

（1）环流的种类

1）静态环流。

可逆电路在一定的触发延迟角下稳定工作时所出现的环流，叫做静态环流。

2）动态环流。

在系统处于过渡过程中出现的环流，叫做动态环流。这种环流在稳态运行时不存在。

（2）环流的产生

1）直流环流的产生。

由图 5-10 可见，在反并联可逆电路中，如果让 VCZ 和 VCF 两组晶闸管都处于整流状态，其整流电压 $U_{doZ}=U_{doF}$ 正负串联，就必定产生非常大的直流环流，这是一种短路电流，是不允许的。如果让 VCZ 处于整流状态，VCF 处于逆变状态，并使 $\alpha_Z\geqslant\beta_F$，就可以消除直流环流。

2）脉动环流的产生。

在 $\alpha=\beta$ 工作制配合控制的条件下，$U_{doZ}=U_{doF}$，因而没有直流环流，但这只是就电压平均值而言，U_{doZ} 和 U_{doF} 的瞬时值并不相同，所以会产生脉动环流。脉动环流可以通过在回路中串入平波电抗器来加以抑制。

3）动态环流的产生。

在动态过程中，例如当控制电压 U_k 变化时（两组晶闸管的触发延迟角由同一个 U_k 控制），由于 α 和 β 的响应时滞不同，会出现 $\alpha<\beta$ 的情况，这时也会产生环流，这种环流属

于动态环流。如果原来的电抗器只按限制脉动环流设计。这时的动态直流环流就可能使电抗器饱和而相当于直流短路，造成事故。如果 U_k 缓慢变化，则动态环流就可能减小。U_k 的变化率越小，动态环流就越小。

2. 环流的作用

首先，适当存在一点直流环境，可以保证电路反向时没有死区，有助于缩短过渡过程；其次，少量直流的存在，可作为晶闸管装置的基本负载，则实际的负载电流可以越过电流断续区，对调速系统的静动态特性都有利。于是，从利用直流环流的目的出发，提出了给定环流，后来发展成可控环流的控制系统。

3. 自然环流系统

(1) 电路特点

图5-11所示的系统是按 $\alpha=\beta$ 的原则进行控制的自然环流系统。该系统采用了三相桥式晶闸管装置，因而有四个环流电抗器，由于环流电抗器流过较大的负载电流就要饱和，所以在电枢回路中还要另设一个更大的平波电抗器。控制电路采用典型的转速、电流双闭环控制系统，转速调节器ASR和电流调节器ACR都设了双向输出限制电路，以限制最大动态电流、最小触发延迟角 α_{min} 和最小逆变角 β_{min}。电流反馈的检测装置是采用能反映极性的霍尔电流变换器。

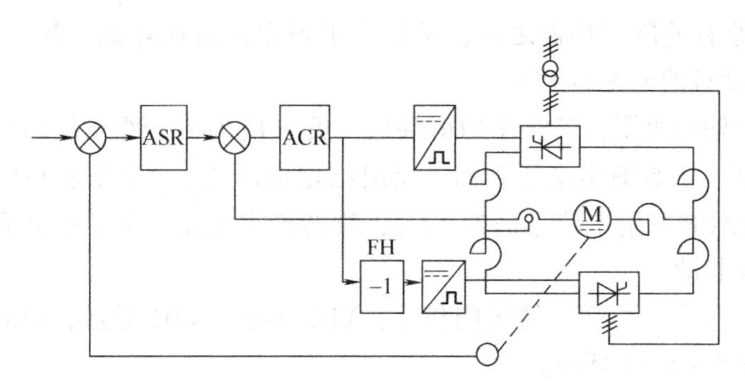

图5-11 $\alpha=\beta$ 工作制的自然环流可逆调速系统框图

(2) 工作原理

在触发器没有输入信号时，整流装置VCZ和VCF的触发脉冲的相位都定在90°，这时整流电压平均值为零，但在VCZ、VCF之间流过脉动环流。当触发器输入正信号时，触发脉冲从90°向 α 减小（β 增加）的方向移动。由于前边加了反信号器，因此VCZ和VCF的输入信号总是大小相等、极性相反的，$\alpha=\beta$。

当ACR输出为正时，VCZ工作在整流状态，VCF工作在逆变状态，电动机正转。当ACR输出为负值时，VCZ、VCF的工作状态正好相反，电动机反转。这种控制方式的环流触发装置的移相角是变化的，故称为自然环流系统。

4. 给定环流系统

(1) 电路结构

给定环流系统电路结构如图5-12所示。

给定环流系统中正组和反组晶闸管各用一个电流调节器1ACR和2ACR，分别控制两组的电流。电流检测元件也是分开的，可以用交流互感器，也可以用直流互感器，不需要反映

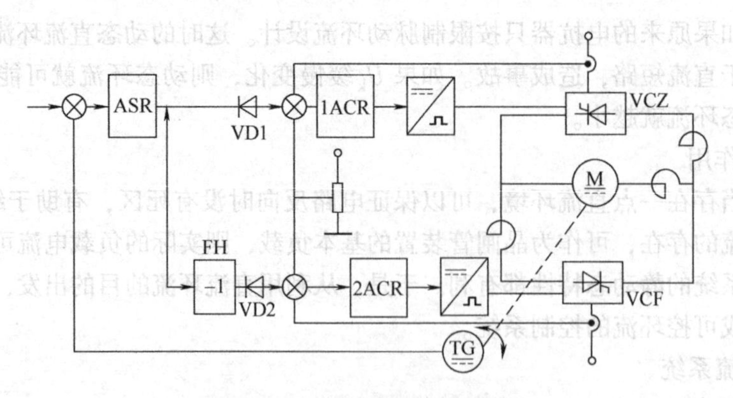

图5-12　给定环流系统电路结构

极性，这是用两个电流调节器的好处。反信号 FH 接在反组电流调节器 2ACR 的前面，使 1ACR 和 2ACR 分别得到极性相反的电流给定信号 U_{gi}。在每个电流调节器上还施加了恒定的环流给定信号 $-U_{ih}$。在两个电流调节器的前面各加了一个二极管 VD1 和 VD2。

（2）工作原理

当 $U_{gn}=0$ 时，ASR 的输出为零，依靠环流给定信号使两组晶闸管装置输出相等的电流（给定环流），在原有的脉动环流之外，又加上了恒定的直流环流，其大小为额定电流的 5%～10%，而电动机的电流等于零。

正转时，ASR 输出负压，二极管 VDL 导通，负的 U_{gi}加在正组电流调节器 1ACR 上，使正组脉冲更向前移，正组输出电压升高。反组给定电压 U_{gi} 由于经过 FH 变成正电压，被 VD2 截住，所以 2ACR 的给定信号仍为 $-U_{ih}$，维持给定环流。由于正组输出电压升高，I_z 增大，电动机正向起动。

反转时，ASR 输出正电压，情况则相反，VD1 不通，VD2 导通，VCF 承担工作电流，电动机反转，VCZ 维持给定环流。

在给定环流系统中，不论电动机正转、反转，还是停止，始终存在环流，这种环流只有在反向过程或空载运行时才有用。负载大时，电流本来就连续，再加上固定环流，反而增加了晶闸管的负担。

5. 可控环流系统

近年来又发展了一种可控环流可逆系统。在某些大功率负载上，为了减小环流损耗，往往采用空载、轻载、过渡过程中有环流存在而大电流时无环流的控制方式。这样既可以平滑快速过渡，又可使稳态工作时没有环流损耗。可控环流的可逆调速系统如图 5-13 所示。电路结构与给定环流系统基本一样，只是在二极管 VD1 和 VD2 上各并联了一只电阻 R_1 和一只电容 C_1。R_1 的作用是：对于工作在整流状态的晶闸管来说，二极管导通，电阻被短接不起作用；对于逆变状态的晶闸管，电流给定电压为正，二极管截止，给定信号通过电阻 R_1 加到调节器的输入端，抵消环流给定信号 $-U_{gi}$的作用，抵消的程度取决于电流给定信号的大小。稳态时，电流信号基本上与负载电流成正比，当负载电流很小时，还有环流，负载电流大到一定程度，环流就完全被遏制住了。电容 C_1 则是对遏制环流的过渡过程起加快作用的。

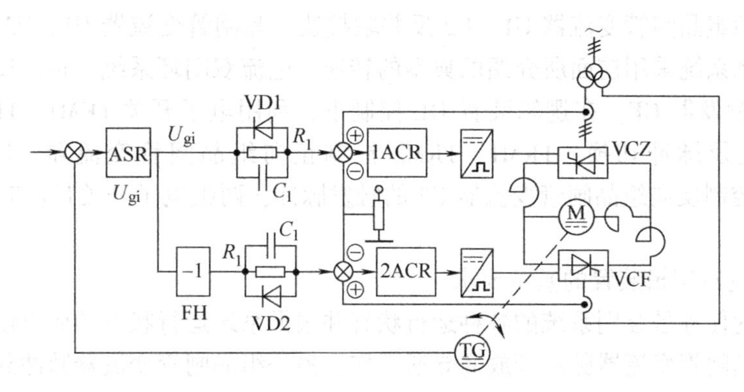

图 5-13　可控环流的可逆调速系统

四、逻辑无环流可逆系统

电枢反并联可逆系统根据有无环流可分为有环流可逆系统和无环流可逆系统。无环流可逆系统又可分为逻辑无环流和错位无环流可逆系统。逻辑无环流可逆系统是通过逻辑装置来实现无环流，而错位无环流可逆系统是利用错开触发脉冲位置的原理来实现无环流。

本任务所讨论的逻辑无环流可逆系统是应用最广泛的一种可逆系统。逻辑无环流可逆系统是通过逻辑装置保证系统在任何时刻都只有一组晶闸管变流器加触发脉冲处于导通工作状态，而另一组晶闸管变流器的触发脉冲被封锁，而处于阻断状态，这样从根本上切断了两组晶闸管变流器之间的环流通路而实现无环流。逻辑无环流可逆系统可分为无准备切换的逻辑无环流可逆系统和有准备切换的逻辑无环流可逆系统。现以图 5-14 所示的无准备切换的逻辑无环流可逆系统为例加以分析说明。

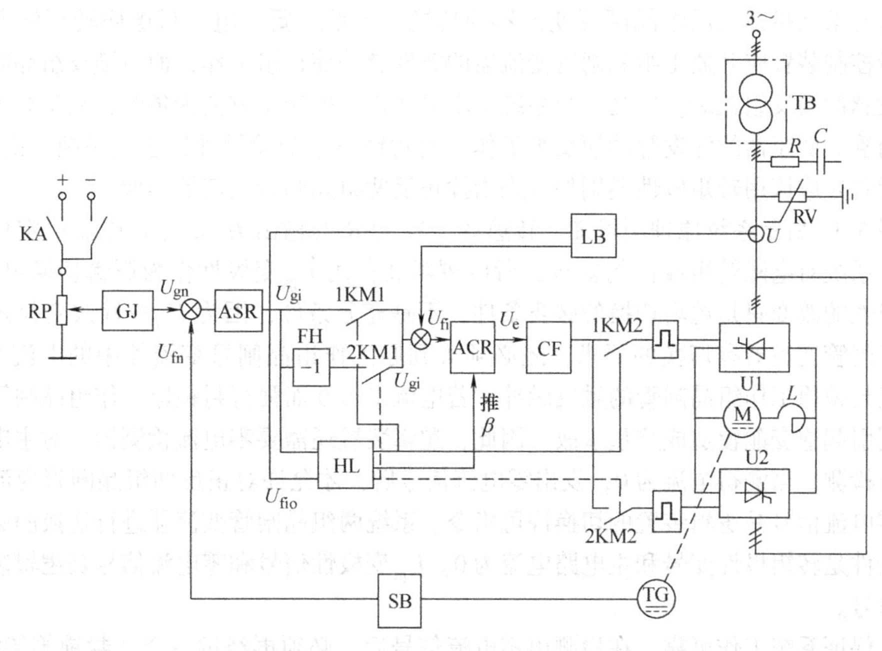

图 5-14　无准备切换的逻辑无环流可逆系统（固定励磁）

主电路的两组晶闸管变流器 U1、U2 反并联接线。晶闸管变流器 U1、U2 采用三相桥式全控电路。控制系统采用前面所介绍的典型的转速、电流双闭环系统，正、反两组晶闸管变流器共用一套触发器 CF。在逻辑装置 HL 控制下，利用电子开关 1KM1、1KM2 和 2KM1、2KM2 进行控制及脉冲切换，1KM1、1KM2 控制正向组晶闸管变流器 U1 的触发脉冲，2KM1、2KM2 控制反向组晶闸管变流器 U2 的触发脉冲，两组电子开关任何时刻都不允许同时闭合。

1. 可逆系统对逻辑装置的基本要求

逻辑装置的任务是鉴别系统的各种运行状态并根据系统运行状态的要求使两组晶闸管变流器中的一组晶闸管变流器脉冲开放而导通工作，另一组晶闸管变流器脉冲封锁而关断。同时在许可条件下正确对另两组晶闸管变流器进行切换。逻辑装置的核心问题是根据什么条件来指挥两组晶闸管变流器中哪一组脉冲开放而导通工作，哪一组脉冲封锁而关断，以及在什么许可条件下两组晶闸管变流器进行切换。为此就要分析可逆系统中电动机各种工作状态和对应晶闸管变流器的工作状态。由以上分析可知，每组晶闸管变流器都有整流和逆变两种工作状态。但由于晶闸管的单向导电性，无论晶闸管变流器处于何种工作状态，其主电路的电流（电枢电流）方向都是一样的，如正组晶闸管变流器导通工作时主电路的电流（电枢电流）方向为正；反组晶闸管变流器导通工作时，主电路的电流（电枢电流）方向为负。当系统中电动机正转和反向制动时（对于第一象限和第四象限内工作），正组晶闸管变流器分别工作在整流与逆变状态，主电路电流（电枢电流）方向为正，电磁转矩的方向为正（在电动机磁通方向不变时，电磁转矩的方向同电流的方向）。

当电动机的反转和正向制动时（对于第三象限和第二象限内工作），反组晶闸管变流器分别工作在整流与逆变状态，主电路电流（电枢电流）方向为负，电磁转矩的方向为负。由以上分析可知，逻辑装置控制应该根据系统对主电路的电流（电枢电流）方向即电磁转矩的方向要求来指挥正反组晶闸管变流器的切换。当系统要求电动机电磁转矩的方向为正时，逻辑控制装置应开放正组晶闸管变流器的触发脉冲使正组工作，而封锁反组晶闸管变流器的触发脉冲使反组关断。反之。当系统要求电动机电磁转矩方向为负时，逻辑装置应开放反组晶闸管。变流器的触发脉冲使反组工作，而封锁正组触发脉冲使正组关断。由此可见，逻辑装置首先应该用转矩极性鉴别型号来指挥正反两组晶闸管变流器切换。

从图 5-14 所示系统原理图可知，转速调节器 ASR 的输出 U_{gi} 信号是电流给定信号，正是反映了系统对电磁转矩极性的要求，所以逻辑装置用 U_{gi} 变极性作为逻辑切换申请指令。但转矩极性的改变只是逻辑切换的必要条件，不是充分条件，因为 U_{gi} 极性改变只是说明正反两组晶闸管变流器有切换的要求，还必须等到原工作组晶闸管变流器中的电流衰减到 0 后，才能封锁原工作组晶闸管的触发脉冲。若电流未过 0 而强行封锁原工作组晶闸管的触发脉冲，则引起逆变颠覆造成严重事故。因此，逻辑装置还需要零电流检测器，对主电路实际电流进行检测。当测得电流为 0，发出零电流信号后，才允许对正反两组晶闸管变流器进行切换，零电流信号是逻辑装置的切换许可指令。系统两组晶闸管变流器进行切换的必要条件和充分条件是转矩极性变号和主电路电流为 0。U_{gi} 变极性信号和零电流信号是逻辑装置的两个输入信号。

为了保证系统工作可靠，在检测出零电流信号后，必须再经过一个“封锁等待时间 t_1”（$t_1=2\sim3$ms）的延时后，才允许封锁原工作组晶闸管的触发脉冲，以避免发生逆变颠覆现象。因为，零电流检测器有一个最小动作电流I_0，当主电路脉动电流瞬时值低于I_0而实际电流还在连续时，零电流检测器就会发生零电流信号。如果此时封锁原工作组晶闸管的触发脉冲，将会发生逆变颠覆现象。封锁原工作组晶闸管触发脉冲后，还必须经过一个“开放等待时间t_2”延时后（一般$t_2=6\sim7\text{ms}$）才可以开放另一工作组晶闸管的触发脉冲，以避免发生环流短路现象。因为原工作组导通的晶闸管并不是在触发脉冲封锁的一瞬间就关断，必须等到阳极电流下降到小于维持电流才能关断，关断后还需要有回复阻断能力的时间。若在此之前就去开放另一工作组晶闸管的触发脉冲，将可能使两组晶闸管变流器同时处于导通状态而形成环流短路。

综上所述，可逆系统对逻辑装置的基本要求如下：

1）在任何情况下，绝对不允许同时开放正反两组晶闸管变流器的触发脉冲，必须是一组晶闸管变流器触发脉冲开放工作时，另一组晶闸管变流器的触发脉冲封锁而关断。

2）逻辑装置根据转矩极性信号（U_{gi}）和零电流信号进行逻辑判断。转矩变极性信号是逻辑切换的申请指令，零电流信号是逻辑切换的许可指令。当转矩极性信号（U_{gi}）改变极性时，必须等到有零电流信号后，才允许进行逻辑切换。

3）为了系统工作可靠，在检测出“零电流信号”后再检测出“封锁等待时间t_1”（$t_1=2\sim3\text{ms}$）延时后才能封锁原工作组晶闸管的触发脉冲，在经过“开放等待时间t_2”延时后，才能开放另一工作组晶闸管的触发脉冲。

2. 逻辑装置的基本组成

逻辑装置具体电路随着可逆系统的控制电路不同而有所不同，但基本组成部分相同。为了满足可逆系统对逻辑装置的要求，逻辑装置一般有电平检测电路、逻辑判断电路、延时电路和逻辑保护及输出电路四个部分组成，如图5-15所示。

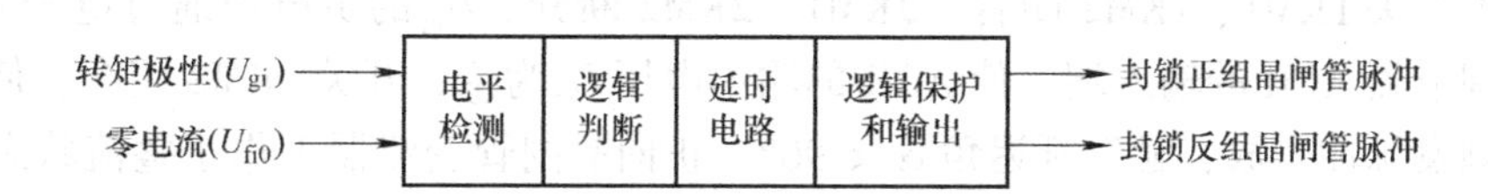

图5-15 逻辑装置的基本组成

逻辑装置输入端有转矩极性和零电流两个输入信号，输出端由两个输出信号：一个是封锁正组触发脉冲信号；另一个是封锁反组触发脉冲信号。这两个输出信号反向以保证正反两组晶闸管变流器触发脉冲不能同时开放。

1）电平检测电路。该电路是逻辑装置的输入部分。该电路的作用是将转矩极性信号由U_{gi}的正负和主电路电流I_d的有无变换成数字量“0”态和“1”态，“0”态对应于低电平，“1”态对应于高电平。电平检测电路实质上是一个魔术变换电路。本电平检测电路部分设有两个电平检测器，一是转矩极性电平检测器，二是零电流电平检测器。转矩极性电平检测器采用具有正反馈的电平检测器，零电流电平检测器采用带偏执电压的具有正反馈的电平检测器。

2）逻辑判断电路。该电路的任务是根据转矩极性电平检测器输出和零电流电平检测器输出的状态，正确地判断系统是否需要切换。如有切换申请指令和切换许可指令，则逻辑判断电路发出逻辑切换命令。

3）延时电路。该电路的作用是在逻辑判断电路发出逻辑切换指令之后设置“封锁等待

时间 t_1”和“开放等待时间 t_2”两段时间延时。延时电路可采用与非门和电阻、电容组成的延时电路。

4）逻辑保护输出电路。该电路是逻辑装置的输出部分，两路输出信号相反，以保证正反向两组晶闸管变流器触发脉冲不会同时开放。

3. 逻辑无环流可逆系统工作过程

现以图 5-14 为例，分析逻辑无环流可逆系统的停车状态、正向起动运行和正向制动停车工作过程。

1）停车状态。给定电压 $U_{gn}=0$，系统主电路电流为零，此时逻辑装置的输出维持停车前的状态，例如停车前正向晶闸管变流器触发脉冲开放而导通工作，反向晶闸管变流器脉冲封锁而关断，则停车时保持这种状态。若系统由原来停电的不工作状态加上电源电压时，则停车状态可能与上述停车状态有所不同。逻辑装置中转矩极性电平检测器输入、输出特性具有对称的回环继电特性，其输出 U_M 有两种可能状态（“0”低电平或“1”高电平）。因为逻辑装置输出有两种可能状态：一是对应于正向组晶闸管变流器触发脉冲开放，反向组晶闸管变流器触发脉冲封锁；二是对应于反向组晶闸管变流器触发脉冲开放，正向组晶闸管变流器触发脉冲封锁。此时逻辑装置输出状态是随机的。当正向起动时，如逻辑装置输出状态对应于正向组晶闸管变流器触发脉冲开放时，则逻辑装置输出不必进行切换；当正向起动时，如逻辑装置输出状态对应于反向组晶闸管变流器触发脉冲开放时，则逻辑装置输出需要进行切换，且有 t_1+t_2 延时，才能正向起动。

2）正向起动运行。正向起动时给定电压 U_{gn} 为⊕，转速调节器 ASR 输出偏差 $\Delta U_n=U_{gn}-U_{fn}$ 为⊕，ASR 的输出电压 U_{gi} 为⊖，由于电动机原来停止，主电路电流为零，逻辑装置输出仍保持停车前正向晶闸管变流器触发脉冲开放，反向晶闸管变流器触发脉冲封锁状态，即电子开关 1KM1、1KM2 闭合，2KM1、2KM2 断开。U_{gi} 的负电压通过电子开关 1KM1 加到电流调节器 ACR 的输入端，使 ACR 的输出电压 U_c 为⊕，开关 1KM2 闭合，使正向晶闸管变流器触发脉冲开放，触发延迟角 $\alpha<90°$，正向晶闸管变流器工作于整流状态，电动机正向起动直至稳定运行。起动过程和前面所述的转速、电流双闭环系统起动过程一样，不再重复。

上述过程中，逻辑装置使电子开关 2KM1、2KM2 断开，反向晶闸管变流器触发脉冲被封锁而关断，实现无环流工作要求。

3）正向制动停车。当系统发生停车信号即 $U_{gn}=0$ 时，转速调节器 ASR 输入偏差 $\Delta U_n=U_{gn}-U_{fn}$ 为⊖，转速调节器 ASR 的输出电压 U_{gi} 由⊖变成⊕，发出逻辑切换的申请指令，但此时主电路电流不为零，逻辑装置不能进行切换。此时电子开关 1KM1、1KM2 仍闭合，2KM1、2KM2 断开，电流调节器 ACR 输出电压为负的限幅值 $-U_{cmax}$ 使正向晶闸管变流器触发脉冲处于 β_{min}，正向晶闸管变流器处于逆变状态。

主电路电流 I_d 开始迅速减小并在系统电感 L 两端产生感应电动势，以维持本桥晶闸管继续导通，电感能量回送电网，这个过程称为本桥逆变。此过程一直进行到主电路电流 I_d 衰减到零，本桥逆变结束。当电枢电流 I_d 衰减到零时，零电流检测器发出零电流信号——逻辑切换许可指令，逻辑装置进行切换。经过关断时间 t_1 延时后，封锁正向晶闸管变流器触发脉冲，再经过“触发等待时间 t_2”延时后，开放反向组晶闸管变流器触发脉冲。在 t_2 延时过程中，电子开关 1KM1 与 1KM2，电子开关 2KM1 与 2KM2 均处于断开状态，系统输出一个推β信号，使电流调节器ACR输出电压最大的负限幅值$-U_{cmax}$，反向晶闸管变流器触发脉冲处于β_{min}，反向晶闸管变流器以最大输出逆变电压U_{dB}投入，防止系统换向时电流的冲击。待t_2延时结束，电子开关2KM1、2KM2闭合，推β信号取消。电流调节器ACR输出退出负限幅值向正的U_c变化，当反向晶闸管变流器输出逆变电压U_{dB}小于电动机反电动势E_M后，在电动机反电动势E_M作用下，将有电流I_d通过反向晶闸管变流器向交流电网回馈能量，反向晶闸管变流器处于有源逆变状态，电动机处于发电制动状态，将机械能变换成电能，通过反向晶闸管变流器回馈给电网，此过程为它桥逆变。电动机在方向制动转矩作用下迅速下降直至停车。

4. 错位控制无环流可逆调速系统

（1）错位控制原理

根据主电路的各相晶闸管在不同的触发脉冲初始相位下的导通情况，以及正、反两组脉冲不同的配合关系所产生环流的相位区间，可以得到的结论是在下列任何一种条件下实行配合控制，就一定会产生静态环流。

逻辑选触无环流系统如图5-16所示。

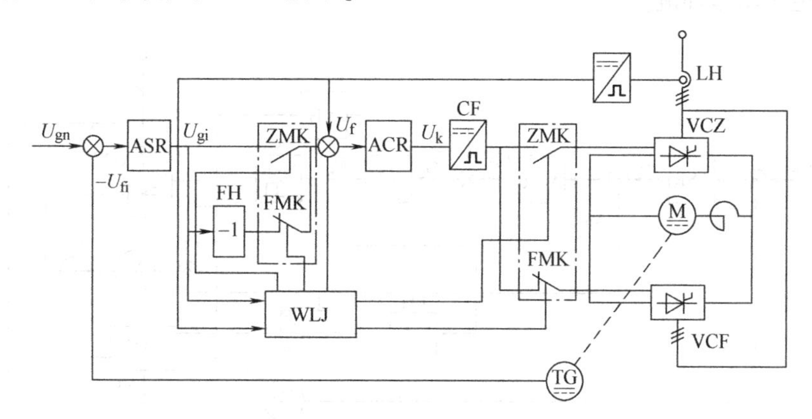

图5-16　逻辑选触无环流系统

如果在这两种条件之外，就可以没有静态环流了；也可以在两组触发延迟角的配合特性平面上画出有、无静态环流的分界线，如图5-17所示。由图5-17可见，无环流的临界状态是CO_2D线，此时O_2点，相当于$\alpha_{z0}=\alpha_{f0}=150°$，表示配合关系为$\alpha_z+\alpha_f=300°$。可是这种临界状态并不可靠，如果参数发生变化，使触发延迟角变小，就会在某些范围内出现环流。为了安全起见，实际系统多数将零位定在$\alpha_{z0}=\alpha_{f0}=180°$，即$O_3$点，这时的配合特性是$EO_3F$直线，配合关系为$\alpha_z+\alpha_f=360°$。这种调整方法既安全又可靠，并且调整方便。

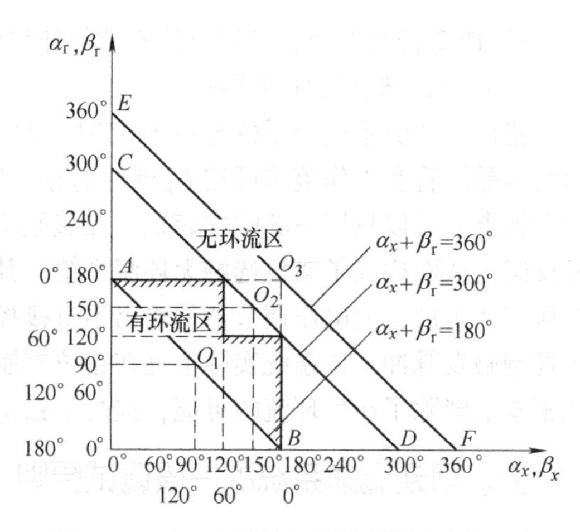

图5-17　正、反组触发延迟角的配合特性和无环流区

（2）错位无环流系统结构和电压环的作用

错位控制无环流可逆调速系统原理图如图5-18所示。从形式上看是一个三环系统，除了增加了电压内环和去掉了环流电抗器外，与图5-11所示的自然环流可逆调速系统没有什么区别，只是在零位的整定值上不同。系统增设的电压内环有下列重要作用：

1）缩小反向时的电压死区，加快系统的切换过程。错位无环流系统的零位定在180°，虽然可以消除环流，但在触发脉冲从180°移到90°期间始终没有电输出，形成了移相死区。如果最小触发延迟角 $\alpha_{min}=30°$，移相范围总共只有150°，其中死区90°，达移相范围的60%。有了电压内环后，在电流调节器和触发器之间引入了一个放大倍数很大的电压调节器YT，情况就不一样了。例如 $K_{YT}=100$ 时，在死区 U_k 在0~6V范围内，$U_{D0}=0$，电压环相当于开环，其输入电压 U_{LT} 只有0~0.6V。一旦 $U_{LT}>0.06V$，U_K 就大于6V，$U_{D0}\neq0$，电压死区由60%压缩到0.6%。当 $U_{LT}>0.06V$ 之后，电压环闭环等效放大倍数减小，仍能在 $U_{LT}\approx10V$ 时得到额定整流电压。

2）防止动态环流，保证电流安全换向。系统在静态下没有环流，但在动态时，切换速度很快，主电路电感又很大，α_z 移到180°时，正组电流还在继续导通，来不及下降到零，就能造成正组的本桥逆变颠覆，造成很大的动态环流。由于电压环的作用，减小了过零速度，也就杜绝了动态环流。

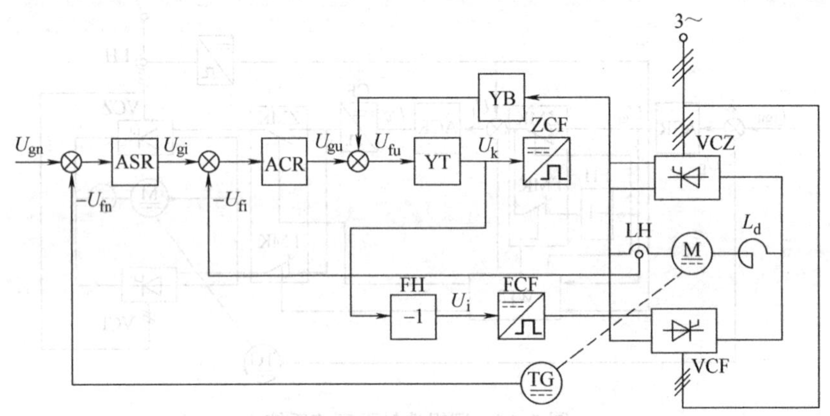

图5-18 错位控制无环流可逆调速系统原理图

3）改造控制对象，抑制电流断续等非线性因素的影响，提高系统的动、静态性能。

（3）错位选触无环流系统

错位无环流系统的零位定在180°时，两组的移相控制特性恰好分在纵轴左右两侧，因而两组晶闸管和工作范围可按 U_k 极性划分，U_k 为正时正组工作，U_k 为负时反组工作。利用这个特点，可以只用一套触发装置，在鉴别 U_k 极性后，通过电子开关选择触发正组还是触发反组，从而构成了错位选触无环流系统，其原理图如图5-19所示。系统仍由转速、电流、电压三环组成，但电压调节器的输出不直接控制触发器，而是通过绝对值放大器和选触单元去控制触发脉冲。该系统实际上是在错位控制的基础上采纳了逻辑控制的优点综合而成的，从根本上消除了产生环流的可能，提高了错位无环流系统的可靠性。

五、可逆调速系统的一般调试原则

1. 对逻辑无环流系统的调试

首先检查逻辑切换单元的工作情况，以保证在调整正向组（或反向组）时，反向组（或正向组）的触发器被封锁，防止造成短路。

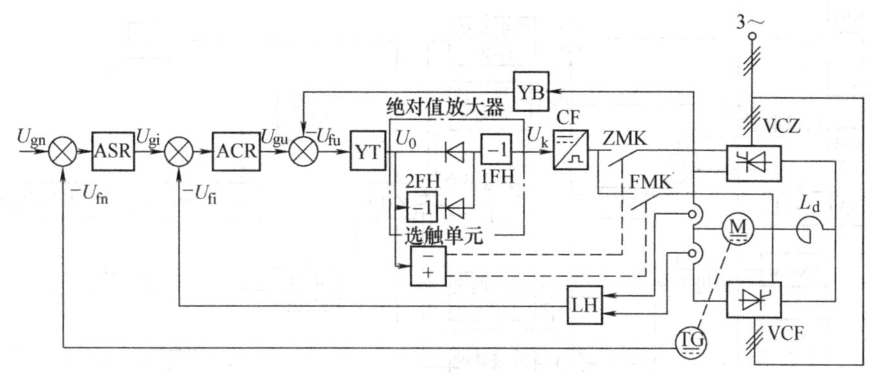

图 5-19 错位选触无环流可逆调速系统原理图

2. 调整反馈环节

先调正向组各反馈环节（先调内环，后调外环），再调反向组各环节。调试方法与多环系统相同。

3. 对有环流可逆系统的调试

调试时，在不带电动机的情况下使用，调整系统的环流符合所要求的数值。

4. 空载正、反转调试

带电动机但不带机械负载，起动电动机后进行正、反转试车，观察转速与电流波形。对系统进行统调，细调各调节器的参数。

5. 负载正、反转调试

将机械负载与电动机联轴，进行正、反转试车。测试系统在不同负载转矩及不同转速下正、反转时机械特性的硬度、稳定性及过渡过程的时间等。

任务准备

一、识读 B2025 龙门刨床单相串联磁控可逆直流调速系统

1. 系统工作原理分析

机床的全部电器设备由三相交流 380V 电源供电，控制电器分布在电柜、操纵台、悬挂式操纵箱及机床上。机床的全部动作由悬挂式操纵箱和操纵台两处来控制完成。辅助机构的拖动（横梁上升下降、夹紧放松、刀架起落、油泵及风泵等）由交流电动机完成，这里不作介绍。工作台的拖动即主拖动由两台直流电动机完成。工作台采用无触点行程开关、晶闸管逻辑元件及晶闸管整流器组成的无触点控制的晶闸管励磁系统。实现工作台运行速度在 3~75m/min 范围内的无级调速，工作台在行程终了是减速、反相的自动循环。无触点行程开关的直流电源电压为 12V，发电机的原动机用星三角起动。

（1）拖动控制方式

拖动控制方式如图 5-20 所示。

机床的主拖动采用晶闸管整流作为发电机励磁的可逆电源，由两台电动机 MⅠ和 MⅡ硬轴连接，电枢串联拖动。在额定转速以下（64~1000r/min），靠改变发电机的电压进行降压调速；在额定转速以上（1000~1600r/min），靠改变电动机的励磁进行弱磁调速，以满足调速范围和在基速以下为恒转矩负载，在基速以上为恒功率负载的负载性质要求。

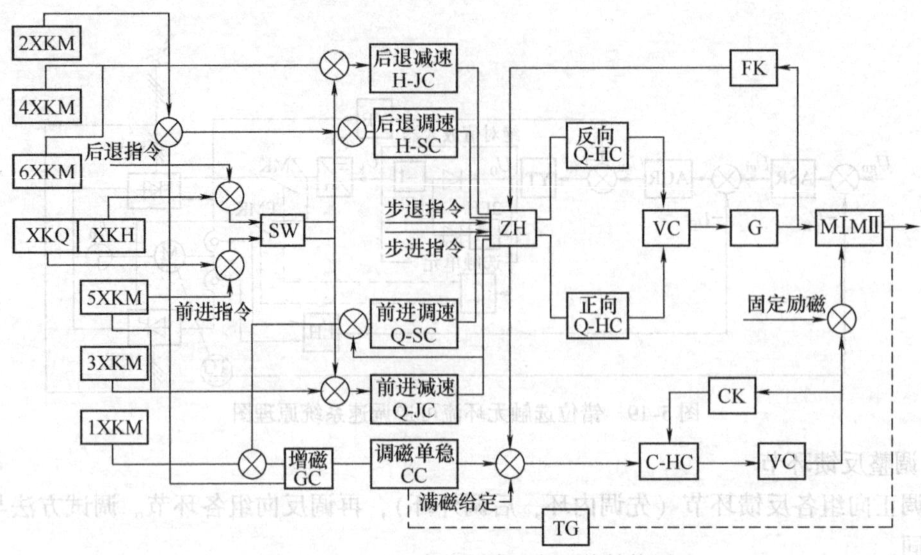

图 5-20　B2025 龙门刨床电气系统结构图

发电机励磁绕组采用晶闸管整流器全桥半控半波可逆电路供电。在电动机励磁系统中，电动机的一个励磁绕组（F1 - DI - F2 - DI，F1 - DII - F2 - DII）由单相全波半控桥式整流电路供电，而另一个励磁绕组（F3 - DI - F4 - DI，F3 - DII - F4 - DII）则由不可控的单相全波桥式整流电路供电。为了满足机床加工工艺所要求的静态与动态特性，在发电机调压系统中，引入了电压负反馈、电流正反馈、电压稳定及电流截止负反馈等环节。

（2）工作台自动往复的运用原理

B2025 龙门刨床电气控制原理图如图 5-21 所示。

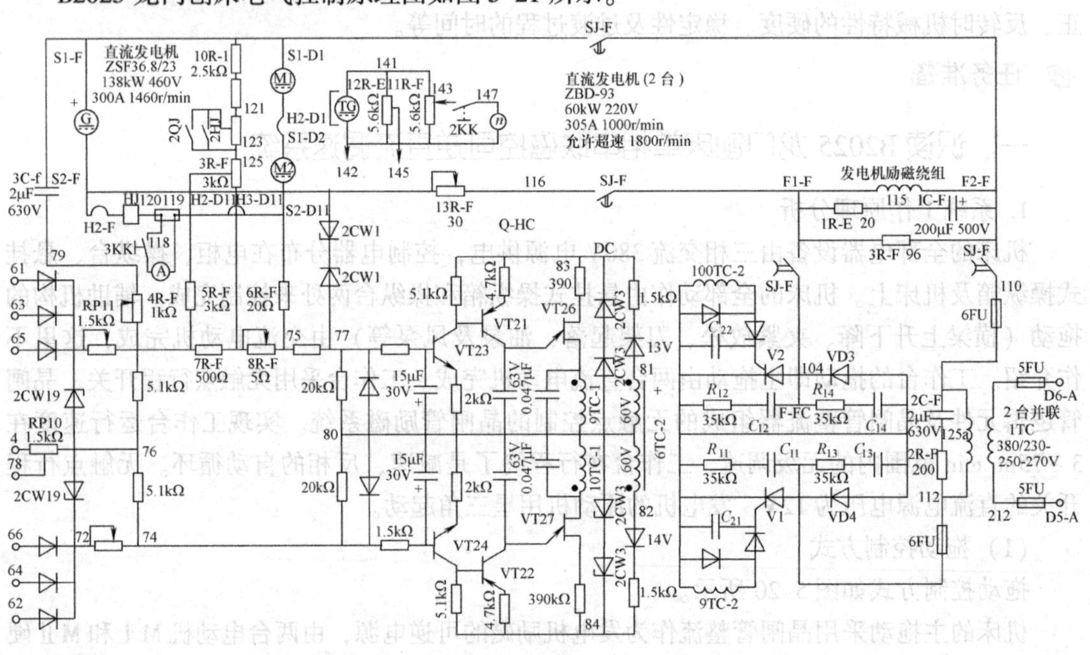

图 5-21　B2025 龙门刨床电气控制原理图

注：图中未标注二极管均为 2CP12

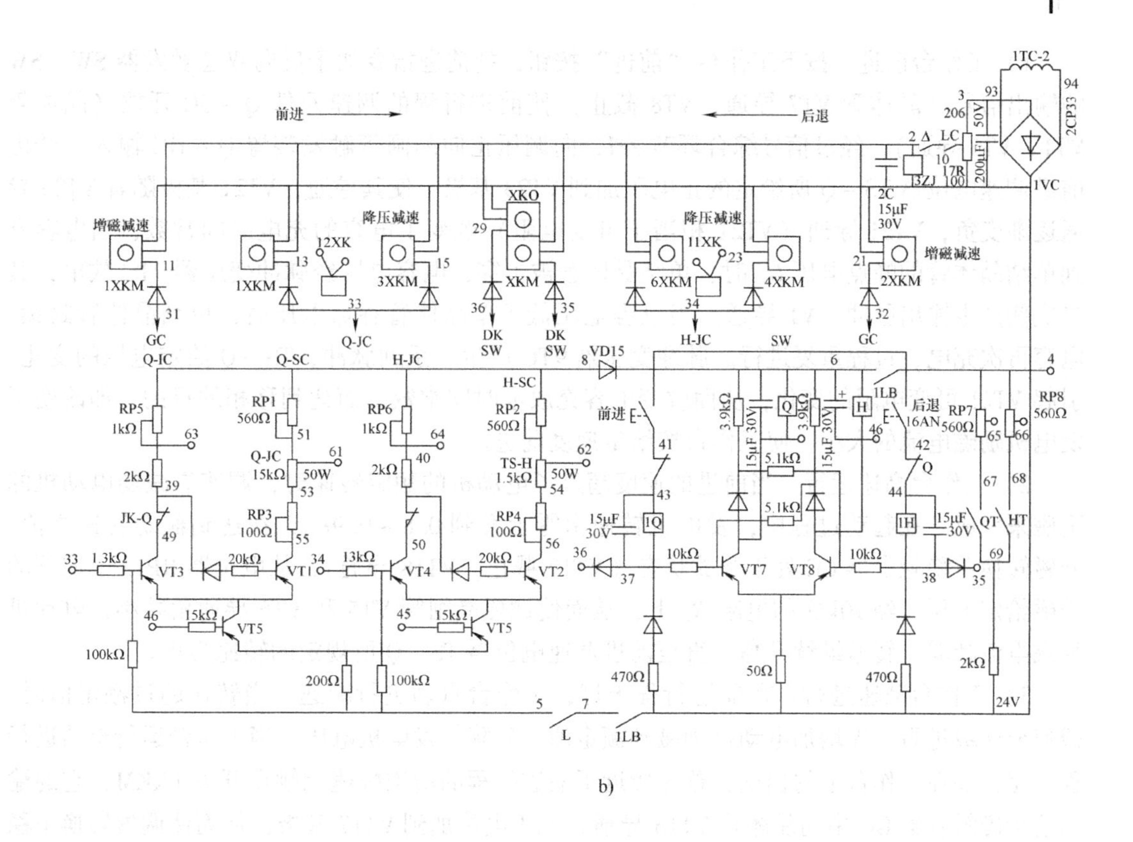

b)

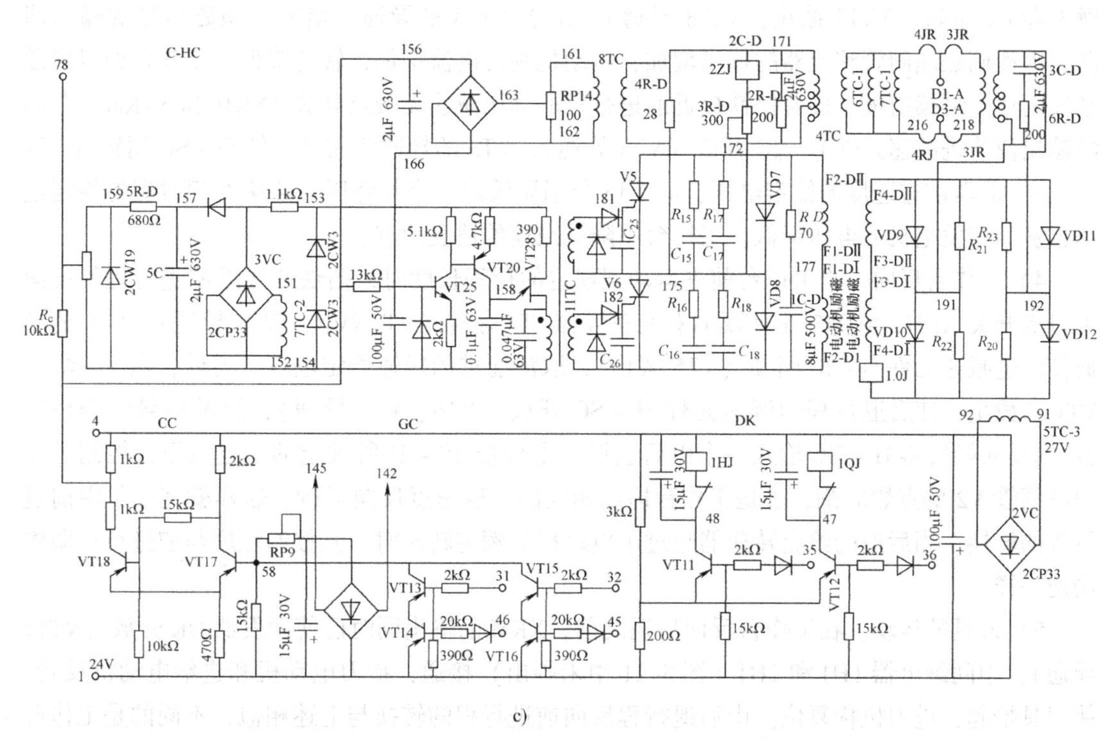

c)

图 5-21 B2025 龙门刨床电气控制原理图（续）

注：图中未标注二极管均为 2CP12

1）工作台前进。按下工作台“前进”按钮，把前进指令加于反向双稳触发器 SW，SW 的输出信号（晶体管 VT7 导通，VT8 截止）使前进行程的调速元件 Q－SC 开放（晶体管 VT1、VT5 导通），经过信号综合环节 ZH，向调压正向晶闸管触发装置 Q－HC 输入一个由前进调速电位器 TS－Q 所给定的正电压加到 VT23 基极，使其导通，VT21 基极随着 VT23 导通逐渐变负，VT21 导通（VT21 相当于可变电阻）改变了电容的充电时间常数，当电容升到单结晶体管的峰点电压 U_p 时，单结晶体管被击穿，电容电压经脉冲变压器 9TC 放电，其二次侧产生输出脉冲，V1 导通。当电容电压低于单晶体管谷点电压时，单结晶体管封锁，电容再次充电，过程重复进行。脉冲变压器 9TC 产生一系列脉冲，TS－Q 给定电压的变化，引起 VT21 可变电阻的变化，从而改变电容充放电时间常数，而达到移相的目的，即改变了发电机励磁电流的大小，使工作台按给定速度前进。

2）工作台高速运行。当前进的速度超过了电动机的额定转速时，调速靠减弱电动机的励磁来完成。在起动过程中，发电机转速由零上升到 $0.8 \sim 0.9n_N$，在达到额定转速之前，调磁转换单稳触发器 CC 处于开放状态（VT17 截止，VT18 导通），从电位器 RP13 上取下的励磁给定电压，经 10kΩ 的电阻 R_c 上，从而使调磁晶闸管 VT5 和 VT6 导通角减小，电动机励磁电流减弱，转速继续升高，直至前进调速电位器 TS－Q 所规定的转速为止。

3）工作台减速进行。在前进行程末尾，工作台自动进行减速，当转速超过额定值时，减速分两级进行，先增加电动机励磁到额定值，后降低发电机电压。当工作台运行至前进行程末尾，装在工作台上的挡铁，首先接近了前进行程的增磁减速无触点开关 1XKM，它的输出使增磁触发器 GC 中的晶体管 VT13 导通，把正电位加到 VT17 基极，从而使调磁转换单稳触发器 CC 翻转（VT17 截止，VT18 导通）。由于 VT18 的导通，堵塞了弱磁信号的输入回路，因而调磁晶闸管整流器的输出增加，电动机励磁电流增加，转速降低，工作台即以增磁减速的速度继续前进。接着挡铁接近前进行程的降压减速无触点开关 3XKM 和 5XKM，它们的输出使前进减速元件 Q－JC 开放（VT3 导通），VT3 的导通使前进元件 Q－SC 闭锁（VT1 截止），取消前进速度的给定电压，而 VT3 导通则输出一个与降压减速速度相对应的给定电压，从而使发电机的电压降低，工作台以降压减速的速度前进。

4）工作台反向。当工作台前进运动到规定的行程长度时，挡铁便接近前进行程的反向无触点开关 XKH，它的输出使反向双稳触发器 SW 翻转（VT7 截止，VT8 导通），VT8 的导通使前进减速元件 Q－JC 闭锁（VT5 截止），取消前进的减速给定电压。另外，由于 SW 中 VT1 的截止，使后退行程的调速元件 H－SC 开放（VT6、VT2 导通），经过信号综合环节 ZH 向反向触发器 H－HC 输入一个由后退调速电位器 TS－H 所规定的给定电压，控制了反向晶闸管 V2 的点燃时刻，于是工作台即以相应的后退速度反向运行。这样就完成了由前进行程的转换。当后退的给定转速器超过了电动机的额定转速时，其控制程序与前进行程弱磁调速一样。

5）刀具的运动。在工作台反向后退之前，XKM 的输出同时已使触发器 DK 开放（VT11 导通），中间继电器 1HJ 和 2HJ（图 5-21 中未画出）接通，抬刀电动机和进给电动机反转，使刀具抬起，进刀机构复位。由后退行程反向前进行程的转换与上述相似，不同的是工作台反向前进之前，XKQ 的输出使 DK 开放（VT12 导通），中间继电器 1QJ 和 2QJ（图中未画出）接通，抬刀电动机和进给电动机正转，使刀具落下，刀架进给。当工作台的转速在

15m/min 以下时微动开关 JK－Q 和 JK－H 断开，因而在前进行程和后退行程末尾，工作台不减速。

2. 逻辑部分的原理

(1) 单稳触发器

单稳触发器原理图如图 5-22 所示。

该触发器是自偏压的触发电路，与双稳态的不同之处是在没有输入信号时，总是 VT1 截止，VT2 导通。当有负信号加至 VT1 基极上时，触发器转入不稳定状态，此时 VT1 开始导通，其集电极上电压的变化经 R_4、R_5 分压器加到 VT2 的基极上，由于正反馈作用，雪崩式的增长过程导致 VT2 截止，而 VT1 完全导通。触发器这种状态的保持依赖于输入信号电压的存在，当输入信号取消时，单稳态触发器就恢复到原来的稳态（VT1 截止，VT2 导通）。

(2) 双稳触发器

双稳触发器原理图如图 5-23 所示。

该触发器也是自偏压的触发电路。在这种电路中，总是只有晶体管导通，若接在晶体管 VT1 集电极上的分压电阻 R_1、R_2 上的正电压加到晶体管 VT2 的基极上，使 VT2 截止，VT2 集电极电压差不多与电源的负电压相等，负电位经分压器 R_1、R_2 加在 VT1 的基极上，使 VT1 可靠地导通，这样电路就处于一个稳态。若要使电路转向另一个稳态，则需要以负的脉冲加在截止晶体管的基极上，或者以正脉冲加在饱和导通晶体管的基极上。

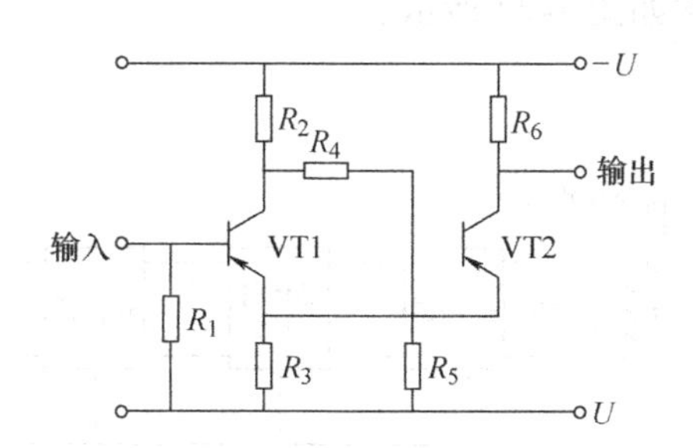

图 5-22　单稳触发器原理图

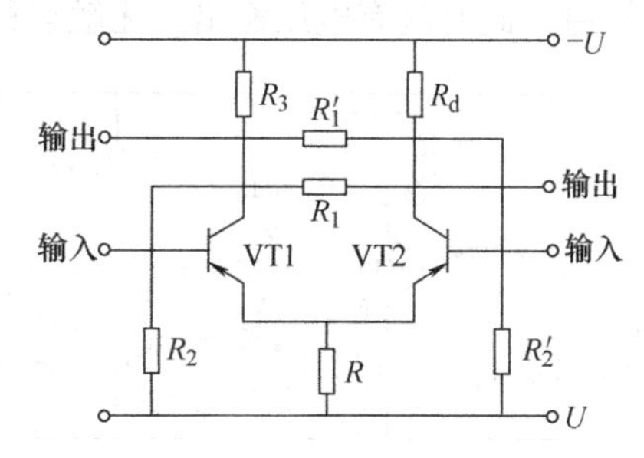

图 5-23　双稳触发器原理图

(3) 晶体管与门电路

晶体管与门电路原理图如图 5-24 所示。该电路是由两个或多个晶体管串联起来的。当没有信号输入时，晶体管都是截止的。当 VT1 有信号输入时，它可以导通，但因 VT2 未导通，没有集电极电流输出，一定要 VT1、VT2 两管同时有负的信号输入时，才有电流导通，因此才有输出信号。

(4) 晶体管与门开关电路

晶体管与门开关电路原理图如图 5-25 所示。

晶体管与门开关电路是由单稳触发器的发射极串联一个晶体管构成的。当 VT3 的基极加负信号时，VT3 导通，这是 VT2 的基极有负电位接过来使 VT2 导通，其集电极便有输出电压。

(5) 无触点行程开关

无触点行程开关电路原理图如图 5-26 所示。

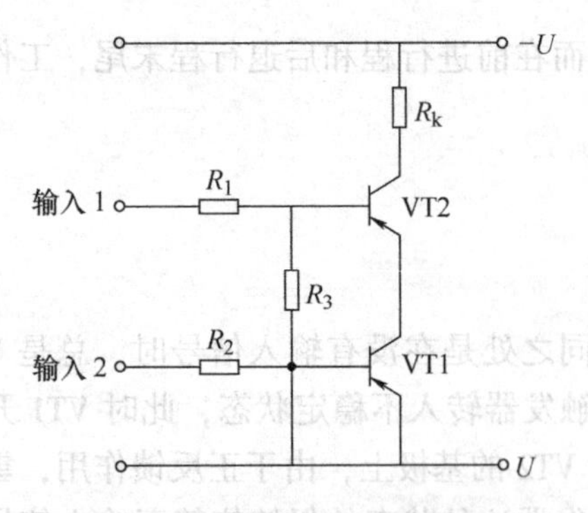

图 5-24 晶体管与门电路原理图

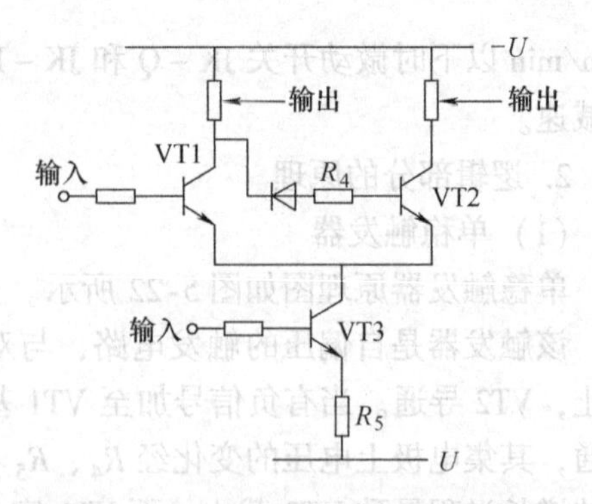

图 5-25 晶体管与门开关电路原理图

无触点行程开关电路中的振荡器是开关的主要环节，由一个晶体管 3AG72 及电阻、电容构成。其中 L_1、L_2、L_3 同时绕在一个磁心上，L_1 和 C_1 形成振荡回路。由于储存在 L_1、C_1 中电磁场的能量交换产生振荡，如果没有能量补充，振荡将是衰弱的，因为回路中存在着电阻。但是通过 L_2 的正反馈补充了回路的能量损失，使振荡能维持下去。在振荡过程中，交变磁场经过空气形成回路，当金属物体进入磁场上空时，在金属物中会感应出涡流，这涡流消耗振荡回路的能量，使振荡迅速衰减以至停振。金属物体移走，振荡又会重新恢复。

在维持振荡时，L_3 有感应电压，通过二极管 VD1 使 VT2 导通，VT3 截止，无电压输出。在金属物接近线圈时，振荡停止，L_3 无感应电压输出，VT2 没有基极电流而截止，使 VT3 导通，此时就有电压输出。无触点行程开关框图如图 5-27 所示。

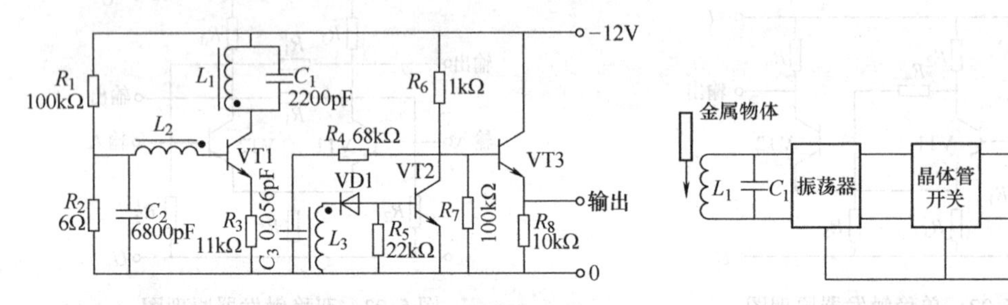

图 5-26 无触点行程开关电路原理图　　图 5-27 无触点行程开关框图

3. 系统保护

（1）第一类保护

要求停止工作台并延时断开变流机组。时间继电器 SJ－F 具有足够的延时，以保证工作台制动的可靠性。

1）过载保护。风泵 B，电动机励磁电源，变压器 3TC、4TC 的热继电器 RJ－13、3JR、4JR 当中的任意一个动作，操纵台上的过载指示灯 HD 亮（红色）。

2）失电保护。风泵 V 失电时，IZD 动作。

上述两种保护装置动作时，为了不损坏加工表面的精度，工作台仍继续运动，直到由后退行程反向前进行程时才停下。

3）润滑保护。当导轨上润滑油不足时，继电器 YLK 动作，工作台停止。

（2）第二类保护

1）过电流保护。当主电路有事故性大电流时，过电流继电器 1LJ 在 760A 时动作。

2）限位保护。当工作台越过了极限位置时，限位开关11XK，12XK动作。

3）失磁保护。当工作台拖动电动机失磁时，欠电流继电器L0J动作。

4）失电保护。无触点行程开关电源失电时，3ZJ动作。

（3）辅助拖动的保护

辅助电动机的过电流与短路保护，用低压断路器1ZD～3ZD。刀架与横梁移动的限位保护，用限位开关1XK～8XK。

（4）系统的联锁

横梁放松、夹紧和升降时，工作台不能开动。抬刀、落刀、进刀及退刀机构复位未完成时，工作台不能自动反向。

二、设备、工具和材料准备

电工工具一套、绝缘电阻表一只、万用表一只、螺钉旋具一套、验电器一支、尖嘴钳一把、电烙铁一把、烙铁架一个、转速表、直流电压表、直流电流表、交流电流表、双踪示波器、B2025龙门刨床电气原理图一套、导线若干。

任务实施

一、B2025龙门刨床电气系统电路的安装

1）部分元器件细目表见表5-2。

表5-2 部分元器件细目表

名称	编号	型号/规格	数量	备注
直流发电机	G	ZSF36.8/23，138kW，460V，300A，1460r/min	1	
直流电动机	MⅠ，MⅡ	ZBD－93，60kW，220V，305A，1000r/min或1800r/min	2	
测速发电机	TG	GFY－1，48V，2400r/min	1	
无触点行程开关	1－6XKM，XKQ，XKH	LXU_2－15A	8	
行程开关	11XK，12XK	LX2－212，LX2－232	各1	
晶闸管	V1、V2	3CT－20/600V	2	
晶闸管	V5、V6	3CT－5/600V	2	
硅二极管	VD3、VD4	2CZ，10A/600V	2	
硅二极管	VD7～VD12	2CZ，5A/600V	6	
单结晶体管	VT26～VT28	BT32	4	
晶体管	VT1～VT22	3AX31D	20	
晶体管	VT23～VT25	3DG6	4	
二极管	1VC～3VC，VD14，VD13	2CP33	15	
电容器	C_{11}～C_{18}	0.15μF，630V	8	
电容器	C_{21}～C_{26}	0.15μF，160V	6	
电阻	R_{11}～R_{18}	35Ω，10W	8	
电阻	R_{21}～R_{24}	200kΩ，10W	4	

2）电路的安装。系统较大多数元器件在训练时可以根据所学内容，分批分次，分单元分模块进行。结合图5-21，按照电力系统电路的安装要求进行安装，首先对各个设备元器件进行检查测试，对电容、二极管、晶体管、晶闸管等元器件的极性及质量正确判断。在连接时，不能松动或虚焊。对各引出导线进行分色，并编上序号，以便故障的排查和处理。

二、电气设备的试车与调整

1. 电动机绝缘及机械检查，有无触点控制电路的接地检查

1）检查电动机转子有无卡住，电器动作是否灵活，触头接触是否良好，插件是否牢靠接地。

2）用绝缘电阻表检查各电动机的对地及相间的绝缘电阻。

3）用绝缘电阻表检查电柜内的有触点控制电路对地绝缘，此时要把柜内零号线从接线板上拆下来。

4）用万用表检查电柜内的无触点控制电路是否有接地现象。此时要把电柜接线板上的N号导线拆下来。

2. 有触点线路的检查

1）断开低压断路器1ZD～4ZD，拔下熔断器5FU、6FU、1FU～10FU。

拆下电动机A的6根出线及直流发电机接线盒中的两根导线S1－F（粗导线是主电路的，细导线是反馈线）。

2）用导线将电枢内423与425、425与427、427与429号线短接起来。

3）合上低压断路器ZD和4ZD，检查控制变压器1KB的输出电压，检查交流与直流控制电路各继电器和接触器的动作是否正确。

4）控制电路检查正确后，把电动机的6根导线接上，检查它的起动、运转及转向(Y－△转换的时间继电器SJ－Y的动作时间为4～6s)。

5）合上低压断路器1ZD～3ZD，拆除423与425号线之间的短接线，检查辅助拖动电动机的起动及转向。横梁夹紧电动机过电流继电器L－J的动作电流为2.4～2.8A。

3. 无触点控制电路的检查

1）从电柜接线板上拆下S2－F，S2－DII，S1－F，S1－DI，F1－F，分别从电阻4R－F和9R－F上拆下79号线和125号线，从3C－D上拆下192号线。

2）取下插件。

3）装上熔断器8FU～10FU，测量有关交流电压，再插上有关电源插件，测量无触点行程开关电源电压，12号线应为12V（带负载），逻辑电源1、2号线电压应为24V。

4）用铁块模拟工作台上的挡铁，顺次接近机床上的无触点行程开关，并检查其输出电压。

5）插上逻辑插件，同样用铁块模拟工作台上的挡铁顺次接近无触点行程开关，检查整个无触点电路的工作是否正常。

4. 晶闸管励磁调速系统的实验

1）把从发电机接线盒中拆下的S_1－F反馈用的细线接上。装上熔断器5FU和6FU。

2）插上信号综合插件ZH和调压晶闸管触发装置Q－HC、H－HC（前进Q－HC调好后再插H－HC）。

3）将前进和后退调速电位器的手柄旋到最低位置，开动机组，按下前进按钮，此时发电机电枢电压的极性必须是 S1 – F 为正，S2 – F 为负。然后把从滑线电阻 9R – F 上拆下的 125 号线接触一下，如果发电机电压降低，表明电压负反馈极性正确；如果电压迅速升高，表示反馈极性错。测试正确后把 125 号线接上。

4）调节电位器 RP11 和 RP12，将发电机前进和后退的最高电压整定在 440 ~ 460V。

5）同样用触碰法检查电压稳定反馈的极性的自消磁回路接线是否正确，测试正确后，将导线 79、S2 – F、S2 – DII 接上。

6）检查变压器 4TC 输出电压和电压继电器 2ZJ 的动作，正常后可把电柜内 427 与 429 号短接线拆除。

7）接上 S1 – DII 线，把调磁晶闸管触发装置插件 C – HC 及其电源插件 DY 插上。调节电位器 RP13 和 RP14（取给定电压 U_{78-154} 约为 7.5V，电流负反馈电压 $U_{156-166}$ 约为 3V），将晶闸管励磁回路的电流整定在 4 ~ 4.2V。然后用一个 9V 干电池代替测速发电机，令调磁转换单稳触发器 CC 翻转，按下前进（或后退）按钮，将调速电位器手柄逐渐由低向高速调节，若晶闸管励磁回路电流能从 4.2A 平滑地调节到约 1A（弱磁电流的整定值，最后电动机最高转速 1600r/min 而定）。

8）把导线 192 接上，将电动机的固定励磁绕组的电流整定在 4 ~ 4.2A。

5. 直流电动机 MI 和 MII 的试转（在工作台没有放到床身上以前进行）

1）把发电机接线盒中拆下的粗导线 S1 – F 接上。

2）开动机组，按“步进”或“步退”按钮，检查电动机 MI、MII 的旋转方向。如果在停车时产生振荡，应重新检查电压稳定环节的极性，并注意电流正反馈机电流截止负反馈的接线是否正确。

3）用铁块模拟工作台上的挡铁，顺次接近无触点行程开关，使电动机按自动循环工作。调节两个调速电位器手柄，使电动机转速逐渐升高，观察发电机 G 与电动机 MI、MII 的工作情况是否正常。

6. 机床电力拖动工作台综合实验

1）将工作台放在床身上。

2）机床在空载下运转。此时应注意工作台在反向时的越位及主拖动电动机电刷下的火花。在工作台最高速（75m/min）时，火花不应超过 3/2 级。

3）机床在负载下运转。调节电力正反馈电阻 8R – F，使在满负载切削的情况下，电动机的转速降不应超过 10%。

7. 主要参数实测值

1）最大给定电压 $U_{53-4}=8V$。

2）电压负反馈信号电压 $U_{7R-F}=4.6V$。

3）发电机最大励磁电流 $I_F=5.2A$；发电机电枢最高电压 $U_F=450V$ 或 $U_F=458V$；发电机最大冲击电流为 600A。

4）直流电动机 MI、MII 最高转速 160r/min。

5）满磁电压 $U_{78-154}=8.8V$；调磁电流负反馈电压 $U_{156-166}=6.5V$；弱磁电压 $U_{78-4}=5.3V$；$U_{76-4}=7.8V$。

6）直流电动机可调磁场电流为 1 ~ 4A，直流电动机固定磁场电流为 3.75A。

7）逻辑电源电压 $U_{1-4}=25\text{V}$。

8）越位：不抬刀时为80mm；抬刀时为110mm。

三、故障与检修

1）查看故障现象，分析故障原因。

B2050 龙门刨床电气控制电路可能出现的故障及原因，见表5-3。

表5-3　主电路故障现象和故障原因分析

故障现象	故障区域（点）及故障原因分析
变流机组不能起动	（1）原动机上未加电源、检查ZD和Y－△起动器 （2）如果是因故障使保护元器件动作，则根据动作元器件排除相差部分的故障，使保护元器件复位再起动机组 （3）若是保护元器件本身处于不正常状态，则只要使其复位即可再次起动
突然停车（运行中）	（1）电源断相 （2）检查RJ－13、3JR、4JR （3）检查整流变压器有无输出，再检查晶闸管V5、V6及整流器7～12V有无损坏 （4）风泵电源接触不良
机组正常运转（主电动机不能起动）	（1）先检查发电机输出电压无电压或低压或没有励磁电压 （2）熔断器5FU熔断 （3）晶闸管和整流器损坏 （4）触发器没有脉冲 （5）若YLK动作，导轨润滑不足 （6）行程开关故障 （7）联锁器未就位
工作台不能自动换向或有越位现象	无触点行程开关故障
电动机超速	（1）速度反馈极性接反或断开、欠电流继电器整定值过低 （2）检查晶闸管V5、V6 （3）检查二极管是否损坏
电动机转速周期性快慢变化	（1）机内原因：调整12R－F和RP9以改变速冻反馈强度；调整4R－F、9R－F及8R－F以改变电源微分反馈、电压负反馈及电流负反馈等稳定环节的参数 （2）机外原因：将控制线及反馈引线远离强电流导线，或者把主要反馈信号线加以屏蔽
转速随负载的大小而变化	（1）速度反馈引线断开或接触不良 （2）测速发电机机械连接松动 （3）电刷接触不良
电动机发热	（1）起、制动电流过大或过载 （2）调整电流截止负反馈的整定限值 （3）调节电流反馈电阻8R－F

2）维修步骤：

① 分组进行，组与组之间相互设置故障。

② 先观察故障现象。

③ 根据故障现象进行分析。

④ 找出故障点。

⑤ 排除故障填写故障分析表

3）修复故障，通电调试运行。排除故障后，必须经过仔细的再次排查、分析，然后才能通电调试。

4）故障排除训练。分为各个小组，组与组之间互出故障练习。进行电路故障排除练习。故障点的设置要求是在已掌握的知识范围内，不损坏元器件和设备的前提下学生可根据自身的特点随机出故障。

5）填写B2050龙门刨床电气控制电路故障诊断表，见表5-4。

表5-4 B2050龙门刨床电气控制电路故障诊断表

序号	故障现象	故障点	故障原因	解决问题的办法
1				
2				
3				
4				
5				

注意事项：

(1) 注意三相电源相序的接线。

(2) 操作过程中，双踪示波器的两个探头应保证地线电位相同。

(3) 调试过程中要注意极性的正确性。

(4) 在焊接时注意电烙铁的正确使用及安全。

(5) 在对主电路调试和测试时，注意用电的安全。

(6) 在维修过程中要注意带电检测的安全、准确，避免扩大故障范围。

任务评价

任务评价见表5-5。

表5-5 任务评价

项　目	配分	评分标准	扣分	得分
B2050龙门刨床电气控制系统电路安装	25	设备元器件安装错误，每处扣2分		
		虚焊、露铜每处扣1分		
		元器件损坏，每个扣5分		
		连线错误，每处扣2分		
		元器件极性错误扣5分		
		线路板部分损坏每个点扣5分		

（续）

项　目	配分	评分标准	扣分	得分
B2050 龙门刨床电气控制系统调试	30	电动机不能正反转扣 10 分		
		有、无触点控制电路工作不正常每处扣 3 分		
		保护系统不能正常工作扣 5 分		
		系统绝缘检查不符合标准扣 5 分		
		晶闸管励磁系统不正常扣 10 分		
		机床拖动系统工作不正常扣 10 分		
B2050 龙门刨床电气控制系统维修	35	不能发现故障现象扣 5 分 发现故障不能分析处理扣 10 分 不能正确使用仪器仪表扣 5 分 扩大故障范围扣 15 分		
文明生产	10	违反操作规程视情节扣 5～10 分		

巩固与提高

一、填空题

1. 晶闸管可逆直流调速系统的电路形式有________和________两种。

2. 常用的电枢可逆调速电路有________和________两种。

3. 两组晶闸管变流器组成的电枢可逆电路有________和________两种连接方式。

4. 常用的磁场可逆电路有________和________两种。

5. 电枢反并联可逆电路中，电动机的制动方式除上述发电回馈制动外，还有________和________两种方式。

6. 环流的种类有________和________两种。

7. 电枢反并联可逆系统根据有无环流可分为________可逆系统和________可逆系统。

8. 为了满足可逆系统对逻辑装置的要求，逻辑装置一般由________、________、________和________四个部分组成。

二、选择题

1. 电枢反并联可逆电路中，当晶闸管变流器 U_1 的触发延迟角 α（　　）时，电动机和晶闸管变流器工作在整流和电动状态。

A. =90　　B. <90°　　C. >90°　　D. ≥90°

2. 在单组晶闸管－电动机调速系统中，电动机只能工作在（　　）象限。

A. Ⅰ、Ⅱ　　B. Ⅱ、Ⅲ　　C. Ⅰ、Ⅳ　　D. Ⅲ、Ⅳ

3. 电枢反并联可逆系统的工作状态，电动机可以工作在（　　）象限。

A. Ⅰ　　B. Ⅱ　　C. Ⅲ　　D. Ⅳ

4. 在反并联可逆电路中，如果让 VCZ 处于整流状态，VCF 处于逆变状态并使 α_z（　　）β_f，就可以消除直流环流。

A. =　　B. <　　C. >　　D. ≥

三、判断题

1. 晶闸管可逆直流调速系统的主要电路形式为电枢可逆调速电路和磁场可逆调速电

路。(　　)

2. 两组晶闸管变流器组成的电枢可逆电路是无触点切换可逆电路，其寿命长，切换速度快，适用于需要频繁快速正反转的可逆调速系统。(　　)

3. 磁场可逆电路适用于系统容量加大而且对快速性要求不高的可逆运转场合。(　　)

4. 磁场可逆电路中，晶闸管变流器容量相对较小，投资费用较小，比较经济，但电动机励磁回路电感量大，时间常数大，系统快速性较差。(　　)

5. 环流是指不流过电动机或其他负载，而直接在两组晶闸管之间流通短路电流。(　　)

6. 适当存在一点直流环境，可以保证电路反向时没有死区，有助于缩短过渡过程。(　　)

7. 逻辑无环流可逆系统是通过逻辑装置来实现无环流，而错位无环流可逆系统是利用错开触发脉冲位置的原理来实现无环流。(　　)

8. 逻辑无环流可逆系统是应用最广泛的一种可逆系统。(　　)

四、简答题

1. 直流调速系统可逆电路是如何分类的？分为哪几类？有什么区别？
2. 什么是回馈制动？运用在哪些场合？
3. 为什么说励磁可逆电路适用于大功率直流电动机的调速及可逆？
4. 晶闸管可逆电路适用于何种机械的调速及可逆？
5. 请描绘出晶闸管－电动机系统反并联可逆电路的工作状态表格图？
6. 晶闸管整流电路实现可逆的基本条件是什么？
7. 可逆系统对逻辑装置的基本要求有哪些？
8. 环流分为哪几种？有什么区别？
9. 两组晶闸管可逆线路中，有哪几种环流？它们是怎样产生的？各有哪些利弊？
10. 逻辑无环流可逆调速系统切换的条件是什么？
11. 为什么逻辑无环流可逆调速系统要设置逻辑联锁保护环节？
12. 试述错位控制无环流可逆调速系统的工作原理。
13. 试述错位无环流系统结构和电压环的作用。
14. 试述龙门刨床单相串联磁控可逆直流调速主拖动系统原理。
15. 试述可逆调速系统的一般调试原则。

参考文献

[1] 王兵．工厂电气控制技术［M］．北京：中国劳动社会保障出版社，2004.
[2] 肖建章．自动控制技术［M］．北京：中国劳动社会保障出版社，2004.
[3] 王建．维修电工（高级）国家职业资格证书取证问答［M］．2 版．北京：机械工业出版社，2009.
[4] 徐国强．典型直流调速系统调试与维护［M］．北京：中国劳动社会保障出版社，2010.
[5] 李国伟．直流调速技术［M］．北京：中国劳动社会保障出版社，2012.